Ingenieurmechanik 1

Mahir Sayir · Jürg Dual · Stephan Kaufmann ·
Edoardo Mazza

Ingenieurmechanik 1

Grundlagen und Statik

3., überarbeitete und erweiterte Auflage

Springer Vieweg

Mahir Sayir
Jürg Dual
Stephan Kaufmann
Edoardo Mazza
ETH Zürich
Zürich, Schweiz

ISBN 978-3-658-10046-9 ISBN 978-3-658-10047-6 (eBook)
DOI 10.1007/978-3-658-10047-6

Die Deutsche Nationalbibliothek verzeichnet diese Publikation in der Deutschen Nationalbibliografie; detaillierte bibliografische Daten sind im Internet über http://dnb.d-nb.de abrufbar.

Springer Vieweg

Lektorat: Thomas Zipsner

Gedruckt auf säurefreiem und chlorfrei gebleichtem Papier.

Springer Fachmedien Wiesbaden ist Teil der Fachverlagsgruppe Springer Science+Business Media (www.springer.com)

Vorwort

Das vorliegende Werk ist der erste Band einer dreibändigen Serie: Der erste Band befasst sich mit Grundlagen und Statik, der zweite mit der Festigkeitslehre und der dritte mit der Dynamik.
Die technische Mechanik ist einerseits Grundlagenfach für fast alle Ingenieure: Für Studierende aus den Bereichen Maschinenbau, Verfahrenstechnik, Bau-, Elektro- und Umweltingenieurwesen wird es in den ersten Jahren der Hochschulausbildung unterrichtet.
Anderseits gilt die Mechanik als die Mutter der modernen Physik: In den Zeiten von Newton und Leibniz Ende des 17. Jahrhunderts wurden parallel zur Entwicklung der physikalischen Modelle auch die dazu notwendigen Begriffe und Theorien der Mathematik (z. B. Differentialrechnung) entwickelt. Die Erklärung von Vorgängen wie der Bewegung der Gestirne war eindrückliches Beispiel, welche Möglichkeiten diese neuen Werkzeuge boten, und hat zu einem Triumphzug der modernen Wissenschaft durch die folgenden Jahrhunderte bis in die heutigen Tage geführt.
Für die Studierenden von heute gilt es genau diesen Vorgang nachzuvollziehen: Die Realität durch ein physikalisches Modell mit Hilfe der Mathematik abzubilden und damit einer Lösung zugänglich zu machen. Dieser Schritt ist auch heute für Studierende ein Quantensprung! Sie haben zwar eine Vielzahl von Hilfsmitteln zur Verfügung, müssen aber diese Gedankengänge in kurzer Zeit begreifen und selbst anwenden können.
Das vorliegende Buch versucht, den Studierenden diesen Schritt am Beispiel der Mechanik-Grundlagen und der Statik zu erleichtern. Die Grundbegriffe werden dabei aus der Leistung der Kräftegruppe am erstarrten und virtuell bewegten System hergeleitet. Die damit erreichte Betonung des Prinzips der virtuellen Leistungen in der Statik entspricht nicht nur der Lagrange'schen Auffassung, sondern auch jener der modernen Berechnungsmethoden wie der Methode der Finiten Elemente, welche entweder das oben erwähnte Prinzip direkt anwenden oder Energiesätze verwenden, die daraus hergeleitet sind. Das Buch steht dabei in der Tradition der ETH Zürich, die auf Prof. Dr. H. Ziegler zurückgeht.
In einem Kompromiss zwischen mathematischer Strenge und physikalischer Intuition werden die wesentlichen Konzepte und Methoden eingeführt. Es wurde bewusst darauf verzichtet, in diesem frühen Stadium der Ausbildung Computerprogramme einzusetzen, damit sich die Studierenden auf die Mechanik konzentrieren können. Es bleibt im Verlauf von Studium und Karriere noch genügend Gelegenheit, sich in solche Programme zu vertiefen – und diese Vertiefung erfolgt später umso leichter, je solider die entsprechenden Grundlagen aufgebaut wurden.

Die wesentlichen Gedankengänge in der mathematischen Modellbildung sind auch auf andere Fachgebiete übertragbar: Die Systemabgrenzung ist für thermische Systeme genauso wichtig wie für mechanische. Auch der Aufbau der Theorie auf Definitionen und Postulaten folgt in allen Gebieten dem gleichen Muster.
Die Voraussetzungen aus der Mathematik sind Vektorrechnung, Differential- und Integralrechnung. Sie werden so verwendet, dass bei einer abgestimmten parallel geführten Mathematikvorlesung die aus der Mittelschule noch unbekannten Begriffe kurz nach ihrer Einführung am Beispiel der Mechanik vertieft und anschaulich verstanden werden können. Aus der Mittelschule wird im Wesentlichen die Vektorrechnung vorausgesetzt.
Die im Buch am Ende der Kapitel vorgeschlagenen Aufgaben dienen als Ergänzung zu den in den Lehrveranstaltungen verwendeten Übungsaufgaben. Sie sind zum Teil anspruchsvoll und sollen zu vertiefenden Gedanken anregen.
Wir danken den Studierenden und Assistierenden, die durch Fragen, Korrekturen und Anregungen zu diesem Buch beigetragen haben. In dieser dritten Auflage konnten wir verschiedene inhaltliche und didaktische Verbesserungen einbringen, die sich aus dem Einsatz im Unterricht aufgedrängt haben. Wir danken dem Springer Vieweg Verlag, dass er uns dies ermöglicht hat und das Buch in einer ansprechenden Ausstattung und trotzdem günstig anbietet.

Zürich, im Mai 2015

Mahir B. Sayir, Jürg Dual, Stephan Kaufmann, Edoardo Mazza

Inhaltsverzeichnis

Einleitung

Die Mechanik ist eine wissenschaftliche Disziplin, die sich mit der Lage und Gestaltänderung von Körpern in Natur und Technik befasst, solche Änderungen mit Kräften in Verbindung bringt und daraus wesentliche Voraussagen über die Bewegung und die Festigkeit der genannten Körper herleitet.
Um zu streng formulierbaren, quantitativen Voraussagen zu gelangen, bedient sich die Mechanik idealisierter **Modelle** der Wirklichkeit, Beispiele dafür sind die Begriffe des starren Körpers, der linearelastischen Werkstoffe oder der linearviskosen Flüssigkeiten. Oft ergibt sich die Rechtfertigung für die erwähnten Idealisierungen aus der Betonung einzelner physikalischer Aspekte und Eigenschaften, welche im gegebenen Problemkreis die entscheidende Rolle spielen.

Beispielsweise kann die Bewegung der Erde im Sonnensystem durch ein Modell beschrieben und berechnet werden, in welchem unser Planet als starre Kugel mit stückweise homogener Massenverteilung erscheint. Das Studium der Oberflächenwellen im Erdboden, welche bei einem Erdbeben entstehen, erfordert dagegen ein Modell der Erde als deformierbares Kontinuum, zum Beispiel als linearelastisches Material, oder, bei Erzeugung von bleibenden Deformationen, als elastisch-plastisches Medium.

Die Güte eines theoretischen Modells lässt sich letzten Endes aus dem systematischen Vergleich der mit ihm erzeugten quantitativen Voraussagen über messbare, charakteristische Größen mit den im gegebenen Vorgang tatsächlich gemessenen Werten bestimmen. In einigen Fällen führen relativ einfache Modelle zu erstaunlich genauer Übereinstimmung von Theorie und Praxis. In anderen Fällen muss zwischen Übersichtlichkeit sowie Einfachheit des theoretischen Modells und Genauigkeit der Übereinstimmung ein optimaler Kompromiss gesucht werden.

Die Schwingungen eines Eisenbahnwagens können beispielsweise vorerst mit einem Modell analysiert werden, das den Wagen als starren Körper idealisiert, der auf linearelastischen masselosen Federn und auf linearviskosen Dämpfern gelagert ist. Damit lassen sich einige tiefere Eigenfrequenzen des Eisenbahnwagens mit ausreichender Genauigkeit voraussagen. Will man jedoch diese und höhere Eigenfrequenzen möglichst breitbandig und effizient durch geeignete Maßnahmen tilgen, so müssen einerseits die Kontaktphänomene zwischen dem deformierbaren Rad und der deformierbaren Schiene und andererseits die Kopplung der Starrkörperbewegungen mit den Deformationen des Wagenkastens eingehender studiert und sowohl theoretisch als auch experimentell ausgewertet werden. Lärmbekämpfung erfordert eine sinnvolle zusätzliche Analyse der Wechselwirkung zwischen der Wagenstruktur mit der umgebenden Luft.

Die Verwendung der mathematischen Methodik und Mittel zur physikalischen Modellbildung erlaubt uns, die Mechanik axiomatisch aufzubauen. Das theoretische Modell wird durch **Axiome** und begriffsbildende **Definitionen** festgelegt. Die impli-

ziten Eigenschaften des Modells folgen deduktiv als beweisbare Behauptungen (**Theoreme**). Die quantitativen Voraussagen über messbare Größen können mathematisch zwingend durch Anwendung des Modells auf eine gegebene physikalische Situation hergeleitet werden.
Die eigentliche Entwicklung der theoretischen Modelle der Mechanik erfolgte in den meisten Fällen keineswegs nach diesem strengen axiomatischen Aufbau, sondern erforderte vom Forscher u. a. starke physikalische Intuition, phantasievolles induktives Denken, tiefen Sinn für physikalisch-mathematische Ästhetik.
Obwohl wir im Folgenden aus didaktischen Gründen und um das Verständnis der Materie zu erleichtern vor allem die axiomatische, deduktive Darstellung bevorzugen werden, sollte der Leser die kreativen Ideen hinter dem theoretischen Modell niemals aus den Augen verlieren. Er sollte sich vielmehr aktiv bemühen, durch eine harmonische Synthese von Induktion und Deduktion die Verbindung mit dem physikalischen Hintergrund der theoretischen Modelle stets aufrechtzuerhalten.
Die Mechanik wird in verschiedene Gebiete aufgeteilt. So enthält die **Kinematik** das rein geometrische Studium der Lage und Gestaltänderung materieller oder nicht materieller Systeme ohne jeglichen Bezug auf Kräfte. Die **Statik** untersucht die Kräfte, insbesondere an ruhenden Systemen. Die **Kinetik** befasst sich mit der Verbindung zwischen Kräften und Bewegungen materieller Systeme, und die **Dynamik** ist eine Synthese von Kinematik und Kinetik. Die **Mechanik deformierbarer Körper** oder **Kontinuumsmechanik** stellt theoretische Modelle auf, welche das mechanische Verhalten von deformierbaren festen Körpern, von Flüssigkeiten oder Gasen quantitativ beschreiben. Durch Berücksichtigung der Temperatur ergibt sich hier ferner ein thermodynamisch ergänztes Bild des Verhaltens reeller Körper. Die **Kontinuumsthermomechanik** stellt dementsprechend eine Synthese der Mechanik deformierbarer Körper, der Hydro- und Aerodynamik sowie der Thermodynamik dar.
Nach einem einleitenden Teil über dynamische Grundlagen, werden wir im Folgenden die Statik, die kontinuumsmechanischen Grundlagen bei ruhenden deformierbaren Körpern, deren einfache Anwendungen auf technisch wichtige Probleme und schließlich die Dynamik starrer und deformierbarer Körper behandeln.

I Grundlagen

Eine der grundlegenden, quantitativ definierbaren Größen zur Beschreibung der Lageänderung eines materiellen Punktes ist die Geschwindigkeit. Die drei ersten Kapitel des vorliegenden Teils befassen sich mit den entsprechenden Fragestellungen. Die übrigen zwei Kapitel sind der Einführung und Entwicklung des Kraftbegriffs gewidmet. Bei der Definition der Kraft wird auf eine allzu strenge Axiomatik verzichtet und der physikalisch-intuitive Standpunkt in den Vordergrund gestellt. Die im fünften Kapitel eingeführte operative Verknüpfung zwischen Lageänderung und Kraft, nämlich die skalare Größe Leistung, dient u. a. auch der sinnvollen Motivierung der Begriffe der Resultierenden und des Momentes einer Kräftegruppe.

1 Bewegung eines materiellen Punktes

Ein materielles System S ist eine Menge S{M} von **materiellen Punkten** M. Der materielle Punkt M wird im **Raum** durch einen geometrischen Punkt dargestellt, welcher **Lage** von M heißt. Dabei ist der Raum mathematisch als dreidimensionaler reeller Vektorraum mit Skalarprodukt, also als **Euklidischer Vektorraum** modelliert.

Der materielle Punkt M ändert seine Lage, falls zu verschiedenen **Zeiten** t_1, t_2, ... verschiedene geometrische Punkte $M(t_1)$, $M(t_2)$, ... zur Darstellung von M benötigt werden.

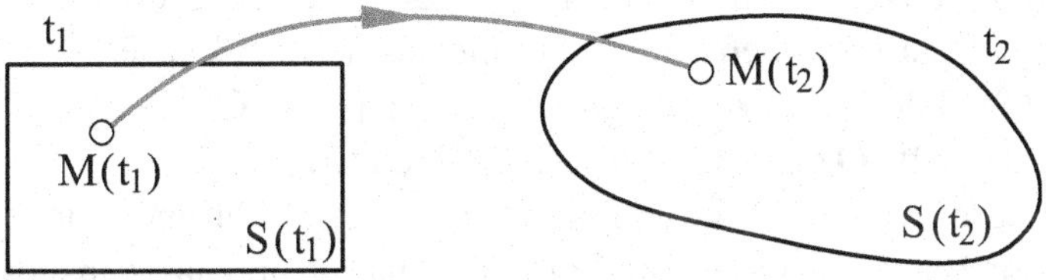

Fig. 1.1: Lageänderung eines materiellen Systems S{M}

Die Lage des materiellen Systems S zur Zeit t ist die Menge der geometrischen Punkte, welche zu dieser Zeit die materiellen Punkte $M \in S$ darstellen. Falls sich die Lagen von $M \in S$ ändern (Fig. 1.1), ändert sich auch die Lage von S{M}.

Das hier eingeführte Modell des materiellen Systems kann mit den verschiedensten Gegenständen, Teilgegenständen oder ganzen Gegenstandsgruppen aus Natur und Technik identifiziert werden. Zum Beispiel könnte eine ganze Turbine, ein Flüssigkeitsteilchen, eine ganze Brücke oder ein winziges Felsstück als materielles System bezeichnet werden. Wenn S nur aus einem einzigen physikalisch wohl definierten Gegenstand (z. B. einem Kolben, einer Turbinenschaufel, einer Säule, einem Balken) besteht, werden wir es auch materiellen Körper oder kurz **Körper** nennen.

Zur Festlegung der Lage von S{M} und zur quantitativen Darstellung ihrer Änderung benötigen wir einen Bezugskörper und ein Koordinatensystem.

1.1 Bezugskörper und Koordinaten

Ein **Bezugskörper** muss starr sein.
Ein Körper K heißt **starr**, falls er folgende Eigenschaft besitzt: die Abstände zwischen je zwei willkürlich gewählten Punkten P, Q ∈ K sind für alle Zeiten konstant (Fig. 1.2).

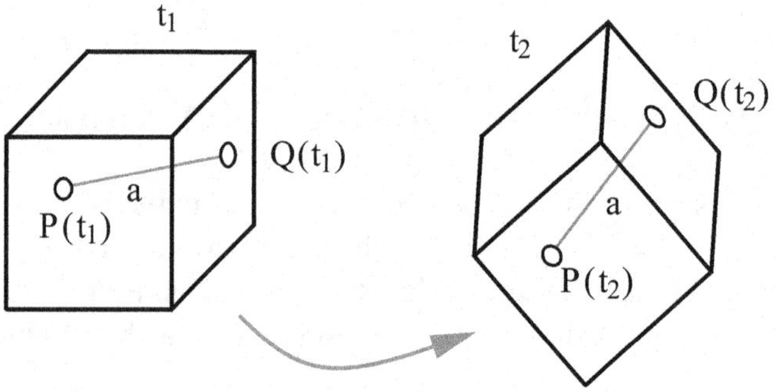

Fig. 1.2: Lageänderung eines starren Körpers

Wird ein bestimmter starrer Körper als Bezugskörper B gewählt, so kann er in Gedanken auf den ganzen Raum ausgedehnt werden. Zur geometrisch konkreten Festlegung des Bezugskörpers betrachtet man meistens einen körperfesten Punkt O ∈ B und drei orthogonale, körperfeste, gerichtete Achsen x'Ox, y'Oy, z'Oz ∈ B, deren positive Teile Ox, Oy, Oz ein Rechtssystem bilden (Fig. 1.3).
Der durch die drei Achsen aufgespannte Bezugskörper mit unendlicher Ausdehnung auf den ganzen Raum ist nicht mit Materie behaftet und lässt insbesondere jedem beliebigen materiellen System S uneingeschränkte und widerstandslose Bewegungsfreiheit. Man stelle sich ferner einen fiktiven, mit dem Bezugskörper fest verbundenen und mit einer Uhr ausgerüsteten Beobachter vor, der die Abstände zwischen den materiellen Punkten M ∈ S und „seinen“ Punkten P ∈ B zu jeder Zeit und in jeder Lage von S messen kann. Damit lassen sich die Lagen von S bezüglich B zu jeder

Zeit analytisch festlegen. Wenn im Folgenden von der *Lage des materiellen Systems S* die Rede ist, so bedeutet dies genauer ausgedrückt *die Lage von S bezüglich des Bezugskörpers.*

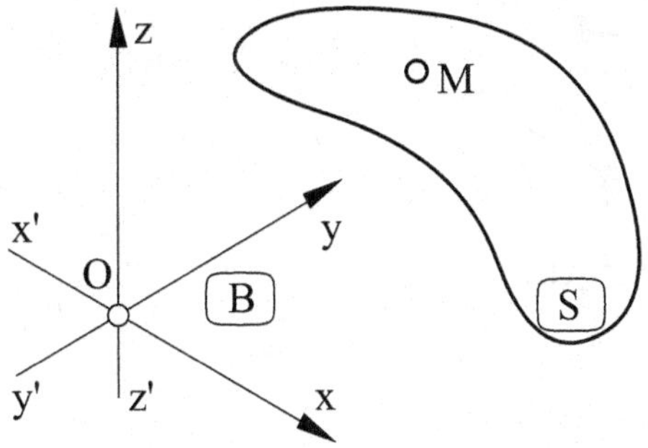

Fig. 1.3: Bezugskörper

Bei der Anwendung auf Situationen, welche in Natur und Technik gegeben sind, wählt man als Bezugskörper konkrete Gegenstände wie Erdboden, Motorgehäuse, Labortisch usw. Das oben geschilderte Modell Oxyz ≡ B ist eine mathematische Idealisierung, die uns erlauben wird, die analytische Geometrie auf das Studium der physikalischen Vorgänge anzuwenden. Die Identifikation mit den konkreten Gegenständen erfolgt nach subjektiven Kriterien der Zweckmäßigkeit, insbesondere so, dass sich die Probleme am einfachsten formulieren und lösen lassen. Man beachte ferner, dass der gewählte Bezugskörper selbst bezüglich anderer Bezugskörper in Bewegung sein kann.

Um die Lage eines materiellen Punktes $M \in S$ bezüglich B analytisch festzulegen, braucht man in einem dreidimensionalen Raum definitionsgemäß drei voneinander unabhängige Größen. Diese sind in B definierte und folglich durch den fiktiven Beobachter messbare Abstände oder Winkel. Man nennt sie die Koordinaten des Punktes M bezüglich B. Im Folgenden werden hauptsächlich drei Sätze von Koordinaten verwendet: kartesische, zylindrische und sphärische Koordinaten.

1.2 Kartesische Koordinaten

Es sei M(t) die Lage von M bezüglich B zur Zeit t. Man betrachte die *Projektionen* M_x, M_y, M_z von M(t) auf die Achsen Ox, Oy, $Oz \in B$ (Fig. 1.4). Das sind die Punkte auf der jeweiligen Achse mit dem kleinsten (und damit senkrechten) Abstand von M. Die in einem geeigneten Längenmaßstab definierten skalaren Größen $x := \overline{OM_x}$, $y := \overline{OM_y}$, $z := \overline{OM_z}$ heißen **kartesische Koordinaten** von M zur Zeit t. Das Vorzeichen von x, y, z ergibt sich wie üblich je nach der Stellung von M_x, M_y, M_z auf den gerichteten Achsen x'Ox, ..., ... Das Definitionsintervall für alle drei Koordinaten ist $(-\infty, \infty)$. Die drei Größen x, y, z legen die Lage von M bezüglich B eindeutig fest.

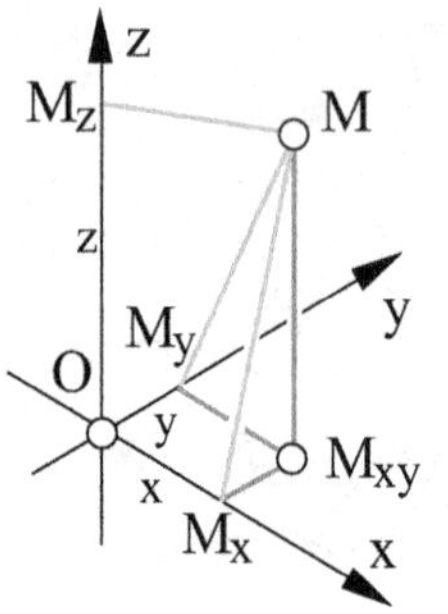

Fig. 1.4: Kartesische Koordinaten

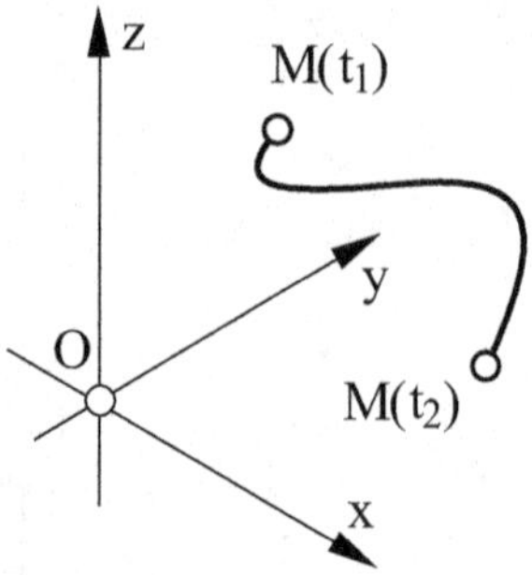

Fig. 1.5: Bahnkurve von M im Zeitintervall $[t_1, t_2]$

Die Längeneinheit ist der Meter (m), ursprünglich als 1/40 000 000 des mittleren Erdumfangs definiert, später konventionell als Länge eines bestimmten Stabes, der als Urmeter im *Bureau des Poids et Mesures* in Sèvres (Paris) aufbewahrt wird. Neuerdings ist er definiert als das 1 650 763,73fache der Wellenlänge, welche die orange Spektrallinie des Krypton-Isotops 86 im Vakuum aufweist.

Sind x, y, z zu allen Zeiten $t \in [t_1, t_2]$ gegeben, so kennt man die Lageänderung von M im geschlossenen Zeitintervall $[t_1, t_2]$. Die **Bewegung** von M bezüglich B ist demgemäß in kartesischen Koordinaten durch drei Funktionen

$$x = f_x(t) \quad , \quad y = f_y(t) \quad , \quad z = f_z(t)$$

charakterisiert. Diese Beziehungen können auch als parametrische Gleichungen einer Kurve C in B aufgefasst werden (Fig. 1.5). Diese heißt **Bahnkurve** des materiellen Punktes M.

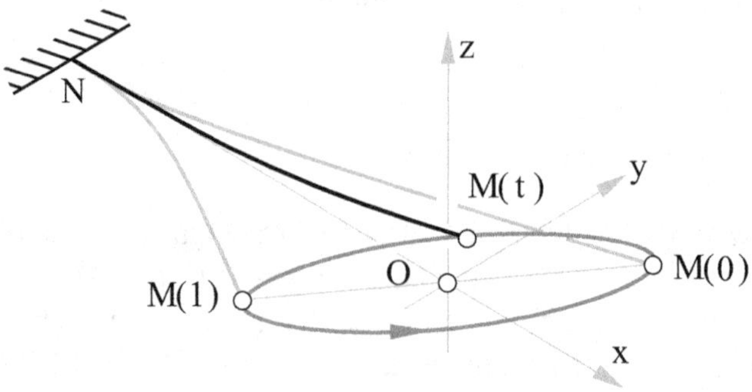

Fig. 1.6: Beispiel einer in kartesischen Koordinaten gegebenen Bewegung

Beispiel: Die Bewegung des Endpunktes M eines in N eingespannten elastischen Stabes MN sei durch die drei Funktionen

$$x = 3\cos(3\pi t) \quad , \quad y = 4\cos(3\pi t) \quad , \quad z = \sin(3\pi t)$$

im Zeitintervall [0, 1] gegeben, wobei die Zeit t in Sekunden und die Koordinaten x, y, z in cm ausgedrückt sind. In der Anfangslage M(0) sind die Koordinaten (3, 4, 0), in der „Endlage" M(1), zur Zeit t = 1 s sind sie (−3, −4, 0). Die Bahnkurve von M(0) nach M(1) beschreibt eine Ellipse in der Ebene $y = 4x/3$ mit den Halbachsenlängen 1 cm und 5 cm (Fig. 1.6).

Falls je zwei der drei Größen x, y, z konstant gehalten und die andere verändert wird, beschreibt der Punkt je eine Gerade. Damit entstehen drei Geraden, welche zur Achse der jeweils veränderten Koordinate parallel sind. Sie heißen **kartesische Koordinatenlinien** (Fig. 1.7).
Wenn nur eine Koordinate konstant gehalten und die zwei anderen verändert werden, beschreibt der materielle Punkt eine Ebene. Damit entstehen drei Ebenen, welche zu den Ebenen Oxy, Oyz bzw. Ozx parallel sind. Sie heißen **kartesische Koordinatenflächen**.

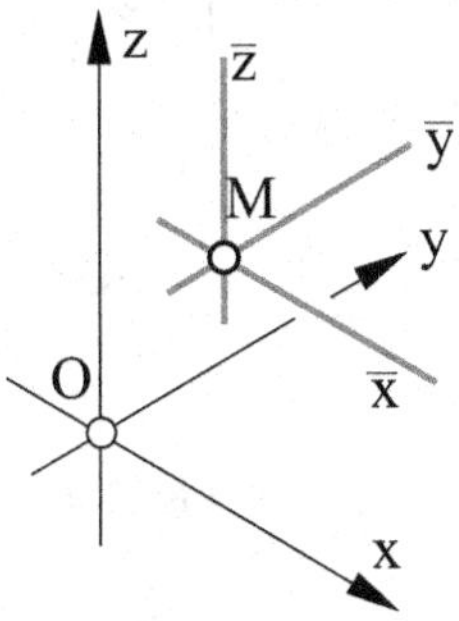

Fig. 1.7: Kartesische Koordinatenlinien und -flächen

1.3 Zylindrische Koordinaten

Die Projektion von M in die Ebene Oxy sei M_{xy} (Fig. 1.8). Der Abstand $\overline{OM_{xy}}$ =: ρ, der Winkel $\sphericalangle(Ox, OM_{xy})$ =: φ und die analog zum Abschnitt 1.2 definierte z-Koordinate $\overline{M_{xy}M} = \overline{OM_z}$ =: z sind die **zylindrischen Koordinaten** von M zur Zeit t. Dabei wird die φ-Koordinate im Bogenmaß angegeben und im Gegenuhrzeigersinn positiv gemessen. Als Definitionsintervalle ergeben sich: $\rho \in [0, \infty)$, $\varphi \in (-\infty, \infty)$, $z \in (-\infty, \infty)$.

Bei gegebenen kartesischen Koordinaten (x, y, z) von M können die zylindrischen (ρ, φ, z) aus Fig. 1.8 abgelesen werden:

$$\rho = \sqrt{x^2 + y^2} \quad , \quad \varphi = \arctan\frac{y}{x} \quad , \quad z = z \quad .$$

Sind umgekehrt die zylindrischen Koordinaten bekannt, so entsprechen ihnen die folgenden kartesischen:

$$x = \rho \cos\varphi \quad , \quad y = \rho \sin\varphi \quad , \quad z = z \quad .$$

Jedem Satz von drei Zahlen (ρ, φ, z) entspricht eine und nur eine Lage von M bezüglich Oxyz. Die Zuordnung von zylindrischen Koordinatentripeln zu gegebenen Lagen ist jedoch nicht eindeutig, auch dann nicht, wenn der Definitionsbereich von φ im Bogenmaß auf $(-\pi, \pi]$ eingeschränkt wird. Zum Beispiel können dem Winkel φ auf jedem Punkt der z-Achse ($\rho = 0$) beliebige Werte zugeordnet werden.

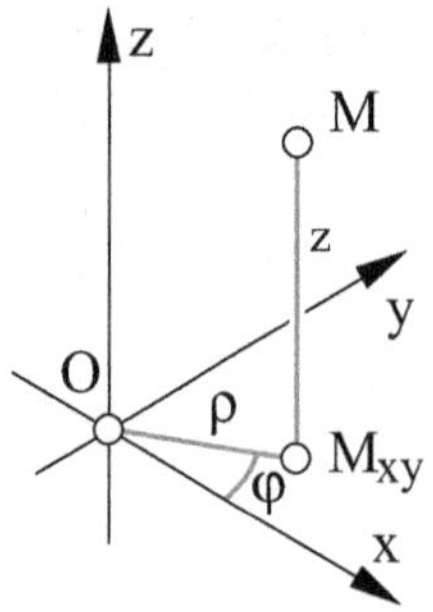

Fig. 1.8: Zylindrische Koordinaten

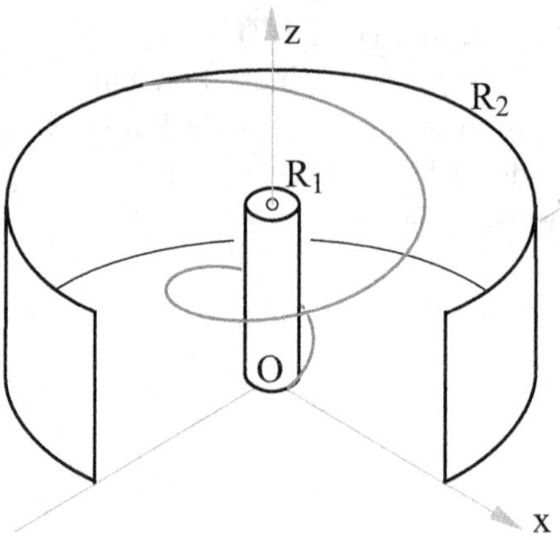

Fig. 1.9: Beispiel einer in zylindrischen Koordinaten beschriebenen Bewegung

Drei Funktionen der Zeit

$$\rho = f_\rho(t) \quad , \quad \varphi = f_\varphi(t) \quad , \quad z = f_z(t)$$

im Zeitintervall $[t_1, t_2]$ ergeben die Bewegung von M in zylindrischen Koordinaten. Sie sind zugleich die parametrischen Gleichungen der entsprechenden Bahnkurve.

Beispiel: Die Bewegung eines Elektrons zwischen einer kreiszylindrischen Kathode vom Radius R_1 und einer koaxialen Anode vom Radius R_2 sei in zylindrischen Koordinaten durch

$$\rho = R_1 + a\,t \quad , \quad \varphi = b\,t \quad , \quad z = a\,t$$

(a, b sind positive Konstanten) gegeben. Demnach verlässt das Elektron die Kathode zur Zeit $t_1 = 0$ in der Anfangslage $\rho = R_1$, $\varphi = z = 0$ und erreicht die Anode zur Zeit $t_2 = (R_2 - R_1)/a$. Es beschreibt dabei eine „Schraubenlinie" auf einer Kegelfläche mit dem halben Öffnungswinkel $\pi/4$ und der Achse z (Fig. 1.9).

Die *Koordinatenlinien* werden hier ebenfalls durch Festhalten von zwei der drei Größen ρ, φ, z erzeugt. So entsteht im betrachteten Punkt M die ρ-Koordinatenlinie $\overline{\rho}$ als zylindrisch-radiale Halbgerade (φ, z konstant), die φ-Koordinatenlinie $\overline{\varphi}$ als Parallelkreis (z, ρ konstant) und die z-Koordinatenlinie $\overline{z}$ als axiale Gerade, die zur z-Achse parallel ist (ρ, φ konstant). Die drei Koordinatenlinien in M sind zueinander orthogonal (Fig. 1.10). Aus diesem Grund werden die zylindrischen Koordinaten (ρ, φ, z) als **orthogonale Koordinaten** bezeichnet. Auch die kartesischen Koordinaten sind orthogonal, denn die entsprechenden Koordinatenlinien in M sind zueinander senkrecht (Fig. 1.7). Während jedoch die letzteren **geradlinig orthogonal** genannt werden, sind die zylindrischen Koordinaten **krummlinig orthogonal**, da im Gegensatz zu den kartesischen Koordinatenlinien eine der zylindrischen ein Kreis, also eine Kurve ist.

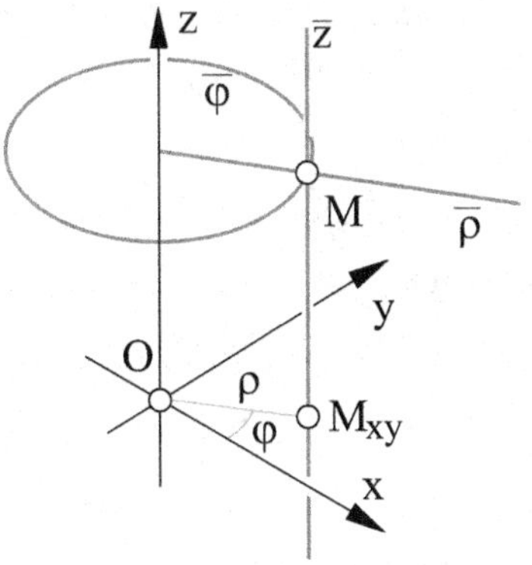

Fig. 1.10: Zylindrische Koordinatenlinien

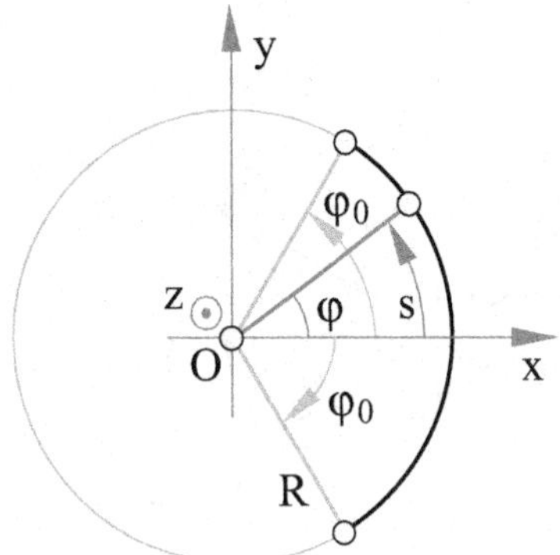

Fig. 1.11: Harmonische Schwingung eines Kreispendels

Zylindrische Koordinatenflächen werden durch Festhalten einer der drei Größen ρ, φ, z erzeugt. So entstehen Kreiszylinderflächen um die z-Achse (ρ konstant), Halbebenen durch Oz (φ fest) und Ebenen parallel zu Oxy (z fest). Diese Koordinatenflächen sind ebenfalls zueinander orthogonal. Die Bezeichnung *zylindrische* Koordinaten ist durch die erste Koordinatenfläche gerechtfertigt. Falls ein materieller Punkt stets in der Ebene z = konstant bleibt, so kann seine Bewegung durch $\rho = f_\rho(t)$ und $\varphi = f_\varphi(t)$ allein beschrieben werden. In diesem Fall heißen die zylindrischen Koordinaten ρ und φ **Polarkoordinaten**. Diese werden auch manchmal als r und φ oder r und θ bezeichnet.

Ein wichtiger Sonderfall ist die Kreisbewegung. Der materielle Punkt bleibt auf einem Kreis mit Radius R und Zentrum O. Demzufolge ist die Polarkoordinate ρ = R konstant und die Bewegung wird nur durch den Drehwinkel $\varphi = f_\varphi(t)$ charakterisiert (Fig. 1.11). Auch die Bogenlänge s = R φ (φ im Bogenmaß) kann als Parameter der Bewegung verwendet werden. Beispielsweise entspricht die Funktion $\{s = R\,\varphi_0 \sin(2\pi t/T)\}$ bzw. $\{\varphi = \varphi_0 \sin(2\pi t/T)\}$ der harmonischen Schwingung eines **Kreispendels** mit der Winkelamplitude φ_0 und der **Periode** T.
Vektoren oder Achsen senkrecht zur Zeichenebene, wie die z-Achse in Fig. 1.11, werden mit den Symbolen ⊙ (nach vorn zeigend) bzw. ⊗ (nach hinten zeigend) bezeichnet.

1.4 Sphärische Koordinaten

Der Abstand $\overline{OM}$ =: r sowie die Winkel $\sphericalangle(Oz, OM)$ =: θ und $\sphericalangle(Ox, OM_{xy})$ =: ψ sind die **sphärischen Koordinaten** von M in Oxyz (Fig. 1.12) mit den Definitionsintervallen $r \in [0, \infty)$, $\theta \in (-\infty, \infty)$, $\psi \in (-\infty, \infty)$. Hier ist der Winkel ψ analog zum Winkel φ in Abschnitt 1.3 definiert, jedoch anders bezeichnet, damit seine Zugehörigkeit zu den sphärischen Koordinaten klargestellt wird.

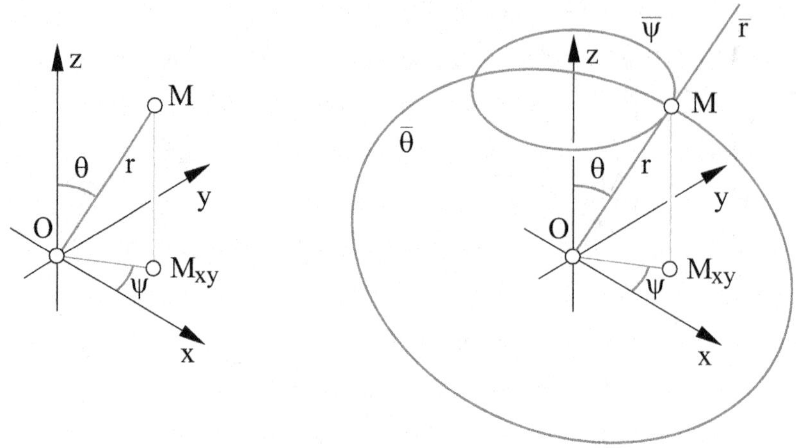

Fig. 1.12: Sphärische Koordinaten und Koordinatenlinien

Die Umrechnungsformeln zwischen kartesischen und sphärischen Koordinaten können aus Fig. 1.12 abgelesen werden. Es gilt einerseits

$$r = \sqrt{x^2 + y^2 + z^2} \quad , \quad \theta = \arctan\left(\frac{\sqrt{x^2 + y^2}}{z}\right) \quad , \quad \psi = \arctan\left(\frac{y}{x}\right)$$

und andererseits

$$x = r \sin\theta \cos\psi \quad , \quad y = r \sin\theta \sin\psi \quad , \quad z = r\cos\theta \quad .$$

Auch bei sphärischen Koordinaten entspricht jedem Satz von drei Zahlen (r, θ, ψ) eine und nur eine Lage von M bezüglich Oxyz. Die Zuordnung von sphärischen Koordinatentripeln zu gegebenen Lagen ist jedoch nicht eindeutig.

Die Bewegung von M in sphärischen Koordinaten wird durch drei Funktionen der Zeit gegeben:

$$r = f_r(t) \quad , \quad \theta = f_\theta(t) \quad , \quad \psi = f_\psi(t) \quad .$$

Sie sind zugleich die parametrischen Gleichungen der entsprechenden *Bahnkurve*.

Beispiel: Ein Spielzeugkreisel (Fig. 1.13) sei im Koordinatenursprung O drehbar festgehalten und die Bewegung seiner Achsenspitze A in sphärischen Koordinaten durch

$$r = R = \text{konstant} \quad , \quad \theta = \frac{\pi}{6} + \theta_0 \sin(\omega_1 t) \quad , \quad \psi = \omega_2 t$$

(θ_0, ω_1, ω_2 = konstant; θ, ψ in Bogenmaß) beschrieben. Die Bahnkurve ist eine *Sinusoide* auf der *Kugelfläche* $r = R$ zwischen den Parallelkreisen $\theta = \pi/6 \pm \theta_0$. Sie entspricht der Bewegung eines **Kugelpendels**. Ist $\omega_1/\omega_2 =: n$ eine ganze Zahl, so wiederholt sich die Bahnkurve nach einer ganzen Umdrehung $\psi = 2\pi$. Ist n rational, jedoch nicht ganz, so wiederholt sich die Bahnkurve erst nach mehreren Umdrehungen. Bei irrationalen n schließt sich die Bahnkurve nie.

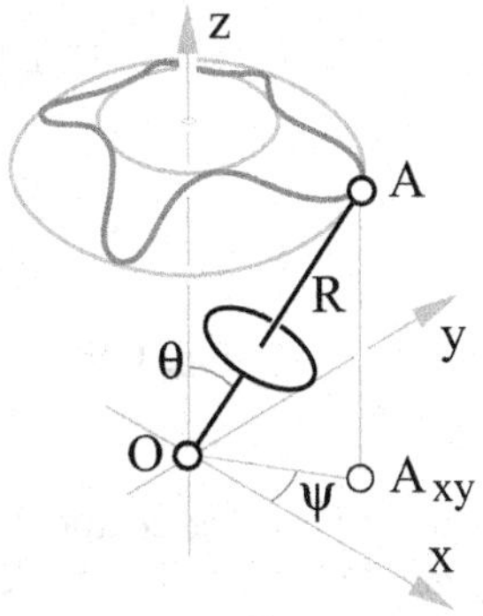

Fig. 1.13: Bewegung eines Kreisels

Die *sphärischen Koordinatenlinien* werden analog zu den zylindrischen Koordinatenlinien konstruiert (Fig. 1.12). Im betrachteten Punkt entsteht als ψ-Koordinatenlinie ein Parallelkreis (r, θ = konstant), als θ-Koordinatenlinie ein Meridiankreis (r, ψ = konstant) und als r-Koordinatenlinie eine radiale Halbgerade (θ, ψ = konstant). Sie sind krummlinig orthogonal. Die *Koordinatenfläche* für festgehaltenes r ist eine *Kugel*, daher die Bezeichnung *sphärische* Koordinaten.

In sphärischen Koordinaten kann den Punkten auf der z-Achse ($\theta = 0$ oder $\theta = \pi$) kein Winkel ψ zugeordnet werden. In O ($r = 0$) ist sowohl θ als auch ψ undefiniert. Man bezeichnet solche Punktmengen als *Koordinatensingularitäten.* Auch die zylindrischen Koordinaten haben eine Singularität, nämlich auf der z-Achse.

1.5 Vektorielle Darstellung der Bewegung

Der Vektor $\underline{\mathbf{OM}} =: \underline{\mathbf{r}}$, der den Ursprung $O \in B$ des Bezugssystems $B \equiv Oxyz$ mit der Lage M(t) des materiellen Punktes M verbindet, heißt **Ortsvektor** von M (Fig. 1.14). Man kann sich den Vektor $\underline{\mathbf{r}}$ als Pfeil im Raum vorstellen. Dieser ist unabhängig vom gewählten Koordinatensystem und charakterisiert durch seinen Betrag (Länge) und seine Richtung. Falls $\underline{\mathbf{r}}$ zu jeder Zeit $t \in [t_1, t_2]$ bekannt ist, so sind alle Lagen M(t) und damit die Bewegung von M im erwähnten geschlossenen Zeitintervall durch die Vektorfunktion

$$t \mapsto \underline{\mathbf{r}} = \underline{\mathbf{f}}(t)$$

beschrieben.

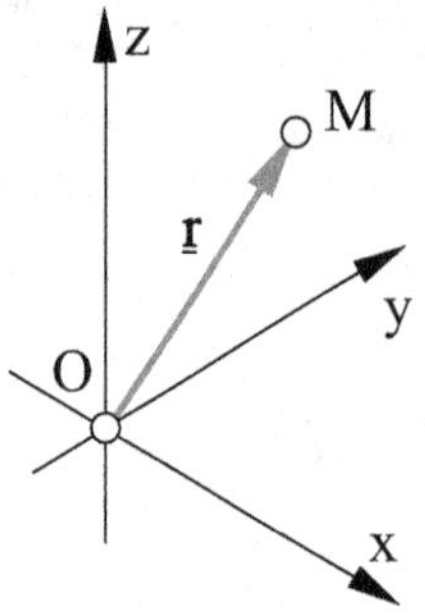

Fig. 1.14: Ortsvektor von M

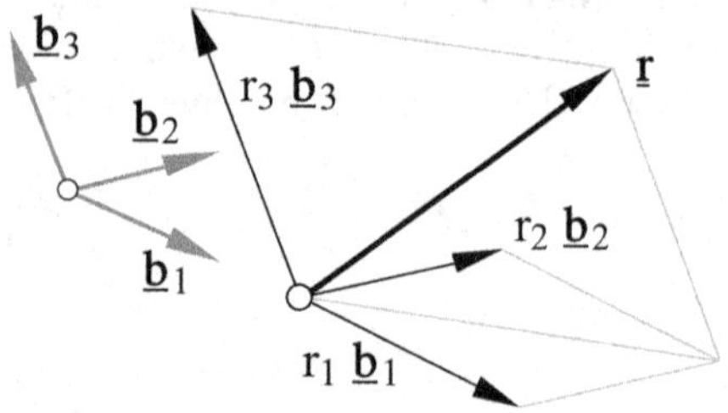

Fig. 1.15: Komponenten eines Vektors bezüglich einer Basis

Eine *Vektorfunktion der Zeit* ist die Zuordnung einer vektoriellen abhängigen Variablen zu gegebenen Werten der skalaren unabhängigen Variablen „Zeit". Sie stellt eine Abbildung von Zahlen in Vektoren dar. Man beachte, dass eine Vektorfunktion sowohl die Veränderung des Betrags $|\underline{\mathbf{r}}|$ von $\underline{\mathbf{r}}$ als auch seiner Richtung bezüglich Oxyz beschreibt. Ist $|\underline{\mathbf{r}}|$ veränderlich, die Richtung jedoch konstant, so liegt eine **geradlinige Bewegung** vor; die Bahnkurve liegt auf einer Geraden, die durch den Ursprung O geht. Wird die Richtung von $\underline{\mathbf{r}}$ verändert und der Betrag konstant gehalten, so ergibt sich daraus eine *krummlinige Bewegung* mit Bahnkurve auf einer *Kugel* $|\underline{\mathbf{r}}|$ = konstant um den Ursprung O.

Zur expliziten Darstellung einer Vektorfunktion führt man eine **Basis** ein, welche aus drei nicht in einer Ebene liegenden Vektoren $\underline{\mathbf{b}}_1$, $\underline{\mathbf{b}}_2$, $\underline{\mathbf{b}}_3$, den Basisvektoren, besteht. Der Ortsvektor $\underline{\mathbf{r}}$ und damit auch die Vektorfunktion $\underline{\mathbf{f}}$ lassen sich bezüglich dieser Basis nach der Parallelogrammregel gemäß

$$\underline{\mathbf{r}} = r_1\, \underline{\mathbf{b}}_1 + r_2\, \underline{\mathbf{b}}_2 + r_3\, \underline{\mathbf{b}}_3$$

zerlegen, wobei r_1, r_2, r_3 die **skalaren Komponenten** und $r_1\, \underline{\mathbf{b}}_1$, ..., ... die **vektoriellen Komponenten** von $\underline{\mathbf{r}}$ sind (Fig. 1.15).

Sind die drei Vektoren der Basis zueinander *orthogonal* und ihre Beträge auf *eins normiert*, so heißen sie **orthonormierte Basisvektoren** oder **orthogonale Einheitsvektoren**. Wir werden sie in diesem Fall mit $\underline{\mathbf{e}}_1$, $\underline{\mathbf{e}}_2$, $\underline{\mathbf{e}}_3$ bezeichnen. Sie genügen den Beziehungen

$$\underline{\mathbf{e}}_1 \cdot \underline{\mathbf{e}}_1 = \underline{\mathbf{e}}_2 \cdot \underline{\mathbf{e}}_2 = \underline{\mathbf{e}}_3 \cdot \underline{\mathbf{e}}_3 = 1 \quad , \quad \underline{\mathbf{e}}_1 \cdot \underline{\mathbf{e}}_2 = \underline{\mathbf{e}}_2 \cdot \underline{\mathbf{e}}_3 = \underline{\mathbf{e}}_3 \cdot \underline{\mathbf{e}}_1 = 0 \qquad (1.1)$$

oder

$$\underline{\mathbf{e}}_1 = \underline{\mathbf{e}}_2 \times \underline{\mathbf{e}}_3 \quad , \quad \underline{\mathbf{e}}_2 = \underline{\mathbf{e}}_3 \times \underline{\mathbf{e}}_1 \quad , \quad \underline{\mathbf{e}}_3 = \underline{\mathbf{e}}_1 \times \underline{\mathbf{e}}_2 \; . \qquad (1.2)$$

Diese können auch als Definition der orthonormierten Basisvektoren erachtet werden, denn nur solche Vektoren erfüllen (1.1) oder (1.2).

Um die vektorielle Darstellung der Bewegung durch $\underline{r} = \underline{f}(t)$ mit der Koordinatendarstellung der Abschnitte 1.2 bis 1.4 in Verbindung zu bringen, führen wir im Folgenden *orthogonale Einheitsvektoren* ein, die zu den *Koordinatenlinien* des jeweiligen Koordinatensatzes im betrachteten Punkt *tangential* sind. Auf diese Weise entstehen **kartesische, zylindrische** und **sphärische Basisvektoren**.

a) ***Kartesische Basis*** (Fig. 1.16)

Da die Koordinatenlinien eines kartesischen Koordinatensystems in jeder Lage von M zu Ox, Oy, Oz parallel sind, bleiben auch die Einheitsvektoren $\underline{e}_1$, $\underline{e}_2$, $\underline{e}_3$ der kartesischen Basis parallel zu den erwähnten Achsen. Einheitsvektoren haben definitionsgemäß feste Beträge. Bei den kartesischen Einheitsvektoren sind auch die Richtungen konstant. Sie sind demzufolge *konstante Einheitsvektoren.*
Die Zerlegung des Ortsvektors bezüglich einer kartesischen Basis ergibt gemäß Fig. 1.16

$$\underline{r} = x\,\underline{e}_x + y\,\underline{e}_y + z\,\underline{e}_z \quad . \tag{1.3}$$

Damit kann die vektorielle Darstellung der Bewegung auf die Koordinatendarstellung von Abschnitt 1.2 zurückgeführt werden.

b) ***Zylindrische Basis*** (Fig. 1.17)

Den tangentialen Richtungen der Koordinatenlinien entsprechend, haben hier die Einheitsvektoren $\underline{e}_\rho$, $\underline{e}_\varphi$, $\underline{e}_z$ zylindrisch radiale, azimutale (tangential zum jeweiligen Kreis) bzw. axiale (parallel zu Oz) Richtungen.

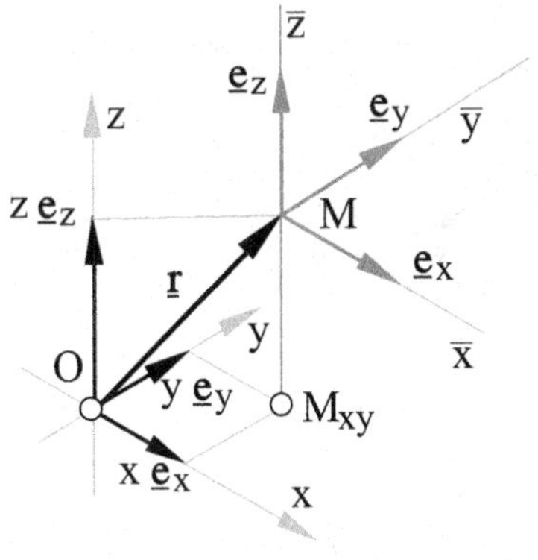

Fig. 1.16: Kartesische Basis und Ortsvektor

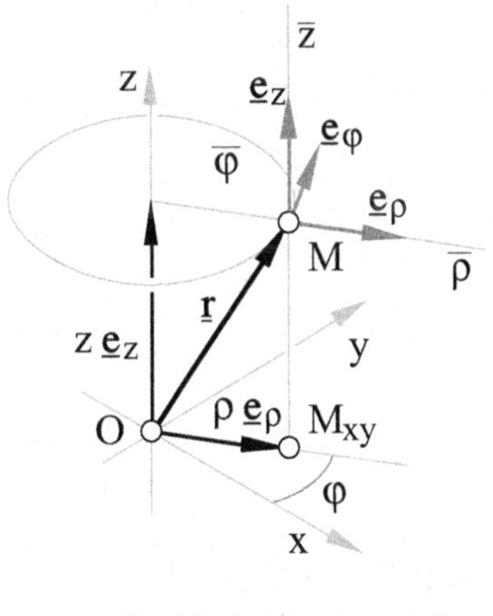

Fig. 1.17: Zylindrische Basis und Ortsvektor

Im Gegensatz zu den kartesischen Einheitsvektoren sind die Richtungen von $\underline{e}_\rho$ und $\underline{e}_\varphi$ bezüglich Oxyz veränderlich und von der jeweiligen Lage von M abhängig. Diese Vektoren entsprechen demzufolge nicht konstanten Vektorfunktionen, welche jedoch durch die einzige skalare Winkelfunktion

$$\varphi = f_\varphi(t)$$

festgelegt sind.
Die Zerlegung des Ortsvektors ergibt

$$\underline{\mathbf{r}} = \rho \, \underline{\mathbf{e}}_\rho + z \, \underline{\mathbf{e}}_z \quad . \tag{1.4}$$

Obwohl in diesem Ausdruck nur zwei der drei zylindrischen Koordinaten vorkommen, ist (1.4) der Koordinatendarstellung der Bewegung gemäß Abschnitt 1.3 äquivalent, denn der Vektor $\underline{\mathbf{e}}_\rho$ enthält wegen der erwähnten Veränderung seiner Richtung den Winkel φ implizit.

c) ***Sphärische Basis*** (Fig. 1.18)

Die Einheitsvektoren $\underline{\mathbf{e}}_r$, $\underline{\mathbf{e}}_\theta$, $\underline{\mathbf{e}}_\psi$ sind *polar-radial* (parallel zu $\underline{\mathbf{OM}}$), *meridional* (tangential zum jeweiligen Meridian) bzw. *azimutal*. Alle drei Einheitsvektoren haben hier veränderliche Richtungen, so dass $\underline{\mathbf{e}}_r$, $\underline{\mathbf{e}}_\theta$, $\underline{\mathbf{e}}_\psi$ Vektorfunktionen entsprechen, welche durch die zwei skalaren Winkelfunktionen

$$\theta = f_\theta(t) \quad , \quad \psi = f_\psi(t)$$

beschrieben werden können.

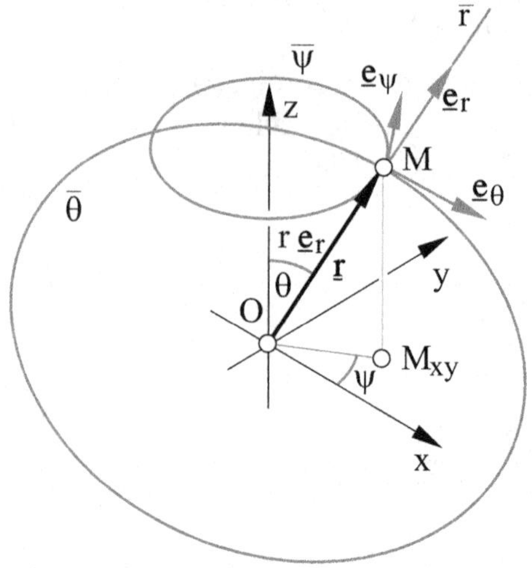

Fig. 1.18: Sphärische Basis und Ortsvektor

Die Zerlegung des Ortsvektors ergibt in diesem Fall

$$\underline{\mathbf{r}} = r \, \underline{\mathbf{e}}_r \quad . \tag{1.5}$$

Diese vektorielle Darstellung ist trotzdem der Koordinatendarstellung der Bewegung gemäß Abschnitt 1.4 äquivalent, denn $\underline{\mathbf{e}}_r$ enthält θ und ψ implizit in seiner Definition.

Die Wahl der Koordinaten mit der zugehörigen Basis erfolgt nach subjektiven Kriterien der Zweckmäßigkeit. Viele Probleme können mit kartesischen Koordinaten zweckmäßig behandelt werden. In einigen Fällen eignen sich jedoch die beiden anderen Koordinatensätze besser, vor allem wenn in diesen Fällen kreiszylindrische bzw. sphärische Formen eine Rolle spielen.
Die Bewegung von kreiszylindrischen Wellen, die Deformation und die Spannungsverteilung in quer belasteten Kreisrohren oder in kreiszylindrischen Behältern, das Eindringen eines runden Stempels in eine weiche Unterlage, die Bewegung eines Elektrons zwischen zylindrischen Elektroden usw. lassen sich am einfachsten in zylindrischen Koordinaten formulieren.
Sphärische Koordinaten finden zum Beispiel bei Bewegungen auf der Erdoberfläche im geographischen Maßstab, bei Strahlungs- und Wellenausbreitungsphänomenen (Wärme, elektromagnetische oder elastische Wellen usw.) aus einer punktförmigen Quelle oder bei der Deformation und der Spannungsverteilung in quer belasteten Kuppeln zweckmäßige Anwendung.
In den Definitionen und Berechnungen haben die kartesischen Koordinaten eine ausgezeichnete Rolle, weil die anderen Koordinatensysteme auf ihnen basieren.

2 Geschwindigkeit

Der mechanische Begriff *Geschwindigkeit* hängt mit dem mathematischen Begriff *Ableitung einer Vektorfunktion* zusammen. Aus diesem Grund beginnen wir dieses Kapitel mit einem mathematischen Exkurs, als Vorbereitung für die danach folgenden mechanischen Fragestellungen.

2.1 Vektorfunktion einer skalaren Variable

DEFINITION: Die Zuordnung von Vektoren $\underline{\mathbf{r}}$ zu allen reellen Zahlen t aus dem Intervall (t_1, t_2) heißt **Vektorfunktion der skalaren Variablen** $t \in (t_1, t_2)$. Der Vektor $\underline{\mathbf{r}}$ ist der Funktionswert, die Zahl t die unabhängige Variable.
Zur Bezeichnung der Funktion $t \mapsto \underline{\mathbf{r}}$ schreibt man $\underline{\mathbf{r}} = \underline{\mathbf{f}}(t)$ oder auch $\underline{\mathbf{r}} = \underline{\mathbf{r}}(t)$.

Grenzwerte: Für die Stetigkeit und Differenzierbarkeit von Vektorfunktionen $\underline{\mathbf{r}}$ gelten ähnliche Definitionen und Sätze wie für skalare Funktionen $t \mapsto x = f(t)$. Der Hauptunterschied besteht in der Verwendung des Betrags $|\underline{\mathbf{r}}| = |\underline{\mathbf{f}}(t)|$ an Stelle des Absolutwertes $|x| = |f(t)|$ als Kriterium bei den Definitionen von Grenzwerten, Stetigkeit und Differenzierbarkeit.

DEFINITION: Die **Ableitung** einer differenzierbaren Vektorfunktion ist

$$\dot{\underline{\mathbf{r}}} := \lim_{\Delta t \to 0} \frac{\underline{\mathbf{r}}(t+\Delta t) - \underline{\mathbf{r}}(t)}{\Delta t} \quad .$$

DEFINITION: Das **Differential** einer differenzierbaren Vektorfunktion lautet

$$d\underline{\mathbf{r}} := \dot{\underline{\mathbf{r}}}\, dt \quad .$$

Es stellt die lineare Approximation der Differenz

$$\Delta\underline{\mathbf{r}} := \underline{\mathbf{r}}(t+\Delta t) - \underline{\mathbf{r}}(t)$$

gemäß

$$\Delta\underline{\mathbf{r}} = \dot{\underline{\mathbf{r}}}\, \Delta t + \underline{\mathbf{u}}(t, \Delta t)\, \Delta t$$

mit

$$\lim_{\Delta t \to 0} |\underline{\mathbf{u}}(t, \Delta t)| = 0$$

dar (siehe Fig. 2.1).
Für $\dot{\underline{\mathbf{r}}}$ wird auch die Notation

$$\frac{d\underline{\mathbf{r}}}{dt} := \dot{\underline{\mathbf{r}}}$$

verwendet, welche die unabhängige Variable t sichtbar macht.

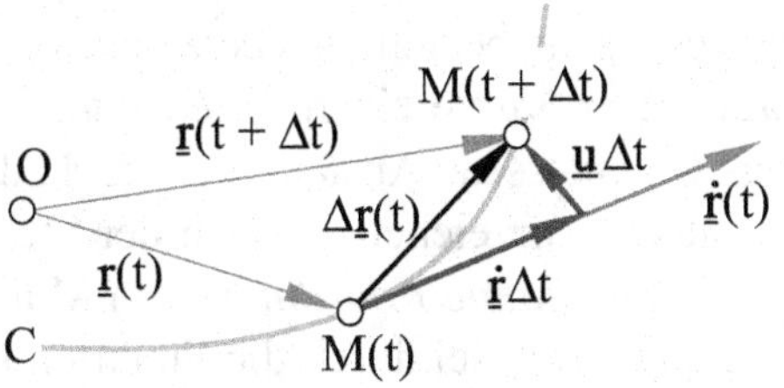

Fig. 2.1: Geometrische Interpretation der Ableitung und des Differentials

Verbindet man die Spitzen M der vom selben Punkt O ausgehenden Vektoren $\underline{\mathbf{OM}} =: \underline{\mathbf{r}}$ für alle Werte $t \in (t_1, t_2)$, so entsteht eine Kurve C (wenn $\underline{\mathbf{r}}$ Ortsvektor und t die Zeit ist, ergibt sich damit die Bahnkurve des materiellen Punktes M). Die Tangente an die Bahnkurve in M(t) ist als Grenzlage der Geraden durch die Punkte M(t + Δt) und M(t) für $\Delta t \to 0$ definiert. Der Vektor der Ableitung $\dot{\underline{\mathbf{r}}}(t)$ liegt also auf der Tangente in M(t).

Die verschiedenen Rechenregeln, die mit der Ableitung einer Vektorfunktion zusammenhängen, können durch ähnliche Überlegungen wie bei skalaren Funktionen bewiesen werden. Wir erwähnen speziell und ohne Beweis drei **Produktregeln** und eine **Kettenregel**.

Produktregeln: Zwei differenzierbare Vektorfunktionen $\underline{\mathbf{q}} = \underline{\mathbf{q}}(t)$ und $\underline{\mathbf{r}} = \underline{\mathbf{r}}(t)$ sowie eine differenzierbare skalare Funktion $s = s(t)$ für $t \in (t_1, t_2)$ erfüllen die folgenden Produktregeln:

$$\begin{aligned} (s\,\underline{\mathbf{r}})^{\cdot} &= \dot{s}\,\underline{\mathbf{r}} + s\,\dot{\underline{\mathbf{r}}} \quad , \\ (\underline{\mathbf{q}} \cdot \underline{\mathbf{r}})^{\cdot} &= \dot{\underline{\mathbf{q}}} \cdot \underline{\mathbf{r}} + \underline{\mathbf{q}} \cdot \dot{\underline{\mathbf{r}}} \quad , \\ (\underline{\mathbf{q}} \times \underline{\mathbf{r}})^{\cdot} &= \dot{\underline{\mathbf{q}}} \times \underline{\mathbf{r}} + \underline{\mathbf{q}} \times \dot{\underline{\mathbf{r}}} \quad . \end{aligned} \tag{2.1}$$

Kettenregel: Die skalare Funktion $t \mapsto s(t)$ kann mit einer Vektorfunktion $s \mapsto \underline{\mathbf{r}}(s)$ verknüpft werden zu einer Vektorfunktion $t \mapsto \underline{\mathbf{r}}(t) = \underline{\mathbf{r}}(s(t))$. Dann gilt die Kettenregel

$$\frac{d\underline{\mathbf{r}}}{dt} = \frac{d\underline{\mathbf{r}}}{ds}\frac{ds}{dt} \quad . \tag{2.2}$$

2.2 Schnelligkeit und Geschwindigkeit

Ein materieller Punkt M bewege sich bezüglich Oxyz und beschreibe dabei eine Bahnkurve C. Man wähle auf dieser Kurve einen festen Punkt A und eine positive Richtung (Fig. 2.2). Der längs C gemessene Abstand $s := \overset{\frown}{AM}$, die **Bogenlänge**, bekommt ein positives oder negatives Vorzeichen, je nach der Stellung von M bezüglich A auf C. Damit kann s als *krummlinige Koordinate* von M auf der Bahnkurve C aufgefasst werden. Die Bewegung auf C sei durch die Funktion $t \mapsto s$ für $t \in (t_1, t_2)$ beschrieben. Die Ableitung

$$\dot{s} := \frac{ds}{dt} := \lim_{\Delta t \to 0} \frac{s(t+\Delta t) - s(t)}{\Delta t}$$

heißt **Schnelligkeit** von M auf C.

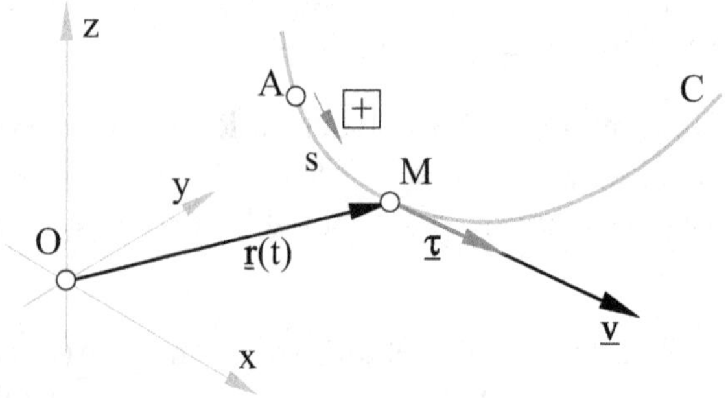

Fig. 2.2: Bogenlänge und Geschwindigkeit

Die Schnelligkeit hat die Dimension $[v] = [L\ T^{-1}]$ und wird im MKS-System in m/s gegeben. Wir werden selbstverständlich je nach Bedarf auch andere Einheiten wie km/h gebrauchen (1 m/s = 3.6 km/h).
Der Absolutwert $|\dot{s}|$ der Schnelligkeit zeigt, wie rasch sich der materielle Punkt auf seiner Bahnkurve bewegt; das Vorzeichen $\mathrm{sign}(\dot{s})$ ergibt den Richtungssinn der Bewegung. Es sei zum Beispiel

$$s(t) = s_0 \sin(2\pi t/T) \quad .$$

Der materielle Punkt besitzt demgemäß eine Anfangsschnelligkeit $\dot{s}(0) = 2\pi s_0/T$ und läuft für $t > 0$ in Richtung zunehmender s, erreicht die Amplitude $s = s_0$ für die Viertelperiode $t = T/4$ und fährt bei der halben Periode $t = T/2$ mit negativer Schnelligkeit wieder durch den Nullpunkt. Die Gestalt der Bahnkurve wird hier nicht näher beschrieben und kann aus der Darstellung der Bewegung mittels der Bogenlänge nicht hergeleitet werden.

Besitzt ein materieller Punkt zu jedem Zeitpunkt eine *konstante Schnelligkeit*, so heißt seine Bewegung **gleichförmig**. Die Bogenlänge ist dann eine lineare Funktion der Zeit von der Form $s = s_0 + \dot{s}\,t$. Ist zusätzlich die Bahnkurve C eine Gerade, so heißt die Bewegung **geradlinig gleichförmig**.

Die Schnelligkeit $\dot{s}$ ist eine skalare Größe und enthält deshalb keine Information über die Richtung der Bewegung bezüglich Oxyz. Diese Richtung kann durch die Tangente an die Bahnkurve in jedem Punkt definiert werden. Um eine Größe zu konstruieren, welche auch über die Richtung der Bewegung Auskunft gibt, führen wir in jedem Punkt der Bahnkurve den tangentialen Einheitsvektor $\underline{\boldsymbol{\tau}}$ in positiver Richtung der Bogenlänge s ein (Fig. 2.2). Dieser Einheitsvektor hat den konstanten Betrag 1, seine Richtung ist jedoch, mit Ausnahme der geradlinigen Bewegung, veränderlich. Er entspricht folglich einer Vektorfunktion der Zeit $t \mapsto \underline{\boldsymbol{\tau}}$. Wir definieren die **Geschwindigkeit** als Vektor $\underline{\mathbf{v}}$, dessen Betrag der Absolutwert der Schnelligkeit und dessen Richtung bei positiver Schnelligkeit jene von $\underline{\boldsymbol{\tau}}$ und bei negativer Schnelligkeit jene von $-\underline{\boldsymbol{\tau}}$ ist. Also verläuft die Geschwindigkeit in jedem Punkt tangential zur Bahnkurve und ergibt die Richtung der Bewegung. Wir schreiben demgemäß

$$\boxed{\underline{\mathbf{v}} := \dot{s}\,\underline{\boldsymbol{\tau}} \quad .} \tag{2.3}$$

2.3 Ortsvektor und Geschwindigkeit

Im Folgenden suchen wir eine Verbindung zwischen der soeben definierten Geschwindigkeit und der vektoriellen Darstellung der Bewegung $\underline{\mathbf{r}} = \underline{\mathbf{r}}(t)$.

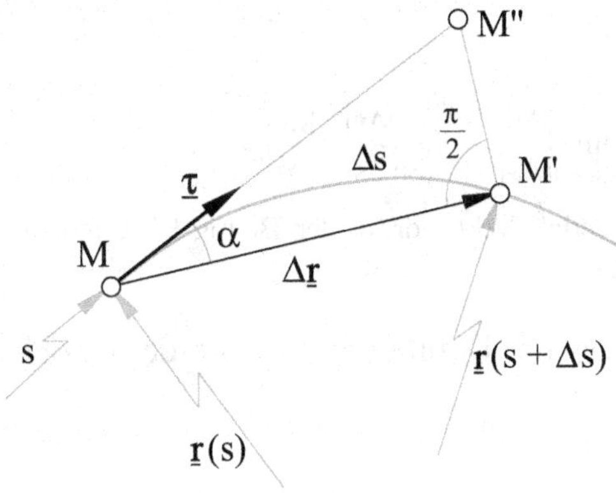

Fig. 2.3: Zum Beweis von $\underline{\boldsymbol{\tau}} = \dfrac{d\underline{\mathbf{r}}}{ds}$

Auf einer glatten Kurve C seien zwei Punkte M und M' gegeben (Fig. 2.3). Die längs C gemessene krummlinige Strecke $\overset{\frown}{MM'}$ soll als $s(M') - s(M) =: \Delta s$, die Differenz der Ortsvektoren als $\underline{\mathbf{r}}(M') - \underline{\mathbf{r}}(M) =: \Delta\underline{\mathbf{r}}$ bezeichnet werden. Der Betrag $|\Delta\underline{\mathbf{r}}|$ entspricht der Länge $\overline{MM'}$ der Sehne von M zu M'. Fasst man den Ortsvektor $\underline{\mathbf{r}}$ als Vektorfunktion der Bogenlänge $s \mapsto \underline{\mathbf{r}}$ auf und lässt M' gegen M streben, so kann man beweisen, dass

$$\frac{d\underline{\mathbf{r}}}{ds} := \lim_{\Delta s \to 0} \frac{\Delta \underline{\mathbf{r}}}{\Delta s} = \underline{\boldsymbol{\tau}} \tag{2.4}$$

ist, dass also die Ableitung des Ortsvektors nach s den tangentialen Einheitsvektor ergibt.

Gemäß Kettenregel (2.2) ist der Ableitungsvektor $d\underline{\mathbf{r}}/ds$ in M parallel zu $d\underline{\mathbf{r}}/dt$, und dieser Vektor ist gemäß Fig. 2.1 parallel zu $\underline{\boldsymbol{\tau}}$. Dass er auch ein Einheitsvektor ist, beweist zum Beispiel das folgende geometrische Argument: Man betrachtet die Bahnkurve zwischen dem Punkt M mit Ortsvektor $\underline{\mathbf{r}}(s)$ und dem Punkt M' mit Ortsvektor $\underline{\mathbf{r}}(s + \Delta s)$. Ohne Einschränkung der Allgemeinheit kann Δs als positiv vorausgesetzt und auf der glatten Kurve so klein gewählt werden, dass zwischen M und M' keine Wendepunkte liegen. Dann konstruiert man das rechtwinkelige Dreieck MM'M" mit dem rechten Winkel in M' und mit der Ecke M" auf der Tangente in M (Fig. 2.3). Der Winkel $\sphericalangle(M'MM'') =: \alpha$ strebt gegen null, wenn $M' \to M$ bzw. $\Delta s \to 0$ wird, und es gilt

$$\overline{MM'} = |\Delta \underline{\mathbf{r}}| \le \Delta s = \widehat{MM'} \le \overline{MM''} + \overline{M''M'} = |\Delta \underline{\mathbf{r}}| \left[(\cos\alpha)^{-1} + \tan\alpha \right]$$

oder

$$1 \le \frac{\Delta s}{|\Delta \underline{\mathbf{r}}|} \le \frac{1}{\cos\alpha} + \tan\alpha \quad .$$

Beim Grenzübergang $\Delta s \to 0$ erreicht man auch $\alpha \to 0$ und

$$1 \le \lim_{\Delta s \to 0} \frac{\Delta s}{|\Delta \underline{\mathbf{r}}|} \le 1$$

d. h.

$$\lim_{\Delta s \to 0} \frac{|\Delta \underline{\mathbf{r}}|}{\Delta s} = \lim_{\Delta s \to 0} \left| \frac{\Delta \underline{\mathbf{r}}}{\Delta s} \right| = \left| \lim_{\Delta s \to 0} \frac{\Delta \underline{\mathbf{r}}}{\Delta s} \right| = \left| \frac{d\underline{\mathbf{r}}}{ds} \right| = 1 \quad .$$

Daraus folgt, dass der tangentiale Vektor $d\underline{\mathbf{r}}/ds$ den Betrag 1 hat und somit mit dem tangentialen Einheitsvektor $\underline{\boldsymbol{\tau}}$ identisch ist.

Aus der Kettenregel (2.2), der Definition (2.3) und der Beziehung (2.4) folgt durch Einsetzen

$$\boxed{\underline{\mathbf{v}} = \dot{\underline{\mathbf{r}}} \quad .} \tag{2.5}$$

Die Geschwindigkeit ist demzufolge die zeitliche Ableitung des Ortsvektors. Aus dieser Aussage, (2.4) und (2.2) folgt umgekehrt der Ausdruck (2.3). Somit kann eine der beiden Beziehungen (2.3) und (2.5) wahlweise als Definition der Geschwindigkeit, die andere als Folgerung aufgefasst werden.

2.4 Komponenten der Geschwindigkeit

Um die vektoriell definierte Geschwindigkeit $\underline{v}$ mit der Koordinatendarstellung der Bewegung gemäß Kapitel 1 zu verknüpfen, zerlegt man am einfachsten das Differential $d\underline{r}$ des Ortsvektors längs der Koordinatenlinien des jeweils gewählten Koordinatensatzes, also längs der Einheitsvektoren der zugehörigen Basis. Beispielsweise bei *zylindrischen Koordinaten* setzt sich das Differential des Ortsvektors gemäß Fig. 1.10 aus dem Differential $d\rho$ längs der radialen Koordinatenlinie, dem Differential $\rho\, d\varphi$ (φ im Bogenmaß) längs der kreisförmigen azimutalen Koordinatenlinie und dem Differential dz längs der vertikalen Koordinatenlinie zusammen. Mit den zugehörigen Einheitsvektoren der zylindrischen Basis gemäß Fig. 1.17 multipliziert und addiert ergeben diese Komponenten

$$d\underline{r} = d\rho\, \underline{e}_\rho + \rho\, d\varphi\, \underline{e}_\varphi + dz\, \underline{e}_z \quad . \tag{2.6}$$

Aus der Definition des Differentials von Abschnitt 2.1 und aus (2.5) folgt dann die Geschwindigkeit in zylindrischen Komponenten

$$\underline{v} := \dot{\underline{r}} = \dot{\rho}\, \underline{e}_\rho + \rho\, \dot{\varphi}\, \underline{e}_\varphi + \dot{z}\, \underline{e}_z \quad . \tag{2.7}$$

Diese *geometrische Herleitung* ist eine Methode zur Bestimmung der Komponenten des Geschwindigkeitsvektors bezüglich einer gewünschten Basis. Ein alternativer Weg ist die *formale Ableitung* des zerlegten Ortsvektors $\underline{r}$ gemäß den Produkt- und Kettenregeln (2.1) und (2.2). Diesen beschreiten wir nun für die drei in Kapitel 1 besprochenen Basissysteme und überlassen es dem Leser, die Resultate für kartesische und sphärische Komponenten auch noch mit geometrischen Überlegungen, analog zu (2.6) und (2.7), herzuleiten.

a) ***Kartesische Komponenten der Geschwindigkeit***

Ortsvektor: $\underline{r}(t) = x(t)\, \underline{e}_x + y(t)\, \underline{e}_y + z(t)\, \underline{e}_z$,

Ableitung: $\dot{\underline{r}} = \dot{x}\, \underline{e}_x + \dot{y}\, \underline{e}_y + \dot{z}\, \underline{e}_z$.

Bei der Anwendung der Produktregeln (2.1) wurde hier beachtet, dass die Einheitsvektoren der kartesischen Basis zeitlich konstant sind, d. h. $\dot{\underline{e}}_x = \dot{\underline{e}}_y = \dot{\underline{e}}_z = \underline{0}$. Damit ergibt sich also

$$\boxed{\underline{v} = \dot{x}\, \underline{e}_x + \dot{y}\, \underline{e}_y + \dot{z}\, \underline{e}_z \quad .} \tag{2.8}$$

Beispiel: Bei der in Abschnitt 1.2 besprochenen Bewegung in kartesischen Koordinaten beträgt der Geschwindigkeitsvektor

$$\underline{v} = -9\pi \sin(3\pi t)\, \underline{e}_x - 12\pi \sin(3\pi t)\, \underline{e}_y + 3\pi \cos(3\pi t)\, \underline{e}_z \quad .$$

Er ist zu jeder Zeit und in jeder Lage der Stabspitze M zur elliptischen Bahnkurve tangential. Insbesondere in den Lagen $x = 0$, $y = 0$, $z = \pm 1$ mit $t = 1/6,\ 1/2,\ 5/6$ s ist er horizontal und in den Lagen $x = \pm 3$, $y = \pm 4$, $z = 0$ mit $t = 0,\ 1/3,\ 2/3,\ 1$ s vertikal ($\dot{x} = \dot{y} = 0$).

Die Bogenlänge auf der Bahnkurve werde in Richtung der Bewegung positiv gemessen. Dann kann der tangentiale Einheitsvektor $\underline{\tau}$ in kartesischen Komponenten aus

$$\underline{\tau} = \frac{\underline{v}}{|\underline{v}|}$$

ermittelt werden. Die Schnelligkeit ist

$$\dot{s} = |\underline{v}| = \left(\dot{x}^2 + \dot{y}^2 + \dot{z}^2\right)^{1/2} = 3\,\pi\,\sqrt{1 + 24[\sin(3\,\pi\,t)]^2}\ \text{cm/s} \quad .$$

b) ***Zylindrische Komponenten der Geschwindigkeit***

Ortsvektor: $\underline{r}(t) = \rho(t)\,\underline{e}_\rho(\varphi(t)) + z(t)\,\underline{e}_z \quad ,$

Ableitung: $\dot{\underline{r}} = \dot{\rho}\,\underline{e}_\rho + \rho\,\dot{\underline{e}}_\rho + \dot{z}\,\underline{e}_z \quad .$

Der Einheitsvektor $\underline{e}_\rho$ ist trotz seines konstanten Betrages eine Funktion des Winkels $\varphi = \varphi(t)$ und damit der Zeit. Seine Ableitung beträgt (siehe (2.11))

$$\dot{\underline{e}}_\rho = \dot{\varphi}\,\underline{e}_\varphi \quad , \tag{2.9}$$

so dass sich die Geschwindigkeit in zylindrischen Komponenten als

$$\boxed{\underline{v} = \dot{\rho}\,\underline{e}_\rho + \rho\,\dot{\varphi}\,\underline{e}_\varphi + \dot{z}\,\underline{e}_z} \tag{2.10}$$

ergibt. Dieses Resultat ist identisch mit jenem von (2.7).

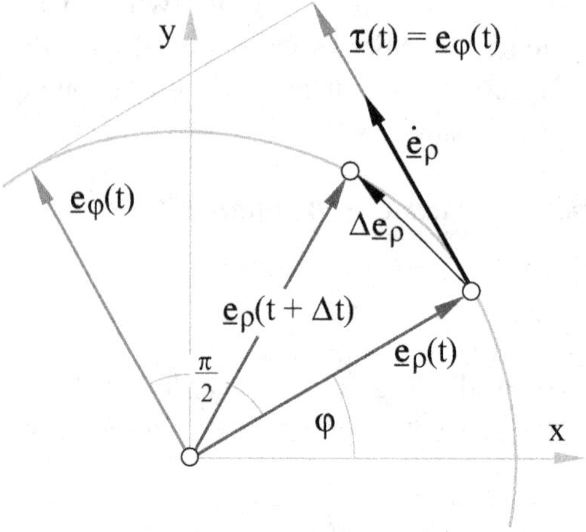

Fig. 2.4: Der radiale Einheitsvektor der zylindrischen Basis und seine Ableitung

Die Beziehung (2.9) kann mit Hilfe der kartesischen Komponenten von $\underline{e}_\rho$ und $\underline{e}_\varphi$ oder direkt geometrisch bewiesen werden. Die kartesischen Komponenten von $\underline{e}_\rho$ und $\underline{e}_\varphi$ sind (Fig. 2.4)

$$\underline{e}_\rho = \cos\varphi\,\underline{e}_x + \sin\varphi\,\underline{e}_y \quad , \quad \underline{e}_\varphi = -\sin\varphi\,\underline{e}_x + \cos\varphi\,\underline{e}_y \quad .$$

Bei der Berechnung von $\dot{\underline{e}}_\rho$ muss beachtet werden, dass φ eine Funktion der Zeit ist und deshalb z. B. bei der Ableitung von $\cos\varphi$ die Kettenregel (2.2) zur Anwendung kommt:

$$(\cos\varphi)^{\cdot} = (\cos\varphi(t))^{\cdot} = (-\sin\varphi(t))\,\dot\varphi(t) = (-\sin\varphi)\,\dot\varphi \quad .$$

So ergibt sich für die Ableitung $\dot{\underline{\mathbf{e}}}_\rho$

$$\dot{\underline{\mathbf{e}}}_\rho = (-\sin\varphi\,\underline{\mathbf{e}}_x + \cos\varphi\,\underline{\mathbf{e}}_y)\,\dot\varphi = \dot\varphi\,\underline{\mathbf{e}}_\varphi \tag{2.11}$$

und analog dazu

$$\dot{\underline{\mathbf{e}}}_\varphi = (-\cos\varphi\,\underline{\mathbf{e}}_x - \sin\varphi\,\underline{\mathbf{e}}_y)\,\dot\varphi = -\dot\varphi\,\underline{\mathbf{e}}_\rho \quad .$$

Dasselbe Resultat kann auch aus der folgenden Überlegung hergeleitet werden: Zeichnet man während einer beliebigen Bewegung des betrachteten materiellen Punktes M den Einheitsvektor $\underline{\mathbf{e}}_\rho$ zu allen Zeiten der Bewegung mit demselben Anfangspunkt, so beschreibt seine Spitze einen Kreisbogen des *Einheitskreises* mit dem Radius 1 (Fig. 2.4). Die Ableitung $\dot{\underline{\mathbf{e}}}_\rho$ entspricht gemäß (2.5) der Geschwindigkeit dieser Spitze, denn $\underline{\mathbf{e}}_\rho$ spielt hier die Rolle eines Ortsvektors. Die genannte Geschwindigkeit beträgt gemäß (2.3) allgemein $\dot{\underline{\mathbf{e}}}_\rho = \dot s\,\underline{\boldsymbol{\tau}}$. Der tangentiale Einheitsvektor $\underline{\boldsymbol{\tau}}$ kann in diesem Fall mit $\underline{\mathbf{e}}_\varphi$ und die Bogenlänge auf dem Einheitskreis mit $s = \varphi$ identifiziert werden. Hieraus folgt das Resultat (2.9).

Beispiel: Bei der in Abschnitt 1.3 besprochenen Bewegung des Elektrons in zylindrischen Koordinaten beträgt der Geschwindigkeitsvektor

$$\underline{\mathbf{v}} = a\,\underline{\mathbf{e}}_\rho + b\,(R_1 + a\,t)\,\underline{\mathbf{e}}_\varphi + a\,\underline{\mathbf{e}}_z \quad .$$

Er ist zu jeder Zeit und in jeder Lage M des Elektrons tangential zur Bahnkurve. Insbesondere ist am Anfang, zur Zeit $t_1 = 0$, die Geschwindigkeit

$$\underline{\mathbf{v}}(t_1) = a\,\underline{\mathbf{e}}_\rho + b\,R_1\,\underline{\mathbf{e}}_\varphi + a\,\underline{\mathbf{e}}_z \quad .$$

Zur Zeit $t_2 = (R_2 - R_1)/a$ trifft das Elektron die Anode mit der Geschwindigkeit

$$\underline{\mathbf{v}}(t_2) = a\,\underline{\mathbf{e}}_\rho + b\,R_2\,\underline{\mathbf{e}}_\varphi + a\,\underline{\mathbf{e}}_z \quad .$$

Der tangentiale Einheitsvektor $\underline{\boldsymbol{\tau}}$ ergibt sich in der zylindrischen Basis als

$$\underline{\boldsymbol{\tau}} = [2\,a^2 + b^2\,(R_1 + a\,t)^2]^{-1/2}\,[a\,\underline{\mathbf{e}}_\rho + b\,(R_1 + a\,t)\,\underline{\mathbf{e}}_\varphi + a\,\underline{\mathbf{e}}_z] \quad ,$$

und die Schnelligkeit ist

$$\dot s = |\underline{\mathbf{v}}| = \sqrt{2\,a^2 + b^2 (R_1 + a\,t)^2} \quad .$$

Anwendung auf die Kreisbewegung

Bei der Kreisbewegung auf einem horizontalen Kreis mit dem Radius R gelten die Bewegungsgleichungen (Fig. 2.5)

$$\rho = R = \text{konstant} \quad , \quad \varphi = \varphi(t) \quad , \quad z = z_0 = \text{konstant} \quad .$$

Die Geschwindigkeit beträgt gemäß (2.10)

$$\underline{\mathbf{v}} = R\,\dot\varphi\,\underline{\mathbf{e}}_\varphi \quad .$$

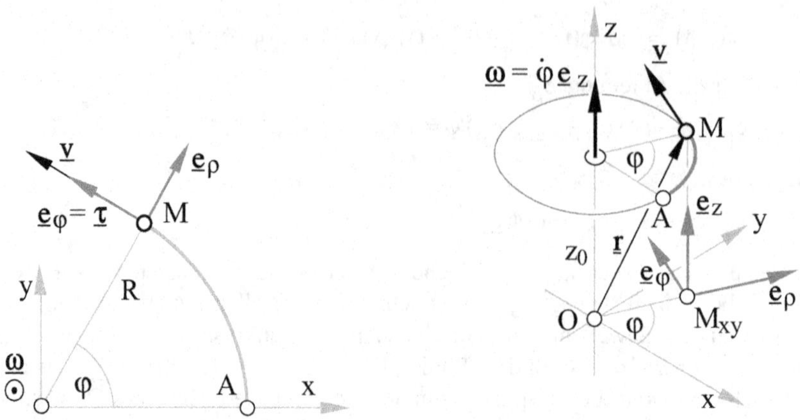

Fig. 2.5: Kreisbewegung und Winkelgeschwindigkeit

Die Schnelligkeit ist $\dot{s} = R\,\dot{\varphi}$ und der tangentiale Einheitsvektor $\underline{\boldsymbol{\tau}} = \underline{\mathbf{e}}_\varphi$. Die Größe $\dot{\varphi}$ heißt **Winkelschnelligkeit**.
Drückt man den Einheitsvektor $\underline{\mathbf{e}}_\varphi$ mit Hilfe von (1.2) in Funktion von $\underline{\mathbf{e}}_z$ und $\underline{\mathbf{e}}_\rho$ aus, so erhält man

$$\underline{\mathbf{e}}_\varphi = \underline{\mathbf{e}}_z \times \underline{\mathbf{e}}_\rho$$

und für die Geschwindigkeit

$$\underline{\mathbf{v}} = R\,\dot{\varphi}\left(\underline{\mathbf{e}}_z \times \underline{\mathbf{e}}_\rho\right) = \dot{\varphi}\,\underline{\mathbf{e}}_z \times R\,\underline{\mathbf{e}}_\rho \quad .$$

Der zweite Vektor kann mit dem Ortsvektor $\underline{\mathbf{r}} = R\,\underline{\mathbf{e}}_\rho + z_0\,\underline{\mathbf{e}}_z$ in Verbindung gebracht werden, so dass

$$\underline{\mathbf{v}} = \dot{\varphi}\,\underline{\mathbf{e}}_z \times \left(\underline{\mathbf{r}} - z_0\,\underline{\mathbf{e}}_z\right) = \dot{\varphi}\,\underline{\mathbf{e}}_z \times \underline{\mathbf{r}} - \dot{\varphi}\,\underline{\mathbf{e}}_z \times z_0\,\underline{\mathbf{e}}_z$$

ist. Da das Vektorprodukt zwischen parallelen Vektoren verschwindet, vereinfacht sich dieser Ausdruck zu

$$\underline{\mathbf{v}} = \left(\dot{\varphi}\,\underline{\mathbf{e}}_z\right) \times \underline{\mathbf{r}} \quad .$$

Der Vektor $\dot{\varphi}\,\underline{\mathbf{e}}_z$ soll **Winkelgeschwindigkeit** der *Kreisbewegung um die z-Achse* genannt und mit $\underline{\boldsymbol{\omega}}$ bezeichnet werden, also

$$\boxed{\underline{\boldsymbol{\omega}} := \dot{\varphi}\,\underline{\mathbf{e}}_z \quad .} \tag{2.12}$$

Für die Geschwindigkeit ergibt sich

$$\boxed{\underline{\mathbf{v}} = \underline{\boldsymbol{\omega}} \times \underline{\mathbf{r}} \quad .} \tag{2.13}$$

Man beachte, dass (2.13) unabhängig vom Koordinatensystem ist: Die Geschwindigkeit bei einer Kreisbewegung ergibt sich aus dem Vektorprodukt von $\underline{\boldsymbol{\omega}}$ mit $\underline{\mathbf{r}}$. Dabei steht $\underline{\boldsymbol{\omega}}$ senkrecht auf der Ebene des Kreises, und $\underline{\mathbf{r}}$ ist der Ortsvektor des betrachteten Punktes, ausgehend von einem Punkt auf der Achse durch den Mittelpunkt des Kreises und senkrecht zu seiner Ebene.

c) ***Sphärische Komponenten der Geschwindigkeit***

Ortsvektor: $\underline{\mathbf{r}}(t) = r(t)\,\underline{\mathbf{e}}_r(\theta(t), \psi(t))$,
Ableitung: $\dot{\underline{\mathbf{r}}} = \dot{r}\,\underline{\mathbf{e}}_r + r\,\dot{\underline{\mathbf{e}}}_r$.

Der Einheitsvektor $\underline{\mathbf{e}}_r$ ist wegen seiner Richtungsabhängigkeit eine Funktion der beiden Winkel θ und ψ und damit der Zeit. Seine Ableitung beträgt

$$\dot{\underline{\mathbf{e}}}_r = \dot{\theta}\,\underline{\mathbf{e}}_\theta + \dot{\psi}\sin\theta\,\underline{\mathbf{e}}_\psi \quad . \tag{2.14}$$

Der Leser möge diese Beziehung mit ähnlichen Überlegungen wie bei den zylindrischen Komponenten beweisen (siehe (2.9)).

Die Geschwindigkeit in sphärischen Komponenten lautet demzufolge

$$\boxed{\underline{\mathbf{v}} = \dot{r}\,\underline{\mathbf{e}}_r + r\,\dot{\theta}\,\underline{\mathbf{e}}_\theta + r\sin\theta\,\dot{\psi}\,\underline{\mathbf{e}}_\psi \quad .} \tag{2.15}$$

Beispiel: Bei der in Abschnitt 1.4 besprochenen Bewegung der Achsenspitze eines Kreisels (oder Kugelpendels) in sphärischen Koordinaten ergibt sich für den Geschwindigkeitsvektor

$$\underline{\mathbf{v}} = R\,\theta_0\,\omega_1\cos(\omega_1 t)\,\underline{\mathbf{e}}_\theta + R\,\omega_2\sin[\frac{\pi}{6} + \theta_0\sin(\omega_1 t)]\,\underline{\mathbf{e}}_\psi \quad .$$

Er ist zu jeder Zeit und in jeder Lage zur Bahnkurve tangential. Insbesondere ist die Geschwindigkeit horizontal ($\dot{\theta} = 0$) in den Lagen

$$\theta = \frac{\pi}{6} \pm \theta_0 \quad , \quad \psi_k = \frac{2k+1}{2}\pi\frac{\omega_2}{\omega_1} \quad , \quad k = 1, 2, \ldots \quad ,$$

zu den Zeiten

$$t_k = \frac{2k+1}{2}\frac{\pi}{\omega_1} \quad .$$

Der tangentiale Einheitsvektor

$$\underline{\boldsymbol{\tau}} = \frac{\underline{\mathbf{v}}}{|\underline{\mathbf{v}}|}$$

lässt sich mit Hilfe des oben angegebenen Ausdrucks für die Geschwindigkeit in sphärischer Basis ausdrücken. Für die Schnelligkeit erhält man

$$\dot{s} = |\underline{\mathbf{v}}| = R\sqrt{[\theta_0\,\omega_1\cos(\omega_1 t)]^2 + \left\{\omega_2\sin\left[\frac{\pi}{6} + \theta_0\sin(\omega_1 t)\right]\right\}^2} \quad .$$

Aufgaben

1. Ein materieller Punkt M (Fig. 2.6) bewegt sich derart längs einer Geraden, dass er zur Zeit $t = 0$ in O ist, das Quadrat s^2 seiner Bogenlänge s der Zeit t proportional ist und die Strecke von A nach B in der Zeit T durchlaufen wird. Man stelle seine Bewegungsgleichung $s = f_s(t)$ in Funktion der gegebenen Größen T und L auf und bestimme die Zeiten, zu denen der materielle Punkt die Stellen A und B passiert sowie die Schnelligkeiten in diesen Punkten.

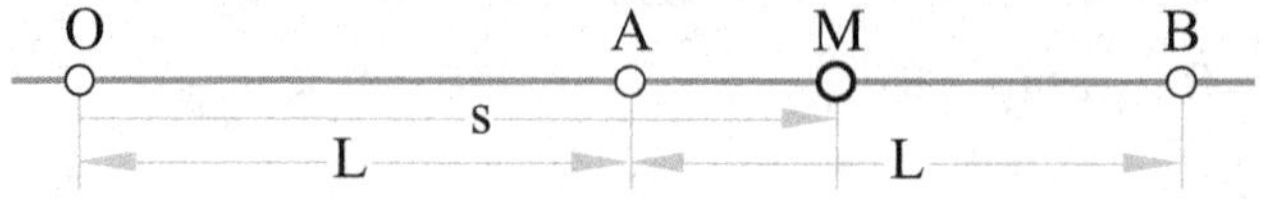

Fig. 2.6

2. Ein materieller Punkt besitzt die in s und m auszuwertenden Bewegungsgleichungen

$$x = 36 - t^2 \quad , \quad y = t^2 - 16 \quad , \quad z = t - 2 \quad .$$

Wann, wo, woher und mit welcher Geschwindigkeit tritt er in den Oktanten $x \geq 0$, $y \geq 0$, $z \geq 0$ ein? Wann, wo, wohin und mit welcher Geschwindigkeit tritt er aus ihm aus? Welchen Abstand hat er zur Zeit $t = 3$ s von O. Man diskutiere die Bahnkurve.

3. Man drücke die Bewegungsgleichungen des Elektrons, das im Beispiel des Abschnittes 1.3 betrachtet wurde, in *kartesischen* Koordinaten aus. Anschließend berechne man die Komponenten seiner Geschwindigkeit und des Einheitsvektors $\underline{\tau}$ (tangential zur Bahnkurve) in *kartesischer Basis*.

3 Zur Kinematik starrer Körper

In Abschnitt 1.1 wurde der **starre Körper** im Zusammenhang mit dem Bezugskörper definiert. Demnach sollen die Abstände zwischen beliebigen Punkten eines starren Körpers stets konstant bleiben. Die Verbindungsvektoren $\underline{\mathbf{a}} := \underline{\mathbf{MM}}'$ zwischen zwei willkürlich gewählten materiellen Punkten M und M' behalten also während jeder Bewegung ihre Länge, obwohl sich ihre Richtung verändern kann (Fig. 3.1). Wenn alle Abstände konstant bleiben, sind automatisch auch alle Winkel konstant, also z. B. $\alpha := \sphericalangle(\mathrm{M'MM''})$, wobei M'' ein weiterer beliebiger materieller Punkt des starren Körpers ist. Mit $\underline{\mathbf{b}} := \underline{\mathbf{MM}}''$ werden deshalb die Skalarprodukte

$$\underline{\mathbf{a}} \cdot \underline{\mathbf{b}} = |\underline{\mathbf{a}}|\,|\underline{\mathbf{b}}| \cos \alpha$$

für alle $\underline{\mathbf{a}}$, $\underline{\mathbf{b}}$ stets zeitlich konstante Werte aufweisen. (Die Vektoren $\underline{\mathbf{a}}$ und $\underline{\mathbf{b}}$ müssen dabei zu den jeweils gleichen Zeitpunkten miteinander multipliziert werden.) Es gilt insbesondere

$$\underline{\mathbf{a}} \cdot \underline{\mathbf{a}} = \text{konstant} \quad .$$

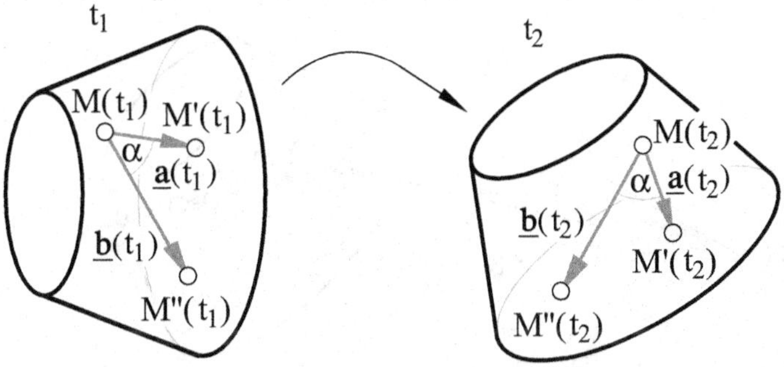

Fig. 3.1: Invarianzeigenschaft von Verbindungsvektoren eines starren Körpers

Aus dieser Invarianzeigenschaft folgt ein wichtiger Satz, der bei allen Bewegungen des starren Körpers gültig bleibt. Vorerst soll er formuliert und danach bewiesen werden. Anschließend besprechen wir drei spezielle Bewegungen des starren Körpers und bereiten damit induktiv den Weg zur Diskussion der allgemeinsten Bewegung vor. Zum Schluss behandeln wir den für technische Anwendungen wichtigen Spezialfall der ebenen Bewegung eines starren Körpers.

Die Bewegung von ganz unterschiedlichen Gegenständen aus Natur und Technik kann oftmals mit Hilfe des stark idealisierten Modells des starren Körpers hinreichend genau beschrieben und vorausberechnet werden. So zum Beispiel die Bewegung der Erdkugel oder eines künstlichen Satelliten, die verschiedenen Translations- und Drehbewegungen eines Flugzeuges oder eines Schiffs, jene des Gestells oder der Räder eines Straßenfahrzeugs, die Kreiselungsbewegung eines Mess- oder Steuerkreisels usw. Alle reellen Gegenstände sind zwar mehr oder weniger stark deformierbar, d. h. nicht starr. Ihre Deformation kann jedoch in vielen Fällen ohne wesentliche Beeinträchtigung der erwünschten Genauigkeit vernachlässigt werden.

3.1 Satz der projizierten Geschwindigkeiten

Man betrachte zwei beliebige materielle Punkte M und N eines Körpers und ihre Geschwindigkeiten $\underline{v}_M$, $\underline{v}_N$ zum Zeitpunkt t bezüglich Oxyz (Fig. 3.2). Die Projektionen von $\underline{v}_M$ bzw. $\underline{v}_N$ auf die Verbindungsgerade MN seien $\underline{v}'_M$ bzw. $\underline{v}'_N$. Wäre $\underline{v}'_M \neq \underline{v}'_N$ (ungleicher Betrag oder entgegengesetzt gerichtet), so scheint nahe liegend, dass sich der Abstand $\overline{MN}$ im nächsten Zeitpunkt t+dt verändern müsste. Dann wäre der betrachtete Körper nicht starr. Beim starren Körper gilt demnach der folgende **Satz der projizierten Geschwindigkeiten**:

THEOREM: Die Geschwindigkeiten $\underline{v}_M$, $\underline{v}_N$ zweier beliebiger Punkte M und N eines starren Körpers weisen zu allen Zeiten gleiche Projektionen $\underline{v}'_M = \underline{v}'_N$ in Richtung ihrer Verbindungsgeraden MN auf.

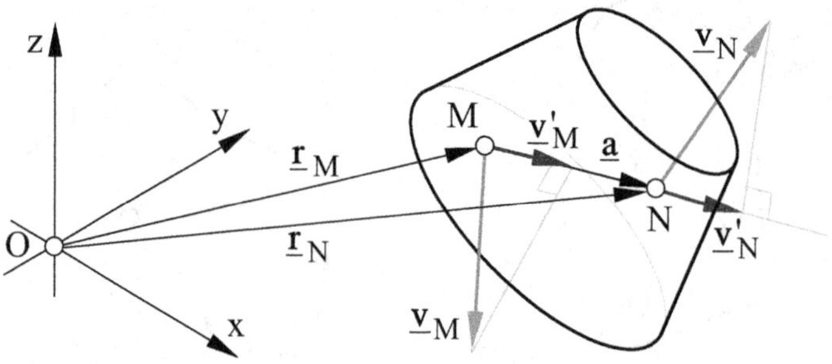

Fig. 3.2: Der Satz der projizierten Geschwindigkeiten am starren Körper

Zum formalen Beweis dieses Satzes betrachte man die Ortsvektoren $\underline{r}_M$ und $\underline{r}_N$ von M und N und drücke den Verbindungsvektor $\underline{a} := \underline{\mathbf{MN}}$ als

$$\underline{a} = \underline{r}_N - \underline{r}_M$$

aus. Aus der Invarianzeigenschaft des starren Körpers folgt

$$\underline{a} \cdot \underline{a} = \text{konstant} \ \forall\, t \in [t_1, t_2] \quad .$$

Leitet man diese Beziehung unter Berücksichtigung der Produktregeln von Abschnitt 2.1 nach der Zeit ab, so erhält man

$$2\, \underline{a} \cdot \underline{\dot{a}} = 0$$

und mit

$$\underline{\dot{a}} = \underline{\dot{r}}_N - \underline{\dot{r}}_M = \underline{v}_N - \underline{v}_M$$

folgt

$$\underline{a} \cdot \underline{v}_N = \underline{a} \cdot \underline{v}_M$$

bzw.

$$\underline{\mathbf{v}}'_N = \underline{\mathbf{v}}'_M \quad ,$$

gemäß der geometrischen Interpretation des Skalarproduktes zwischen zwei Vektoren (q. e. d.).

Durch umgekehrte Beweisführung kann auch das **reziproke Theorem** bewiesen werden. So folgt aus gleichen Geschwindigkeitsprojektionen für alle $t \in [t_1, t_2]$ und *alle Punkte* M, N $\in$ K, dass der Körper K in diesem Zeitintervall starr bleibt. Der Satz der projizierten Geschwindigkeiten stellt demnach eine *charakterisierende Eigenschaft des starren Körpers* dar.
Natürlich lässt sich daraus nicht schließen, dass der Körper immer starr sei: Auch ein deformierbarer Körper kann sich so bewegen, dass der Satz der projizierten Geschwindigkeiten erfüllt ist.

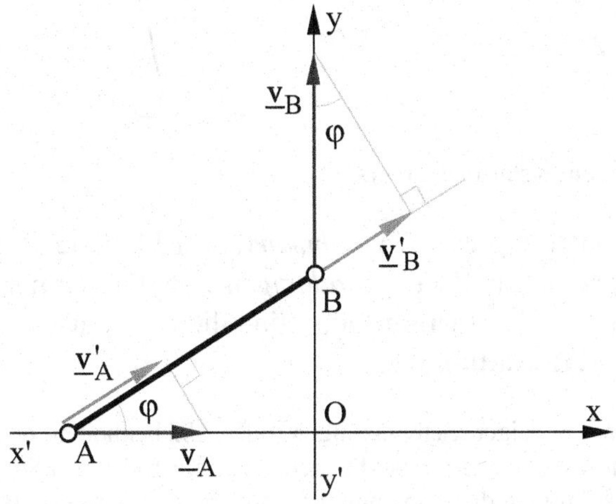

Fig. 3.3: Ein Beispiel zur Anwendung des Satzes der projizierten Geschwindigkeiten

Beispiel: Man betrachte einen starren Stab AB, dessen Enden A und B längs zwei senkrechten Geraden x'Ox, y'Oy geführt sind (Fig. 3.3). Die zeitlich veränderliche Schnelligkeit von A sei $\dot{x}_A =: v$, so dass $\underline{\mathbf{v}}_A = v\,\underline{\mathbf{e}}_x$ ist. Charakterisiert man die Lage von AB durch den Winkel $\sphericalangle(BAx) =: \varphi$, so ergibt sich $\underline{\mathbf{v}}_B$ für alle φ aus dem Satz der projizierten Geschwindigkeiten als

$$\underline{\mathbf{v}}_B = v \cot\varphi \,\underline{\mathbf{e}}_y \quad .$$

Wenn AB auf x'Ox zu liegen kommt, verschwindet die Projektion der Geschwindigkeit $\underline{\mathbf{v}}_B$ auf AB. Weil in dieser Lage die Projektion von $\underline{\mathbf{v}}_A$ auf AB v ist, muss hier also v verschwinden. Der Zeitverlauf der beiden Schnelligkeiten wird durch die Wahl von $\varphi = \varphi(t)$ festgelegt.

3.2 Translation

DEFINITION: Bleibt bei der Bewegung eines starren Körpers K bezüglich Oxyz nicht nur der Betrag des Verbindungsvektors $\underline{\mathbf{a}}$ zwischen beliebigen Punkten M, N $\in$ K, sondern auch seine Richtung $\forall\ t \in [t_1, t_2]$ konstant, so heißt die Bewegung **Translation** (Fig. 3.4).

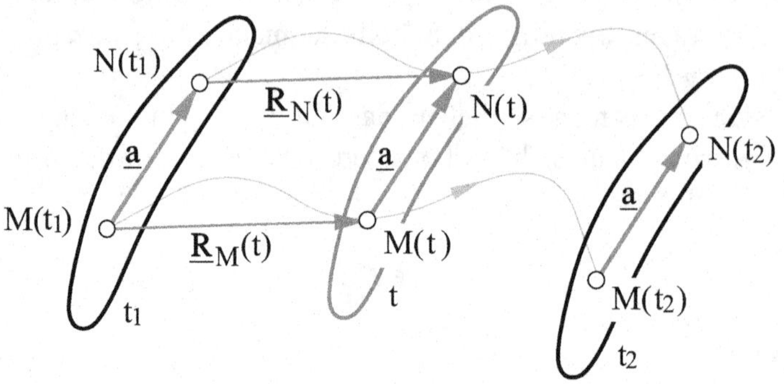

Fig. 3.4: Translation eines starren Körpers

Aus dieser Definition folgt, dass die *Bahnkurven* der Punkte M und N bzw. aller Punkte von K **kongruent** sind. Bei *geradlinigen* Bahnkurven heißt die Translation auch **geradlinig**, sonst ist sie **krummlinig**. Sind die Bahnkurven *eben*, so liegt eine **ebene krummlinige Translation** vor.

Unter Vernachlässigung etwaiger Schwingungen oder Unebenheiten der Straßenfläche beschreibt das starre Fahrgestell eines Straßenfahrzeugs auf einer *geraden Straße* eine *geradlinige Translation.* Berücksichtigt man die Schwingungen, so liegt nur dann eine (krummlinige) Translation vor, wenn die vier Verbindungsstellen des Gestells mit der Federaufhängung die „gleiche" Bewegung ausführen, also kongruente Bahnkurven beschreiben, so dass sich das Gestell stets parallel verschiebt (nicht „rotiert"). Solche Schwingungen nennt man **Translationsschwingungen**.

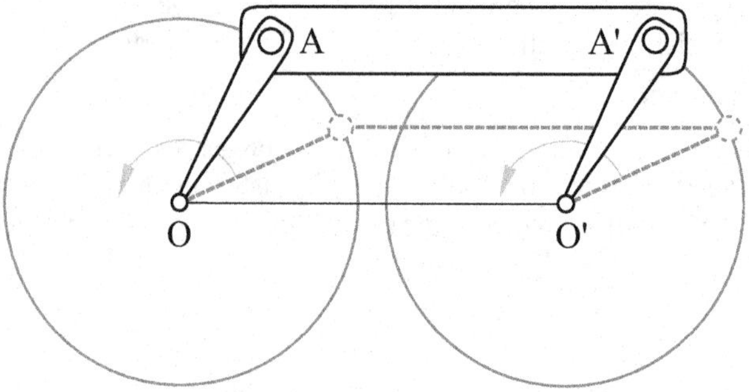

Fig. 3.5: Beispiel einer kreisförmigen Translation

Am modellmäßig dargestellten Viergelenk-Mechanismus von Fig. 3.5 rotieren die gleich langen Stäbe OA und O'A' um die Achsen durch O bzw. O', so dass der in A bzw. A' gelenkig mit OA bzw. O'A' verbundene Stab AA' stets parallel zu seiner Anfangslage bleibt. Die Bahnkurven aller Punkte von AA' sind dann kongruente Kreise, deren Mittelpunkte auf der Verbindungsgeraden OO' liegen. Der Stab AA' beschreibt eine **kreisförmige Translation**.

Die Ortsvektoren von M und N in der Anfangslage seien $\underline{\mathbf{r}}_M(t_1)$ bzw. $\underline{\mathbf{r}}_N(t_1)$ und in der allgemeinen Lage, zur Zeit $t \in [t_1, t_2]$, $\underline{\mathbf{r}}_M(t)$ bzw. $\underline{\mathbf{r}}_N(t)$. Es gilt (Fig. 3.4)

$$\underline{\mathbf{r}}_M(t) = \underline{\mathbf{r}}_M(t_1) + \underline{\mathbf{R}}_M(t) \quad , \quad \underline{\mathbf{r}}_N(t) = \underline{\mathbf{r}}_N(t_1) + \underline{\mathbf{R}}_N(t) \quad ,$$

mit $\underline{\mathbf{R}}_M(t_1) = \underline{\mathbf{R}}_N(t_1) = \underline{\mathbf{0}}$. Unter Berücksichtigung der Invarianz des Verbindungsvektors $\underline{\mathbf{a}} = \underline{\mathbf{r}}_N(t) - \underline{\mathbf{r}}_M(t) = \underline{\mathbf{r}}_N(t_1) - \underline{\mathbf{r}}_M(t_1)$ bei der Translation folgt sofort

$$\underline{\mathbf{R}}_M(t) = \underline{\mathbf{R}}_N(t) \quad , \quad \forall\, M, N \in K \quad , \quad \forall\, t \in [t_1, t_2] \quad .$$

Demnach ist der Verbindungsvektor $\underline{\mathbf{R}}$, welcher die allgemeine Lage eines beliebigen Punktes von K mit dessen Anfangslage verbindet, für alle Punkte von K „gleich“ (gleiche Richtung, gleicher Betrag), falls K eine Translationsbewegung ausführt. Deshalb nennt man den Vektor $\underline{\mathbf{R}}$ **Translationsvektor**.
Die Geschwindigkeiten von M und N ergeben sich aus den Ableitungen von $\underline{\mathbf{r}}_M$ und $\underline{\mathbf{r}}_N$ nach der Zeit. Die Eigenschaft $\underline{\mathbf{R}}_M = \underline{\mathbf{R}}_N$ lässt sich demzufolge auch auf die Geschwindigkeiten übertragen, also gilt

$$\boxed{\underline{\mathbf{v}}_M = \underline{\mathbf{v}}_N \quad ,} \qquad \forall\, M, N \in K \quad , \quad \forall\, t \in [t_1, t_2] \quad . \tag{3.1}$$

Bei der Translationsbewegung eines starren Körpers weisen demnach die Geschwindigkeiten zu einem beliebigen Zeitpunkt t eine konstante örtliche Verteilung auf, d. h. alle Geschwindigkeitsvektoren zu diesem Zeitpunkt sind einander „gleich“.

So haben am Viergelenk-Mechanismus von Fig. 3.5 die Geschwindigkeiten von allen Punkten des Stabes AA' in einer beliebigen Lage den gleichen Betrag und die gleiche Richtung. Sie sind zwar zeitlich veränderlich, jedoch örtlich konstant.

REZIPROKER SATZ: Bleibt bei einem materiellen System die Geschwindigkeitsverteilung zu allen Zeiten $t \in [t_1, t_2]$ *uniform* gemäß (3.1), so verhält sich das System im genannten Zeitintervall als *starrer Körper*, der eine *Translation* beschreibt.

Diesen Satz kann man aus (3.1) durch umgekehrte Beweisführung beweisen. Demgemäß ist (3.1) eine *charakterisierende Eigenschaft der Translation eines starren Körpers*.

DEFINITION: Ist an einem materiellen System die Geschwindigkeit nur zu einem bestimmten Zeitpunkt $t = t_0$ gleichmäßig verteilt, dann befindet sich das System in einem Zustand der **momentanen Translation**.

Obwohl in diesem Fall für $t < t_0$ und $t > t_0$ die Bewegung beliebig sein kann, führt das materielle System im *infinitesimalen Zeitintervall* $t \in (t_0 - dt, t_0 + dt)$ eine *infinitesimale Translation* aus.

3.3 Rotation

DEFINITION: Bleiben bei der Bewegung eines starren Körpers K bezüglich Oxyz *zwei Punkte* A, B ∈ K für alle Zeiten $t \in [t_1, t_2]$ *fest* (in **Ruhe**, *ohne Lageänderung*), so heißt die Bewegung **Rotation** (Fig. 3.6).

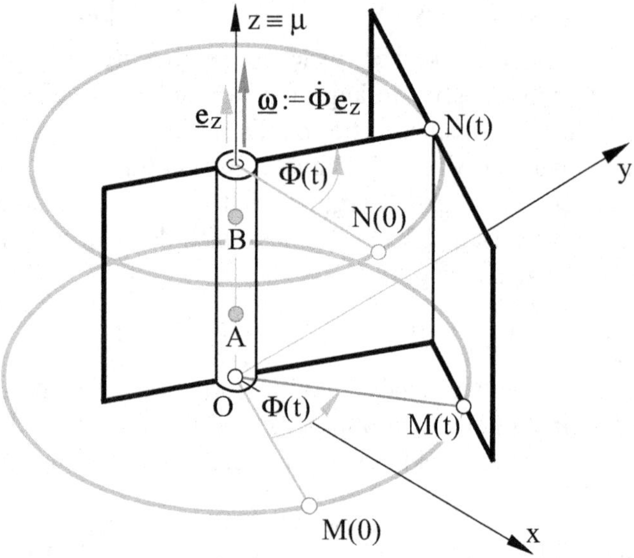

Fig. 3.6: Rotation eines starren Körpers um Oz ≡ μ

Aus dieser Definition und aus jener des starren Körpers lassen sich folgende Eigenschaften herleiten:

a) Mit A und B ist auch die *Verbindungsgerade* $\mu := AB$ in Ruhe. Man nennt diese feste Gerade $\mu \in K$ **Rotationsachse** (oder **Drehachse**). Manchmal wählt man die Oz-Achse des Bezugskörpers Oxyz auf der Rotationsachse, d. h. $\mu \equiv Oz$.
b) Jeder Punkt außerhalb der Rotationsachse μ beschreibt eine *Kreisbahn* senkrecht zu μ mit dem Mittelpunkt auf μ.
c) Alle Punkte außerhalb der Rotationsachse drehen sich auf ihren Kreisbahnen um den Winkel Φ(t). Dieser gemeinsame Winkel heißt **Drehwinkel** der Rotation (Fig. 3.6).

Mit Hilfe der Definition eines starren Körpers K $\{\underline{a} \cdot \underline{b} = \text{konstant}\ \forall\ \underline{a}, \underline{b} \in K\}$ möge der Leser diese drei Eigenschaften der Rotation herleiten. Die Beweisführung gelingt z. B. über den Satz der projizierten Geschwindigkeiten für geeignete Punktepaare. Bei a) betrachtet man zwei Hilfspunkte, die nicht auf der Rotationsachse liegen.

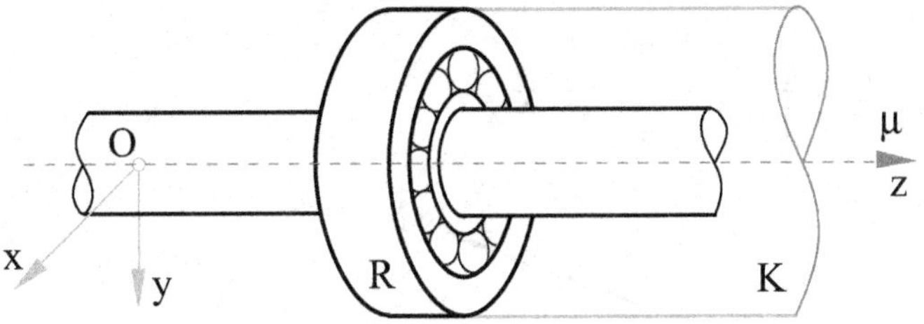

Fig. 3.7: Rotation des Rings eines Kugellagers

Die technische Bedeutung der Rotation ist offensichtlich. Bei der Anwendung auf konkrete Probleme und zur Identifikation einer Bewegung als Rotation muss der oben erwähnte starre Körper unter Umständen über den gegebenen konkreten Gegenstand hinaus soweit ausgedehnt werden, bis die Rotationsachse zum Körper gehört. So ist zum Beispiel die Rotationsachse μ des Rings R eines Kugellagers nicht sein materieller Bestandteil. Der ihm entsprechende starre Körper $K \supset R$ kann aber in Gedanken zu einem vollen Zylinder ausgedehnt werden, so dass $\mu \in K$ ist und die Bewegung des Rings als Rotation erkennbar wird (Fig. 3.7).

Aus der Eigenschaft c) folgt, dass sich alle Punkte $M \in K$ auf ihren Kreisbahnen mit der gleichen Winkelschnelligkeit $\dot{\Phi}(t)$ bzw. der gleichen Winkelgeschwindigkeit

$$\underline{\omega} := \dot{\Phi}\, \underline{e}_z = \omega\, \underline{e}_z \tag{3.2}$$

drehen. Diese gemeinsame Winkelgeschwindigkeit heißt **Rotationsgeschwindigkeit** des starren Körpers K, die skalare Größe ω **Rotationsschnelligkeit**.

Ist der gemeinsame Drehwinkel $\Phi(t)$ als Funktion der Zeit bekannt, so steht auch die Vektorfunktion $t \mapsto \underline{\omega}(t)$ der skalaren Variablen t gemäß (3.2) fest, denn die Richtung von $\underline{\omega}(t)$ wird durch die Rotationsachse bestimmt und bleibt konstant, nur sein algebraischer Betrag $\dot{\Phi}(t)$ kann sich verändern. Bleibt auch $\dot{\Phi}$ (bzw. $\underline{\omega}$) konstant, so liegt eine **gleichförmige Rotation** vor.

Bei der Rotation eines starren Körpers K beschreibt jeder Punkt $M \in K$ eine Kreisbewegung mit der gleichen Winkelgeschwindigkeit $\underline{\omega}$ um die gemeinsame Rotationsachse Oz. Die Geschwindigkeiten sind demzufolge durch die Formel (2.13) gegeben. Da der Ortsvektor $\underline{r}$ je nach Punkt M verschiedene Beträge und Richtungen aufweist, sind die Geschwindigkeiten zu jedem Zeitpunkt t *örtlich veränderlich* verteilt. Um die funktionale Abhängigkeit beim rotierenden starren Körper sichtbar zu machen, schreiben wir deshalb (2.13) in der folgenden Form:

$$\boxed{\underline{v}(\underline{r}, t) = \underline{\omega}(t) \times \underline{r}\ .} \tag{3.3}$$

Zu einem bestimmten Zeitpunkt ist also die Rotationsgeschwindigkeit $\underline{\boldsymbol{\omega}}$ eine örtliche Konstante und $\underline{\mathbf{v}}$ eine lineare Funktion von $\underline{\mathbf{r}}$, orthogonal zu $\underline{\boldsymbol{\omega}}$ und $\underline{\mathbf{r}}$. Die Linearität drückt sich geometrisch dadurch aus, dass der Betrag der Geschwindigkeit zum Abstand von der Rotationsachse proportional ist (Fig. 3.8).

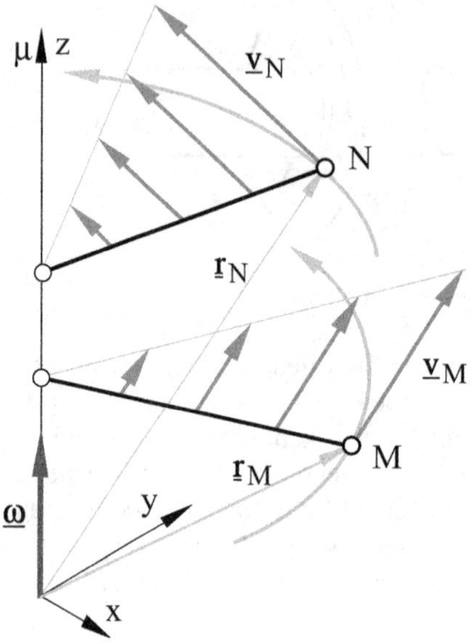

Fig. 3.8: Rotationsgeschwindigkeit und Geschwindigkeitsverteilung bei der Rotation

Die Geschwindigkeitsverteilung der Rotation entspricht einer linear homogenen Vektorfunktion einer Vektorvariablen $\underline{\mathbf{v}} = \underline{\mathbf{f}}(\underline{\mathbf{r}})$ mit den charakteristischen Eigenschaften

$$\underline{\mathbf{f}}(\underline{\mathbf{r}}_1 + \underline{\mathbf{r}}_2) = \underline{\mathbf{f}}(\underline{\mathbf{r}}_1) + \underline{\mathbf{f}}(\underline{\mathbf{r}}_2) \quad , \quad \forall\, \underline{\mathbf{r}}_1, \underline{\mathbf{r}}_2 \quad ,$$

$$\underline{\mathbf{f}}(k\,\underline{\mathbf{r}}) = k\,\underline{\mathbf{f}}(\underline{\mathbf{r}}) \quad , \quad \forall\, \underline{\mathbf{r}}, k \in R \quad .$$

Sie stellt eine spezielle linear homogene Funktion dar, denn der Funktionswert $\underline{\mathbf{v}}$ ist zur Variablen $\underline{\mathbf{r}}$ orthogonal.

Bei der technischen Anwendung auf rotierende kreiszylindrische Wellen entspricht die Rotationsachse bzw. die Richtung von $\underline{\boldsymbol{\omega}}$ mit guter Genauigkeit der Wellenachse. Der Betrag von $\underline{\boldsymbol{\omega}}$ ist meistens nicht direkt, sondern als Anzahl Umdrehungen pro Minute, n U/min, ausgedrückt. Aus n kann $|\underline{\boldsymbol{\omega}}| = |\dot{\Phi}|$ gemäß

$$|\underline{\boldsymbol{\omega}}| = 2\pi \frac{n}{60}$$

in Bogenmaß/Sekunde berechnet werden. Betrachtet man zwei kreiszylindrische Wellen, die sich mit dem gleichen $\underline{\boldsymbol{\omega}}$ drehen, so folgt aus der Linearität, dass die Schnelligkeit der Umfangspunkte der dickeren Welle bezüglich jener der dünneren um das Verhältnis der entsprechenden Radien größer ist (Fig. 3.9).

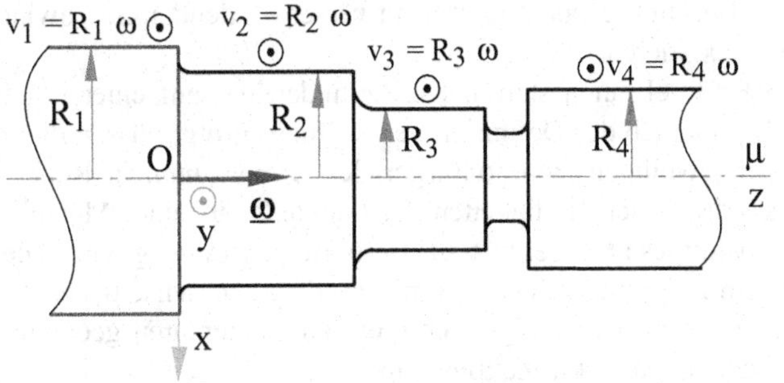

Fig. 3.9: Rotierende kreiszylindrische Welle

REZIPROKER SATZ: Ist die Geschwindigkeitsverteilung eines beliebigen materiellen Systems zu jedem Zeitpunkt $t \in (t_1, t_2)$ durch den Ausdruck (3.3) mit $\underline{\boldsymbol{\omega}}$ gemäß (3.2) gegeben, so bleibt dieses System im Zeitintervall (t_1, t_2) *starr* und führt eine *Rotation* um die Achse Oz aus.

Zum Beweis dieses reziproken Satzes beachte man zunächst, dass die durch (3.3) gegebene Geschwindigkeitsverteilung dem Satz der projizierten Geschwindigkeiten genügt und gemäß Abschnitt 3.1 die Bewegung eines starren Körpers charakterisiert. Denn für beliebige Punkte M und N gilt

$$\underline{\mathbf{v}}_M = \underline{\boldsymbol{\omega}} \times \underline{\mathbf{r}}_M \quad , \quad \underline{\mathbf{v}}_N = \underline{\boldsymbol{\omega}} \times \underline{\mathbf{r}}_N \quad ,$$

$$\underline{\mathbf{v}}_M \cdot \underline{\mathbf{MN}} = \underline{\mathbf{v}}_M \cdot (\underline{\mathbf{r}}_N - \underline{\mathbf{r}}_M) = (\underline{\boldsymbol{\omega}} \times \underline{\mathbf{r}}_M) \cdot \underline{\mathbf{r}}_N = \underline{\boldsymbol{\omega}} \cdot (\underline{\mathbf{r}}_M \times \underline{\mathbf{r}}_N) \quad ,$$

$$\underline{\mathbf{v}}_N \cdot \underline{\mathbf{MN}} = \underline{\mathbf{v}}_N \cdot (\underline{\mathbf{r}}_N - \underline{\mathbf{r}}_M) = -(\underline{\boldsymbol{\omega}} \times \underline{\mathbf{r}}_N) \cdot \underline{\mathbf{r}}_M = \underline{\boldsymbol{\omega}} \cdot (\underline{\mathbf{r}}_M \times \underline{\mathbf{r}}_N) \quad ,$$

d. h.

$$\underline{\mathbf{v}}_M \cdot \underline{\mathbf{MN}} = \underline{\mathbf{v}}_N \cdot \underline{\mathbf{MN}} \quad .$$

Ferner bleiben alle Punkte A auf der z-Achse mit $\underline{\mathbf{r}}_A = z\,\underline{\mathbf{e}}_z$ gemäß (3.3) in Ruhe, denn $\underline{\mathbf{v}}_A = \dot{\Phi}\, \underline{\mathbf{e}}_z \times z\,\underline{\mathbf{e}}_z = \underline{\mathbf{0}}$.

Dank dem oben formulierten reziproken Satz ist die Geschwindigkeitsverteilung (3.3) eine *charakterisierende Eigenschaft des starren Körpers, der um Oz rotiert.*

DEFINITION: Ist an einem materiellen System die Geschwindigkeitsverteilung nur zu einem bestimmten Zeitpunkt $t = t_0$ durch (3.3) gegeben, dann befindet sich das System zu diesem Zeitpunkt in einem Zustand **momentaner Rotation**.

Obwohl in diesem Fall für $t < t_0$ und $t > t_0$ die Bewegung beliebig sein kann, führt das materielle System im *infinitesimalen Zeitintervall* $t \in (t_0 - dt, t_0 + dt)$ eine *infinitesimale Rotation* aus.

Das **Rollen** eines Körpers auf einem ruhenden Körper ist dadurch charakterisiert, dass alle materiellen Berührungspunkte des rollenden Körpers momentan in Ruhe sind. Im Gegensatz dazu steht das **Gleiten**, wo Berührungspunkte mit nicht verschwindender Geschwindigkeit (tangential zur Berührungsebene) existieren.

Man betrachte zum Beispiel einen starren Kreiszylinder, der auf einer ruhenden horizontalen Ebene *rollt* (Fig. 3.10). Gemäß der Definition der **Rollbewegung** müssen die materiellen Punkte des Zylinders auf der jeweiligen Berührungsgeraden g *momentan* in Ruhe sein. Mit anderen Worten verschwinden die Geschwindigkeiten der Punkte Z auf einer Mantellinie des Zylinders in der Lage $Z(t_0)$, sobald diese Mantellinie zur Berührungsgeraden g wird. Die Berührungsgerade g fällt also zu jedem Zeitpunkt zusammen mit der Rotationsachse μ des Zylinders. Mit Hilfe des Satzes der projizierten Geschwindigkeiten und von elementaren geometrischen Überlegungen möge der Leser zeigen, dass zum Zeitpunkt t_0

a) die Geschwindigkeit eines beliebigen Punktes $M(t_0)$ sowohl zu μ als auch zur Senkrechten ZM auf μ orthogonal ist,
b) die Schnelligkeiten der Punkte $M(t_0)$, $N(t_0)$, ... zu den Abständen $\overline{ZM}$, $\overline{ZN}$, ... von μ proportional sind.

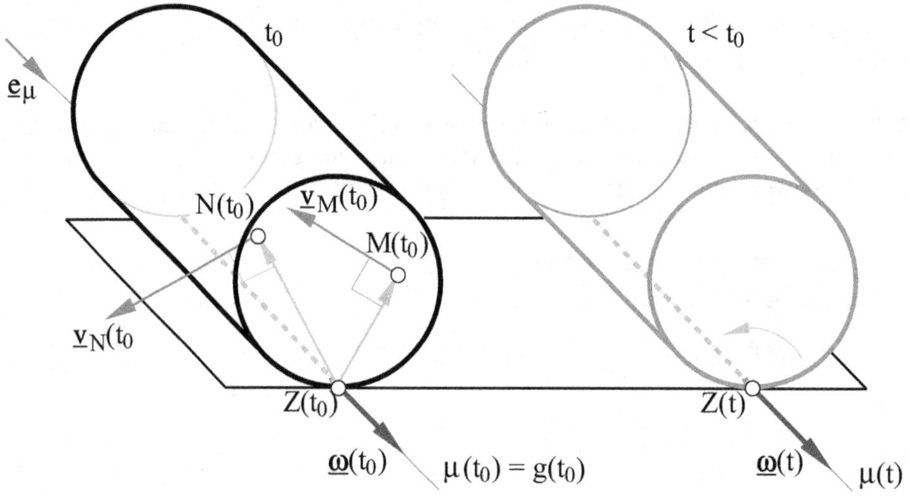

Fig. 3.10: Rollbewegung eines starren Kreiszylinders

Es liegt zu jedem Zeitpunkt t_0 demzufolge eine Geschwindigkeitsverteilung (3.3) mit $\underline{\boldsymbol{\omega}} = \omega\, \underline{\mathbf{e}}_\mu$ vor, wobei allerdings der Vektor $\underline{\mathbf{r}} = \underline{\mathbf{ZM}}$ nicht von einem festen Punkt O, wie bei der gewöhnlichen Rotation, sondern von einem Punkt Z auf der jeweiligen Berührungsgeraden g ausgeht und folglich kein Ortsvektor ist. Die Rollbewegung entspricht also einer *momentanen Rotation* um die jeweilige *Berührungsgerade* g. Die mit der Berührungsgeraden g zusammenfallende Achse μ der momentanen Rotation verschiebt sich parallel auf der horizontalen Ebene. Die Bahnkurven der einzelnen Punkte sind Zykloiden mit Krümmungsmittelpunkten $Z(t_0)$ auf der jeweiligen Achse der momentanen Rotation.

3.4 Kreiselung

DEFINITION: Bleibt bei der Bewegung eines starren Körpers K bezüglich Oxyz *ein Punkt* $O \in K$ für alle Zeiten $t \in [t_1, t_2]$ *fest* (in **Ruhe**, *ohne Lageänderung*), so heißt die Bewegung **Kreiselung** (Fig. 3.11).

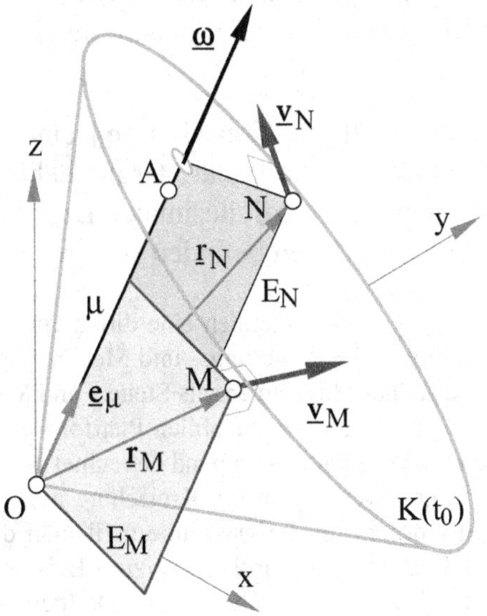

Fig. 3.11: Kreiselung eines starren Körpers um O

Aus dieser Definition und aus jener des starren Körpers folgt, dass jeder Punkt $M \in K$ eine sphärische Bewegung mit Bahnkurve auf der Kugeloberfläche vom Radius $\overline{OM}$ beschreibt. Folglich ist die Geschwindigkeit $\underline{v}_M = \dot{\underline{r}}$ zu jedem Zeitpunkt senkrecht zum jeweiligen Ortsvektor $\underline{r} := \underline{\mathbf{OM}}$, der vom festen **Kreiselzentrum** O ausgeht und einen konstanten Betrag beibehält.
Man betrachte den Körper K in einer beliebigen Lage $K(t_0)$ zu einem willkürlich gewählten Zeitpunkt $t_0 \in [t_1, t_2]$. Die Geschwindigkeit von M zu diesem Zeitpunkt sei $\underline{v}_M$. Man bezeichne die Ebene durch $OM(t_0)$ senkrecht zu $\underline{v}_M$ mit E_M und betrachte einen zweiten Punkt $N \in K$ so, dass $N(t_0) \notin E_M$.
Die Geschwindigkeit von N für $t = t_0$ sei $\underline{v}_N$ (Fig. 3.11). Die Ebene E_N durch $ON(t_0)$ senkrecht zu $\underline{v}_N$ schneidet die Ebene E_M längs der Geraden Oμ. Aus dem Satz der projizierten Geschwindigkeiten folgt, dass alle Punkte $A \in K$ auf Oμ momentan in Ruhe sind.

Wäre in der betrachteten Lage $\underline{v}_A \neq \underline{0}$, so müsste $\underline{v}_A$ wegen dem Satz der projizierten Geschwindigkeiten sowohl auf E_M als auch auf E_N senkrecht sein, denn die Projektionen von $\underline{v}_A$ auf OA, AM, AN müssen gemäß diesem Satz verschwinden. Nach einem Theorem aus der Geometrie besitzt jedoch ein Vektor $\underline{v}_A \neq \underline{0}$ in A nur eine einzige orthogonale Ebene durch A. Der Widerspruch lässt sich nur mit $\underline{v}_A = \underline{0}$ aufheben.

Wieder mit dem Satz der projizierten Geschwindigkeiten kann man nun beweisen, dass zum Zeitpunkt t_0 die Schnelligkeiten der einzelnen Punkte den Abständen von $O\mu$ proportional sind. Folglich ist die Geschwindigkeitsverteilung zu jedem Zeitpunkt durch (3.3) gegeben. Die Bewegung entspricht einer *momentanen Rotation um $O\mu$*. Die **momentane Rotationsachse** $O\mu$ geht zwar zu jedem Zeitpunkt durch O, bleibt jedoch (im Gegensatz zur gewöhnlichen Rotation) nicht fest. Der Vektor der Rotationsgeschwindigkeit $\underline{\boldsymbol{\omega}}$ ist nicht durch (3.2) sondern durch

$$\underline{\boldsymbol{\omega}} := \omega\, \underline{\mathbf{e}}_\mu \tag{3.4}$$

definiert, wobei im vorliegenden Fall der Kreiselung $\underline{\mathbf{e}}_\mu$ einen Einheitsvektor mit *veränderlicher Richtung* darstellt. Auch die skalare Größe ω hat nicht mehr die Bedeutung einer *Winkelableitung*, denn die „infinitesimalen Drehwinkel" $d\Phi$ der nacheinander folgenden momentanen Rotationen befinden sich in verschiedenen Ebenen.

Die Kreiselung findet in der Technik bei Kreiselgeräten eine direkte und wichtige Anwendung. Solche Geräte werden vor allem bei präzisen Steuerungs- und Messaufgaben eingesetzt, so zum Beispiel als Kompass oder Kurskreisel bei Flugzeugen, als Steuer- und Messgeräte bei gewissen Satelliten oder als Stabilisatoren zur Erzeugung von stabilen Plattformen. Bei diesen Kreiselgeräten ist das Kreiselzentrum ruhend oder es kann als ruhend betrachtet werden.
Wie wir im nächsten Abschnitt zeigen werden, ist die Kreiselung auch Bestandteil der allgemeinsten Bewegung eines starren Körpers. In diesem Sinne trifft man die Kreiselung fast bei jeder Bewegung an, die mit einer Drehung verknüpft ist, so zum Beispiel bei der Drehung der Planeten (die Erde als Kreisel), bei Roboterteilen oder bei den Drehteilen (Räder, Kurbelwelle, usw.) eines Straßenfahrzeugs.

3.5 Die allgemeinste Bewegung eines starren Körpers

a) ***Bewegungszustand***

Ein starrer Körper K, dessen Lage zum Zeitpunkt $t \in [t_1, t_2]$ in Fig. 3.12 festgehalten ist, bewege sich bezüglich Oxyz völlig frei. Man wähle einen beliebigen Punkt B $\in$ K mit dem Ortsvektor $\underline{\mathbf{r}}_B(t)$ als *Bezugspunkt*. Ein zweiter beliebiger Punkt M $\in$ K mit dem Ortsvektor

$$\underline{\mathbf{r}}_M(t) = \underline{\mathbf{r}}_B(t) + \underline{\boldsymbol{\rho}}(t)$$

bleibt während der Bewegung des starren Körpers (da $|\underline{\boldsymbol{\rho}}| = \text{konstant}$ sein soll) auf einer *Kugel* mit dem Radius $\overline{BM} = |\underline{\boldsymbol{\rho}}|$ und mit B als Zentrum. Die Kugel führt hierbei eine Translationsbewegung mit der Geschwindigkeit

$$\underline{\mathbf{v}}_B = \dot{\underline{\mathbf{r}}}_B$$

aus.

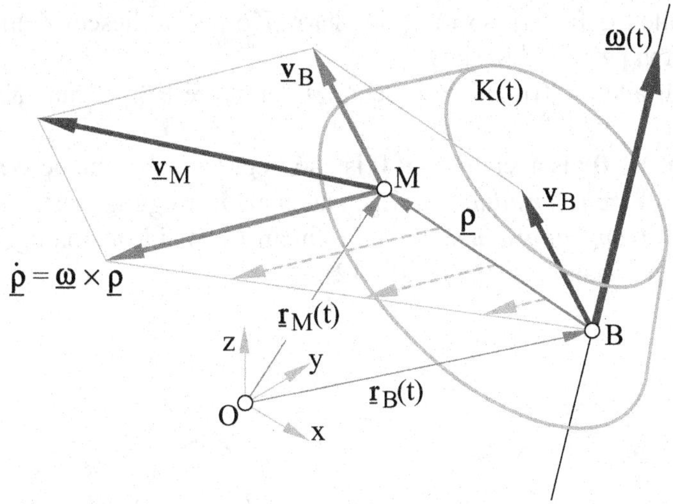

Fig. 3.12: Allgemeinste Bewegung eines starren Körpers und Zusammensetzung der Geschwindigkeiten

Die Geschwindigkeit von M besteht gemäß

$$\underline{\mathbf{v}}_M = \underline{\dot{\mathbf{r}}}_M = \underline{\dot{\mathbf{r}}}_B + \underline{\dot{\boldsymbol{\rho}}} = \underline{\mathbf{v}}_B + \underline{\dot{\boldsymbol{\rho}}}$$

aus dem oben erwähnten Translationsanteil $\underline{\mathbf{v}}_B$ und aus dem Anteil $\underline{\dot{\boldsymbol{\rho}}}$, der wie folgt interpretiert werden kann:

Für alle Punkte M, N, ... ∈ K gehen die Verbindungsvektoren $\underline{\boldsymbol{\rho}}(M)$, $\underline{\boldsymbol{\rho}}(N)$, ... von B aus und haben während der Bewegung von K konstanten Betrag. Die örtliche Verteilung von $\underline{\dot{\boldsymbol{\rho}}}$ muss also genau der in Abschnitt 3.4 diskutierten Geschwindigkeitsverteilung einer Kreiselung um B entsprechen. Man kann sich auch einen Beobachter vorstellen, der in B sitzt und sich translatorisch mit $\underline{\mathbf{v}}_B$ bewegt. Für ihn ist B in Ruhe; er sieht die Punkte M, N, ... als Punkte eines starren Körpers, der eine Kreiselung mit Kreiselzentrum in B ausführt. Folglich kann $\underline{\dot{\boldsymbol{\rho}}}$ mit Hilfe von (3.3) berechnet werden, und es gilt

$$\underline{\dot{\boldsymbol{\rho}}} = \underline{\boldsymbol{\omega}} \times \underline{\boldsymbol{\rho}} \quad , \quad \underline{\boldsymbol{\rho}} := \underline{\mathbf{BM}}$$

und schließlich

$$\boxed{\underline{\mathbf{v}}_M = \underline{\mathbf{v}}_B + \underline{\boldsymbol{\omega}} \times \underline{\mathbf{BM}} \quad ,} \qquad \forall\, B, M \in K \quad , \quad \forall\, t \in [t_1, t_2] \quad . \qquad (3.5)$$

Der Vektor $\underline{\boldsymbol{\omega}}(t) = \omega\, \underline{\mathbf{e}}_\mu$ entspricht der momentanen Rotationsgeschwindigkeit der Kreiselung um den gewählten Bezugspunkt B ∈ K.

Wir überlassen es dem Leser, durch ähnliche Überlegungen wie in Abschnitt 3.4 das oben anschaulich begründete Resultat $\underline{\dot{\boldsymbol{\rho}}} = \underline{\boldsymbol{\omega}} \times \underline{\boldsymbol{\rho}}$ und damit die Verteilung (3.5) formal zu beweisen.

Ist $\underline{\omega} = \underline{0}$ für alle $t \in [t_1, t_2]$, so führt der starre Körper in diesem Zeitintervall eine *Translation* mit $\underline{v}_M = \underline{v}_B$ ($\forall$ M) aus.

Ist $\underline{v}_B(t) \equiv \underline{0}$ für alle $t \in [t_1, t_2]$, so beschreibt der starre Körper eine *Kreiselung um B.*

Falls sowohl $\underline{\omega}(t) \neq \underline{0}$ als auch $\underline{v}_B(t) \neq \underline{0}$ ist, so liegt eine allgemeine Bewegung vor, deren *Geschwindigkeitsverteilung*, vielfach auch als **Bewegungszustand** bezeichnet, sich aus einem *Translationsanteil* $\underline{v}_B$ und einem (in $\underline{\rho}$ linear homogenen) *Kreiselungsanteil* $\underline{\omega}\times\underline{\rho}$ zusammensetzt (Fig. 3.12).

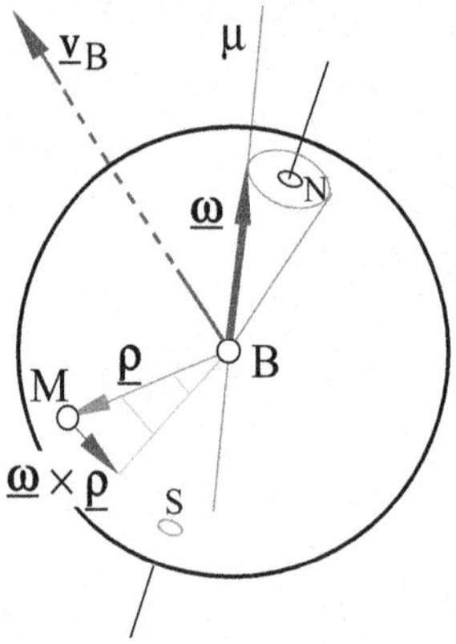

Fig. 3.13: Bewegung der Erde bezüglich der Sonne

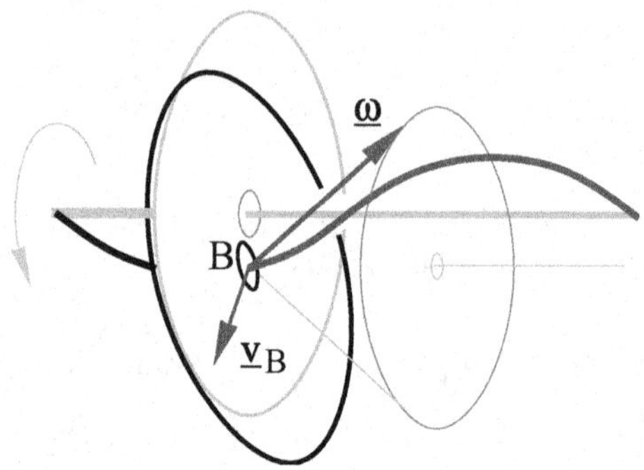

Fig. 3.14: Translation und Kreiselung einer Kreisscheibe auf einer elastischen Welle

Fasst man die *Erde* als leicht abgeplattete starre Kugel auf und wählt ihren Mittelpunkt als Bezugspunkt B, so ergibt sich die Geschwindigkeit irgendeines ihrer Punkte bei der Bewegung bezüglich der Sonne als Summe der zur Ellipsenbahn tangentialen Translationsgeschwindigkeit $\underline{v}_B$ und des Anteils $\underline{\omega}\times\underline{\rho}$ der Kreiselung um B. Die Rotationsgeschwindigkeit $\underline{\omega}$ dieser Kreiselung liegt nicht genau auf der körperfesten *Nord-Süd-Achse*, sondern beschreibt um diese **Eigenachse** eine Kegelfläche mit sehr kleinem Öffnungswinkel (Fig. 3.13). Allerdings ist die Translationsschnelligkeit $|\underline{v}_B|$ der Erde längs ihrer Ellipsenbahn um die Sonne viel größer als der Beitrag der Kreiselung, d. h. der momentanen Rotation um die momentane Drehachse durch den Mittelpunkt B. In der Tat beträgt die Schnelligkeit auf der Ellipsenbahn etwa $2.6 \cdot 10^6$ km / Tag, während der Beitrag der Kreiselung zur Geschwindigkeit der Punkte auf der Erdoberfläche einen Betrag $|\underline{\omega}\times\underline{\rho}|$ von maximal $40 \cdot 10^3$ km / Tag aufweist.

Eine drehbar gelagerte Kreisscheibe (Turbinenrad, Rotor eines Generators, usw.) führt streng genommen keine reine Rotation aus. Infolge der elastischen Schwingungen der Verbindungsteile (Turbinenwelle, Rotorwelle, usw.) verschiebt sich der Mittelpunkt B, und die Kreisscheibe schwingt zunächst translatorisch mit der Geschwindigkeit $\underline{v}_B$. Darauf überlagert sich eine Kreiselung um B, deren momentane Rotationsachse und damit auch die Rotationsgeschwindigkeit $\underline{\omega}$ um eine Parallele zur undeformierten Drehachse der Verbindungswelle eine Kegelfläche beschreibt (Fig. 3.14).

Die Beziehung (3.5), welche die Geschwindigkeitsverteilung der allgemeinsten Bewegung eines starren Körpers zu einem beliebigen Zeitpunkt beschreibt, nennt man **Grundgleichung des Bewegungszustandes eines starren Körpers.**

b) ***Kinemate und Invarianzeigenschaften***

Gemäß den bisherigen Ausführungen wird der allgemeinste Bewegungszustand eines starren Körpers K durch zwei Vektoren $\underline{\mathbf{v}}_B$ und $\underline{\boldsymbol{\omega}}$ beschrieben. Beide Vektoren zusammen, die **Translationsgeschwindigkeit** $\underline{\mathbf{v}}_B$ *und* die **Rotationsgeschwindigkeit** $\underline{\boldsymbol{\omega}}$, sollen **Kinemate** in B genannt und als $\{\underline{\mathbf{v}}_B, \underline{\boldsymbol{\omega}}\}$ notiert werden. Dabei ist $\underline{\mathbf{v}}_B$ die Geschwindigkeit des Bezugspunktes $B \in K$ und beschreibt die Translation des starren Körpers, während $\underline{\boldsymbol{\omega}}$ momentan die Rotation um eine Achse μ durch B und allgemein die Kreiselung um B darstellt. Da man in der Wahl des Bezugspunktes B frei ist, kann man zu einem beliebigen Zeitpunkt einen und denselben *Bewegungszustand*, d. h. eine und dieselbe *Geschwindigkeitsverteilung* in K, durch Kinematen in beliebigen, frei wählbaren Bezugspunkten von K darstellen.

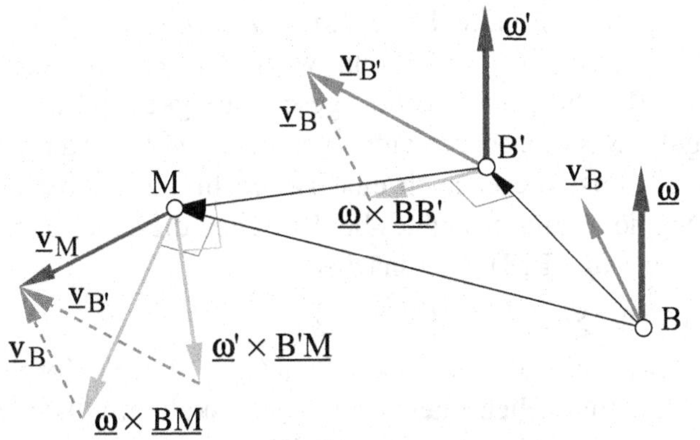

Fig. 3.15: Änderung der Kinemate je nach Bezugspunkt

Fig. 3.15 zeigt zwei solche Kinematen, nämlich $\{\underline{\mathbf{v}}_B, \underline{\boldsymbol{\omega}}\}$ in einem ersten Bezugspunkt $B \in K$ und $\{\underline{\mathbf{v}}_{B'}, \underline{\boldsymbol{\omega}}'\}$ in einem zweiten Bezugspunkt $B' \in K$. Von der Kinemate in B ausgehend erhält man für B' nach der *Grundgleichung* (3.5) *des Bewegungszustandes eines starren Körpers* die Geschwindigkeit

$$\underline{\mathbf{v}}_{B'} = \underline{\mathbf{v}}_B + \underline{\boldsymbol{\omega}} \times \underline{\mathbf{BB'}} \quad . \tag{3.6}$$

Die Translationsgeschwindigkeit der Kinemate in B' transformiert sich also nach dieser Beziehung. Wie transformiert sich die Rotationsgeschwindigkeit $\underline{\boldsymbol{\omega}}'$? Um diese Frage zu beantworten, betrachte man einen weiteren beliebigen Punkt $M \in K$ mit Verbindungsvektoren $\underline{\mathbf{BM}}$, $\underline{\mathbf{B'M}}$ zu B bzw. B'. Seine Geschwindigkeit $\underline{\mathbf{v}}_M$ kann wiederum nach (3.5) von beiden Bezugspunkten aus als

$$\underline{\mathbf{v}}_M = \underline{\mathbf{v}}_B + \underline{\boldsymbol{\omega}} \times \underline{\mathbf{BM}} = \underline{\mathbf{v}}_{B'} + \underline{\boldsymbol{\omega}}' \times \underline{\mathbf{B'M}}$$

gewonnen werden. Aus dieser Beziehung und $\underline{\mathbf{BM}} = \underline{\mathbf{BB}}' + \underline{\mathbf{B'M}}$ folgt dann

$$\underline{\mathbf{v}}_B + \underline{\boldsymbol{\omega}} \times \underline{\mathbf{BB}}' + \underline{\boldsymbol{\omega}} \times \underline{\mathbf{B'M}} = \underline{\mathbf{v}}_{B'} + \underline{\boldsymbol{\omega}}' \times \underline{\mathbf{B'M}}$$

oder unter Berücksichtigung von (3.6)

$$(\underline{\boldsymbol{\omega}} - \underline{\boldsymbol{\omega}}') \times \underline{\mathbf{B'M}} = \underline{\mathbf{0}} \quad .$$

Diese Gleichung kann nur dann für alle B, B', M $\in$ K, also für alle $\underline{\mathbf{B'M}}$ erfüllt werden, wenn

$$\boxed{\underline{\boldsymbol{\omega}} = \underline{\boldsymbol{\omega}}' \quad \forall\, B, B' \in K} \tag{3.7}$$

gilt. Zu jedem Zeitpunkt ist daher die (im Allgemeinen zeitlich veränderliche) Rotationsgeschwindigkeit $\underline{\boldsymbol{\omega}}(t)$ örtlich konstant verteilt. Man bezeichnet sie deshalb als die **1. Invariante** des Bewegungszustandes und spricht von der *Rotationsgeschwindigkeit des starren Körpers K* ohne Bezug auf einen bestimmten Punkt von K.
Stellt man also einen und denselben Bewegungszustand durch Kinematen in verschiedenen Bezugspunkten dar, so unterscheiden sich diese im Allgemeinen in der Translationsgeschwindigkeit. Nach (3.6) verschwindet dieser Unterschied, falls $\underline{\boldsymbol{\omega}} \times \underline{\mathbf{BB}}' = \underline{\mathbf{0}}$ ist. Das trifft im Falle der reinen *Translation* wegen $\underline{\boldsymbol{\omega}} = \underline{\mathbf{0}}$ für beliebige Punktepaare zu und sonst (für $\underline{\boldsymbol{\omega}} \neq \underline{\mathbf{0}}$) dann, wenn der neue Bezugspunkt B' auf der Geraden durch B in Richtung der Rotationsgeschwindigkeit $\underline{\boldsymbol{\omega}}$ liegt.
Die Bezeichnung der Rotationsgeschwindigkeit als *erste* Invariante des Bewegungszustandes impliziert, dass dieser auch eine *zweite* Invariante besitzt. Sie folgt aus (3.5) durch Bildung des Skalarproduktes beider Seiten dieser Vektorgleichung mit $\underline{\boldsymbol{\omega}}$. Man erhält wegen $\underline{\boldsymbol{\omega}} \cdot (\underline{\boldsymbol{\omega}} \times \underline{\mathbf{BM}}) = 0$ zunächst

$$\underline{\boldsymbol{\omega}} \cdot \underline{\mathbf{v}}_M = \underline{\boldsymbol{\omega}} \cdot \underline{\mathbf{v}}_B \quad \forall\, M, B \in K \quad .$$

Dieses Skalarprodukt weist also in jedem Punkt des starren Körpers den gleichen Wert auf. Aus der geometrischen Interpretation des Skalarproduktes folgt dann, dass die Komponente der Geschwindigkeit in $\underline{\boldsymbol{\omega}}$-Richtung (siehe Fig. 3.16) in jedem Punkt des starren Körpers durch den gleichen Vektor gegeben ist, dass also zu jedem Zeitpunkt und bei jeder nicht translatorischen Bewegung des starren Körpers

$$\boxed{(\underline{\mathbf{v}}_M)_\omega = (\underline{\mathbf{v}}_B)_\omega =: \underline{\mathbf{v}}_\omega \quad \forall\, M, B \in K} \tag{3.8}$$

ist. Wir bezeichnen diese Komponente $\underline{\mathbf{v}}_\omega$ mit uniformer Verteilung für alle Punkte von K als **2. Invariante** des allgemeinsten Bewegungszustandes von K.

c) *Zentralachse und Schraube*

Nun soll der Bewegungszustand direkter durch die beiden Invarianten dargestellt werden. Aus (3.5) und der Invarianz von $\underline{\boldsymbol{\omega}}$ folgt, dass die Geschwindigkeitsverteilung der allgemeinsten Bewegung von K eine lineare Vektorfunktion des Verbindungsvektors $\underline{\boldsymbol{\rho}} = \underline{\mathbf{BM}}$ ist. Um für $\underline{\mathbf{v}}_\omega \neq \underline{\mathbf{0}}$ eine geometrisch anschauliche Darstellung der Linearitätseigenschaft zu erhalten, betrachten wir, von einem beliebigen Bezugspunkt $B \in K$ und der zugehörigen Kinemate $\{\underline{\mathbf{v}}_B, \underline{\boldsymbol{\omega}}\}$ ausgehend, alle Bezugspunkte B* auf der Geraden g durch B senkrecht zu $\underline{\boldsymbol{\omega}}$ und $\underline{\mathbf{v}}_B$ (siehe Fig. 3.16). Dann zerlegen wir die Geschwindigkeit in jedem Punkt B* in die invariante Komponente $\underline{\mathbf{v}}_\omega$ und die dazu senkrechte, variable Komponente $(\underline{\mathbf{v}}_{B^*})^\perp$ und formulieren die Beziehung (3.6) für diese senkrechten Komponenten nach Elimination von $\underline{\mathbf{v}}_\omega$ auf beiden Seiten der Gleichung. Wir erhalten

$$(\underline{\mathbf{v}}_{B^*})^\perp = (\underline{\mathbf{v}}_B)^\perp + \underline{\boldsymbol{\omega}} \times \underline{\mathbf{BB}}^* \quad . \tag{3.9}$$

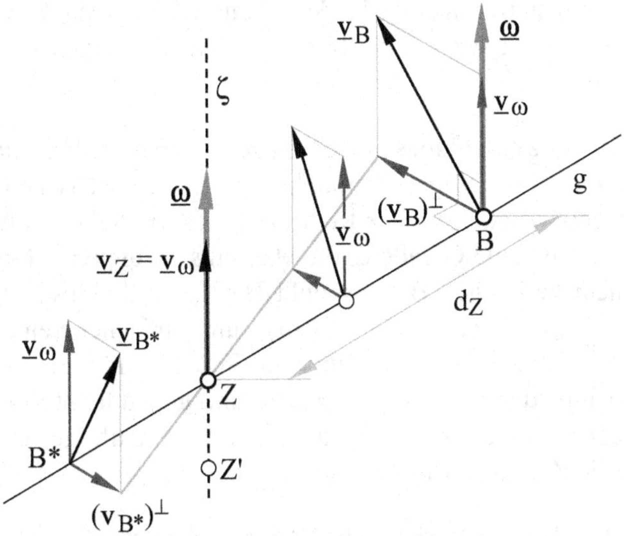

Fig. 3.16: Zentralachse und Schraube

Die Vektoren $(\underline{\mathbf{v}}_B)^\perp$ und $\underline{\boldsymbol{\omega}} \times \underline{\mathbf{BB}}^*$ in dieser Beziehung sind senkrecht zur Ebene, welche von $\underline{\boldsymbol{\omega}}$ und g definiert wird, also zueinander parallel, so dass die Linearitätseigenschaft besonders anschaulich dargestellt werden kann (Fig. 3.16). Daran erkennt man u. a., dass auf g ein Punkt Z mit der Eigenschaft $(\underline{\mathbf{v}}_Z)^\perp = \underline{\mathbf{0}}$ existieren muss. Der Verbindungsvektor $\underline{\mathbf{BZ}}$ erfüllt die direkt aus (3.9) folgende Gleichung

$$\underline{\boldsymbol{\omega}} \times \underline{\mathbf{BZ}} = -(\underline{\mathbf{v}}_B)^\perp \quad . \tag{3.10}$$

Die skalare Auswertung dieser Gleichung (die drei darin vertretenen Vektoren sind aufeinander senkrecht) ergibt den Abstand $d_Z := \overline{BZ}$ als

$$d_Z = \frac{\left|(\underline{\mathbf{v}}_B)^\perp\right|}{|\underline{\boldsymbol{\omega}}|} \quad . \tag{3.11}$$

Die Kinemate im Punkt Z besteht neben der Rotationsgeschwindigkeit $\underline{\boldsymbol{\omega}}$ aus einer Translationsgeschwindigkeit parallel dazu, nämlich aus $\{\underline{\mathbf{v}}_Z \equiv \underline{\mathbf{v}}_\omega, \underline{\boldsymbol{\omega}}\}$. Eine solche Kinemate entspricht einer momentanen **Schraubung**, welche aus einer momentanen Rotation mit der Rotationsgeschwindigkeit $\underline{\boldsymbol{\omega}}$ und einer gleichzeitigen momentanen

Translation in Richtung von $\underline{\boldsymbol{\omega}}$ (der *Richtungssinn* darf auch entgegengesetzt sein) besteht. Deshalb nennen wir die Kinemate in Z eine **Schraube**. Stellt man den Bewegungszustand mit Z als Bezugspunkt, d. h. mit Hilfe der *Schraube* in Z dar, so erkennt man gemäß (3.6), dass für alle Punkte Z' auf der Geraden ζ durch Z in Richtung $\underline{\boldsymbol{\omega}}$ die Geschwindigkeit $\underline{\mathbf{v}}_{Z'}$ ebenfalls der 2. Invarianten $\underline{\mathbf{v}}_{\omega}$ gleich ist, also keine zu $\underline{\boldsymbol{\omega}}$ senkrechte Komponente besitzt, denn der Zusatzterm mit dem Vektorprodukt zwischen $\underline{\boldsymbol{\omega}}$ und $\underline{\mathbf{ZZ}}'$ verschwindet (in (3.6) werden B bzw. B' durch Z bzw. Z' ersetzt). Diese Gerade ζ heißt **Zentralachse** des Bewegungszustandes von K zum Zeitpunkt t. Für einen starren Körper K, der wie üblich in Gedanken auf den ganzen Raum ausgedehnt wird, fassen wir die bisherigen Ausführungen in folgenden Definitionen zusammen:

DEFINITIONEN: Die **Zentralachse** eines starren Körpers K bei seiner allgemeinsten Bewegung zu einem beliebigen Zeitpunkt t ist der geometrische Ort aller Punkte $Z \in K$, deren Geschwindigkeit $\underline{\mathbf{v}}_Z$ zur Rotationsgeschwindigkeit $\underline{\boldsymbol{\omega}}$ parallel ist. Dieser geometrische Ort ist eine Gerade ζ, die ebenfalls zu $\underline{\boldsymbol{\omega}}$ parallel verläuft. Ihr Abstand d_Z von einem beliebigen Bezugspunkt $B \in K$ ist durch (3.11) gegeben. Sie liegt in der Ebene durch B senkrecht zu $(\underline{\mathbf{v}}_B)^{\perp}$ und auf jener Seite von B, welche dem Drehsinn von $\underline{\boldsymbol{\omega}}$ entspricht. Die Kinemate in den Punkten Z der Zentralachse besteht also aus den beiden Invarianten $\underline{\mathbf{v}}_Z \equiv \underline{\mathbf{v}}_{\omega}$ und $\underline{\boldsymbol{\omega}}$ und heißt **Schraube**. Die allgemeinste Bewegung eines starren Körpers ist demzufolge eine momentane **Schraubung** um die Zentralachse.

Um die Zentralachse ζ als geometrischen Ort aller Punkte Z mit $\underline{\mathbf{v}}_Z \equiv \underline{\mathbf{v}}_{\omega}$ definieren zu können, sind wir streng genommen noch zwei Beweise schuldig geblieben. Zum Ersten müssen wir beweisen, dass für alle Punkte M außerhalb der Zentralachse $\underline{\mathbf{v}}_M \neq \underline{\mathbf{v}}_{\omega}$ ist. Von der Schraube in einem Punkt $Z \in \zeta$ und von (3.5) ausgehend, sieht man tatsächlich, dass bei allen Punkten $M \notin \zeta$ der Zusatzterm $\underline{\boldsymbol{\omega}} \times \underline{\mathbf{ZM}}$ nicht verschwinden kann und eine Geschwindigkeit $\underline{\mathbf{v}}_M \neq \underline{\mathbf{v}}_{\omega}$ erzeugt. Zum Zweiten müssen wir einen **Eindeutigkeitsbeweis** liefern. Wir müssen zeigen, dass die Wahl eines anderen beliebigen Bezugspunktes $B' \neq B$ zur gleichen Gerade ζ führt, welche von B aus definiert wurde. Den Beweis dazu entwickeln wir formal wie folgt: Man gehe von einem ersten Bezugspunkt B aus und erhalte die Verbindungsvektoren $\underline{\mathbf{BZ}}$ zu den Punkten $Z \in \zeta$ mit Hilfe der Grundgleichung (3.5) aus

$$\underline{\mathbf{v}}_Z = \underline{\mathbf{v}}_{\omega} = \underline{\mathbf{v}}_B + \underline{\boldsymbol{\omega}} \times \underline{\mathbf{BZ}} \quad . \tag{3.12}$$

Man nehme an, dass von einem zweiten Bezugspunkt B' aus eine andere Zentralachse ζ' mit Punkten $Z' \in \zeta'$ entstehe und erhalte die Verbindungsvektoren $\underline{\mathbf{B'Z}}'$ wiederum nach (3.5) aus

$$\underline{\mathbf{v}}_{Z'} = \underline{\mathbf{v}}_{\omega} = \underline{\mathbf{v}}_{B'} + \underline{\boldsymbol{\omega}} \times \underline{\mathbf{B'Z}}' \quad ,$$

wobei $\underline{\mathbf{v}}_{\omega}$ als 2. Invariante des Bewegungszustandes vom Bezugspunkt unabhängig bleibt. In der letzten Gleichung ersetzen wir $\underline{\mathbf{v}}_{B'}$ nach (3.6) und bekommen durch Kombination der beiden Zusatzterme mit dem Vektorprodukt

$$\underline{\mathbf{v}}_{\omega} = \underline{\mathbf{v}}_B + \underline{\boldsymbol{\omega}} \times \underline{\mathbf{BZ}}' \quad .$$

Der Vergleich mit (3.12) führt zu

$$\underline{\boldsymbol{\omega}} \times \underline{\mathbf{ZZ'}} = \underline{\mathbf{0}} \quad .$$

Diese Gleichung kann nur für Punkte Z' erfüllt werden, welche auf der Geraden durch Z parallel zu $\underline{\boldsymbol{\omega}}$, also auf der Zentralachse ζ liegen; folglich fallen ζ und ζ' zusammen.

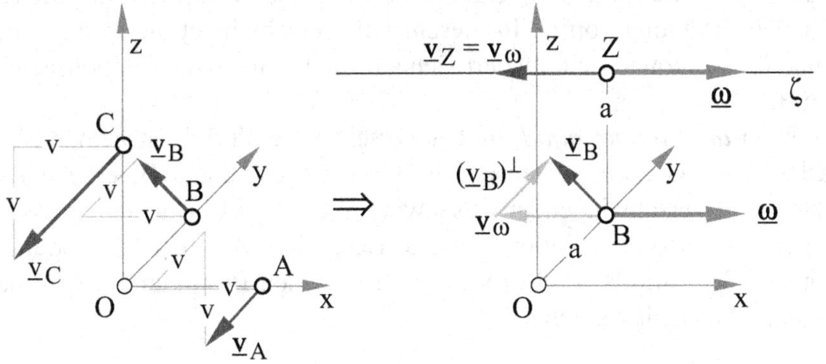

Fig. 3.17: Beispiel zur Ermittlung der Zentralachse und der Schraube

Beispiel: In einer bestimmten Lage eines starren Körpers K (Fig. 3.17) seien die kartesischen Koordinaten dreier Punkte A, B, C $\in$ K als $(a, 0, 0)$, $(0, a, 0)$ bzw. $(0, 0, a)$ und die kartesischen Komponenten der zugehörigen Geschwindigkeiten als $\underline{\mathbf{v}}_A$: $(-v, v, -v)$, $\underline{\mathbf{v}}_B$: $(-v, v, 0)$, $\underline{\mathbf{v}}_C$: $(-v, 0, -v)$ gegeben. Zunächst bestätigt man leicht, dass diese Angaben mit dem Satz der projizierten Geschwindigkeiten verträglich sind, und folglich die Beziehungen $\underline{\mathbf{v}}_A \cdot \underline{\mathbf{AB}} = \underline{\mathbf{v}}_B \cdot \underline{\mathbf{AB}}$, $\underline{\mathbf{v}}_B \cdot \underline{\mathbf{BC}} = \underline{\mathbf{v}}_C \cdot \underline{\mathbf{BC}}$, $\underline{\mathbf{v}}_C \cdot \underline{\mathbf{CA}} = \underline{\mathbf{v}}_A \cdot \underline{\mathbf{CA}}$ erfüllt sind. Als nächsten Schritt suchen wir den Vektor der Rotationsgeschwindigkeit $\underline{\boldsymbol{\omega}}$ mit den vorerst unbekannten Komponenten $(\omega_x, \omega_y, \omega_z)$. Dazu formulieren wir die Grundgleichung (3.5) zwischen den Punkten A, B, C und erhalten in kartesischen Komponenten

$$\text{A, B: } (-v, v, -v) = (-v, v, 0) + (\omega_x, \omega_y, \omega_z) \times (a, -a, 0) \quad ,$$

$$\text{C, B: } (-v, 0, -v) = (-v, v, 0) + (\omega_x, \omega_y, \omega_z) \times (0, -a, a) \quad .$$

Aus der komponentenweisen Auswertung folgen neben drei trivialen Gleichungen $(0 = 0)$ die drei unbekannten Komponenten des Vektors $\underline{\boldsymbol{\omega}}$, nämlich $(v/a, 0, 0)$. Trägt man die Kinemate in B auf, so erkennt man an der Fig. 3.17 (oder durch formale Projektionen mit Skalarprodukten), dass $\underline{\mathbf{v}}_\omega = -v\,\underline{\mathbf{e}}_x$ und $(\underline{\mathbf{v}}_B)^\perp = v\,\underline{\mathbf{e}}_y$ ist. Der Abstand d_Z gemäß (3.11) ist dann a und die Zentralachse geht durch den Punkt Z mit den Koordinaten $(0, a, a)$.

d) ***Spezialfälle***

Die Konstruktion der Zentralachse versagt, falls $\underline{\boldsymbol{\omega}} = \underline{\mathbf{0}}$ ist, mithin der Bewegungszustand einer *momentanen Translation* entspricht. In diesem Fall deutet (3.11) darauf hin, dass die Zentralachse „ins Unendliche wandert“.

Die Schraube degeneriert, falls $\underline{\boldsymbol{\omega}} = \underline{\mathbf{0}}$ oder $\underline{\mathbf{v}}_\omega = \underline{\mathbf{0}}$ ist, was gleich bedeutend ist mit

$$\underline{\boldsymbol{\omega}} \cdot \underline{\mathbf{v}}_B = 0 \quad . \tag{3.13}$$

Es müssen also drei Spezialfälle betrachtet werden:

- Im *ersten Fall* $\underline{\omega} = \underline{0}$ liegt, wie oben erwähnt, eine momentane *Translation* vor. Die Rolle der zweiten Invarianten wird dann durch die Translationsgeschwindigkeit selbst übernommen.
- Der *zweite Spezialfall* $\underline{v}_B = \underline{0}$ ergibt eine momentane *Rotation* um die Achse μ durch B in Richtung von $\underline{\omega}$. In diesem Fall verschwindet die zweite Invariante $\underline{v}_\omega$, und die Zentralachse reduziert sich auf die momentane Rotationsachse $\mu \equiv \zeta$ durch B.
- Auch beim *dritten Spezialfall* $\underline{v}_B \perp \underline{\omega}$ verschwindet definitionsgemäß die zweite Invariante $\underline{v}_\omega$. Die Zentralachse ζ geht zwar nicht durch B, enthält aber alle Punkte Z mit verschwindender Geschwindigkeit $\underline{v}_\omega = \underline{0}$, degeneriert also wieder zu einer momentanen Rotationsachse μ. Besonders wichtige Anwendungen dieses dritten Spezialfalls ergeben sich bei der ebenen Bewegung, die im nächsten Abschnitt behandelt werden soll.

3.6 Die ebene Bewegung eines starren Körpers

DEFINITION: Die Bewegung eines starren Körpers K heißt **ebene Bewegung**, wenn die Bahnkurven aller materiellen Punkte M, N, ... $\in$ K eben sind und in parallelen Ebenen bleiben.

Aus dieser Definition und aus der Definition des starren Körpers folgt, dass die Bahnkurven aller materiellen Punkte, die sich zu irgendeinem Zeitpunkt auf einer gemeinsamen Senkrechten zu den parallelen Ebenen befinden, *kongruent* sind. Zur Diskussion der ebenen Bewegung genügt demzufolge die Betrachtung der Bewegung der materiellen Punkte in einer der parallelen Ebenen E, welche ohne Verlust der Allgemeinheit als Oxy-Ebene des Bezugskörpers gewählt werden kann. Die Geschwindigkeiten aller Punkte M, N, ... des starren Körpers werden zu allen Zeiten zur Ebene E parallel sein, da sie zu den entsprechenden ebenen Bahnkurven tangential sind.
Die Lage des Körperschnittes K_E in der Ebene E bezüglich eines ebenen Bezugskörpers Oxy wird zum Beispiel durch die kartesischen Koordinaten x_B, y_B eines beliebigen Punktes B $\in$ K in E sowie durch den Winkel φ einer beliebigen Verbindungsstrecke BM mit der x-Richtung beschrieben (Fig. 3.18). Bezeichnet man den Vektor $\underline{\mathbf{BM}}$ als $\underline{\rho}$, so folgt aus

$$\underline{\rho} = \rho \cos\varphi\, \underline{e}_x + \rho \sin\varphi\, \underline{e}_y$$

mit ρ = konstant, dass

$$\begin{aligned}\dot{\underline{\rho}} &= -\rho\, \dot{\varphi} \sin\varphi\, \underline{e}_x + \rho\, \dot{\varphi} \cos\varphi\, \underline{e}_y \\ &= \dot{\varphi}\, \underline{e}_z \times (\rho \cos\varphi\, \underline{e}_x + \rho \sin\varphi\, \underline{e}_y) = \dot{\varphi}\, \underline{e}_z \times \underline{\rho}\end{aligned}$$

gilt.

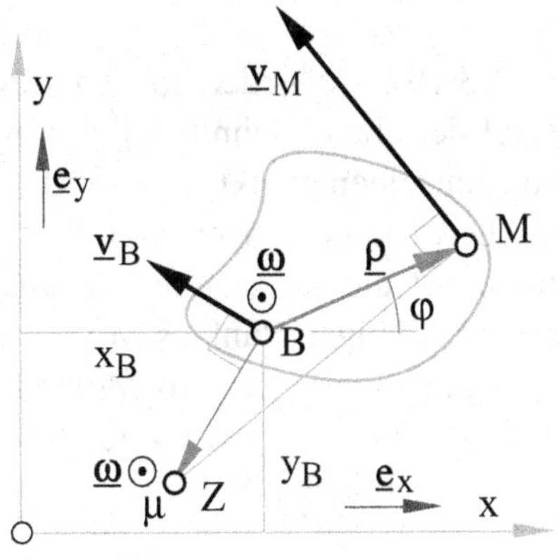

Fig. 3.18: Ebene Bewegung und Momentanzentrum

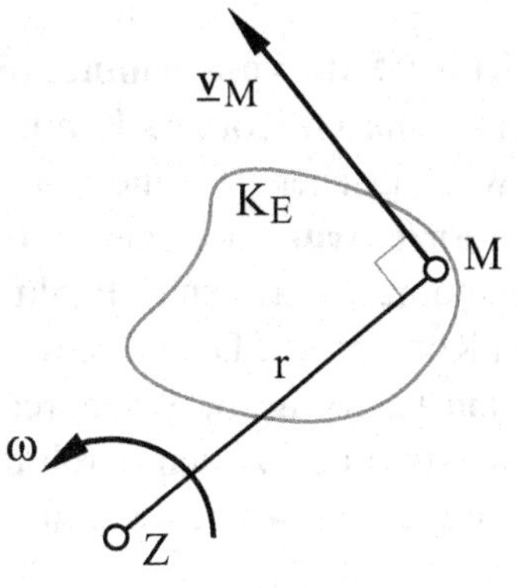

Fig. 3.19: Zum Satz vom Momentanzentrum

Da man andererseits für die Geschwindigkeit in M

$$\underline{v}_M = \dot{\underline{r}}_M = \dot{\underline{r}}_B + \dot{\underline{\rho}} = \underline{v}_B + \dot{\underline{\rho}} = \underline{v}_B + \dot{\varphi}\,\underline{e}_z \times \underline{\rho}$$

schreiben kann, führt der Vergleich mit der Grundgleichung (3.5) zu

$$\underline{\omega} = \dot{\varphi}\,\underline{e}_z \qquad (3.14)$$

für die Rotationsgeschwindigkeit in jeder Lage der ebenen Bewegung. Mithin ist $\underline{\omega}$ senkrecht zur Bewegungsebene E, und ihr Betrag bekommt, wie bei der gewöhnlichen Rotation, die Bedeutung einer Rotationsschnelligkeit $\dot{\varphi}$, welche als zeitliche Ableitung des Winkels zwischen einer beliebigen Verbindungsstrecke $\underline{\mathbf{BM}}$ des Körpers in E und der festen Richtung $\underline{e}_x$ (oder auch $\underline{e}_y$) definiert werden kann. Außerdem erkennt man hier mit

$$\underline{v}_B = \dot{x}_B\,\underline{e}_x + \dot{y}_B\,\underline{e}_y$$

und (3.14), dass während der ganzen ebenen Bewegung

$$\underline{v}_B \perp \underline{\omega} \qquad (3.15)$$

bleibt, dass also (3.13) erfüllt ist. Folglich liegt bei der ebenen Bewegung, falls $\underline{v}_B \neq \underline{0}$ und $\underline{\omega} \neq \underline{0}$ vorausgesetzt wird, der am Schluss des Abschnittes 3.5 kurz diskutierte dritte Spezialfall vor (die beiden ersten Spezialfälle der Translation bzw. der Rotation um eine zur Ebene E senkrechte Achse durch B sind recht einfach und brauchen hier nicht weiter verfolgt zu werden). Die *Zentralachse* reduziert sich in diesem Fall auf eine **momentane Drehachse** (Rotationsachse) μ, welche genau wie $\underline{\omega}$ senkrecht zur Bewegungsebene ist. Da die zweite Invariante $\underline{v}_\omega$ für alle Punkte des Körpers verschwindet, fällt die in (3.10) oder (3.11) auftretende Komponente $(\underline{v}_B)^\perp$ mit der ganzen Geschwindigkeit $\underline{v}_B$ zusammen, so dass im Durchstoßpunkt Z der momentanen Drehachse μ mit der Bewegungsebene E die Geschwindigkeit $\underline{v}_Z$ =

$\underline{\mathbf{0}}$ ist, und sich die Schraube auf die Rotationsgeschwindigkeit $\underline{\boldsymbol{\omega}}$ reduziert (Fig. 3.18). Hieraus ergibt sich folgender Satz:

THEOREM: **Satz vom Momentanzentrum** (Fig. 3.19). Bei jeder ebenen Bewegung eines starren Körpers K mit $\underline{\boldsymbol{\omega}} \neq \underline{\mathbf{0}}$ beschreibt der ebene Schnitt K_E von K in der Bewegungsebene E eine momentane Rotation um einen Punkt $Z \equiv \mu \cap E$, der **Momentanzentrum** der ebenen Bewegung heißt. Das Momentanzentrum Z ist der einzige momentan ruhende Punkt des in Gedanken auf die ganze Ebene E ausgedehnten Körpers K_E. Die Geschwindigkeit $\underline{\mathbf{v}}_M$ eines beliebigen Punktes M von K in E ist dann nach Fig. 3.19 senkrecht zur Verbindungsgeraden mit dem Momentanzentrum Z und besitzt den durch den Drehsinn von $\underline{\boldsymbol{\omega}} = \omega\, \underline{\mathbf{e}}_z = \dot{\varphi}\, \underline{\mathbf{e}}_z$ vorgeschriebenen Richtungssinn sowie den mit dem Abstand r von Z gebildeten Betrag

$$v_M = \omega r \quad . \tag{3.16}$$

Beispiele: Die in Fig. 3.10 (Seite 46) dargestellte **Rollbewegung** eines Kreiszylinders auf einer Horizontalebene ist eine *ebene Bewegung*. Der ebene Schnitt in der (vertikalen) Bewegungsebene entspricht einem Rad vom Radius R (Fig. 3.20). Sein Berührungspunkt Z mit der Führungsgeraden ist augenblicklich in Ruhe und daher Momentanzentrum. Die Kinemate, welche den Bewegungszustand im Bezugspunkt Z beschreibt, reduziert sich auf die Rotationsgeschwindigkeit $\underline{\boldsymbol{\omega}}$. Die Geschwindigkeit eines beliebigen Punktes P auf dem Rad ist normal zu seiner Verbindungsgeraden mit Z und dem Betrage nach proportional dem Abstand von Z. So ist zum Beispiel die Geschwindigkeit des Mittelpunktes O horizontal und vom Betrag $v_O = \omega R$. Der Bewegungszustand kann auch durch die Kinemate $\{\underline{\mathbf{v}}_O, \underline{\boldsymbol{\omega}}\}$ in O dargestellt werden. Man interpretiert in diesem Fall die Bewegung als Überlagerung einer horizontalen Translation mit der Geschwindigkeit $\underline{\mathbf{v}}_O$ der Radnabe und einer Drehung um O mit der Rotationsschnelligkeit ω.

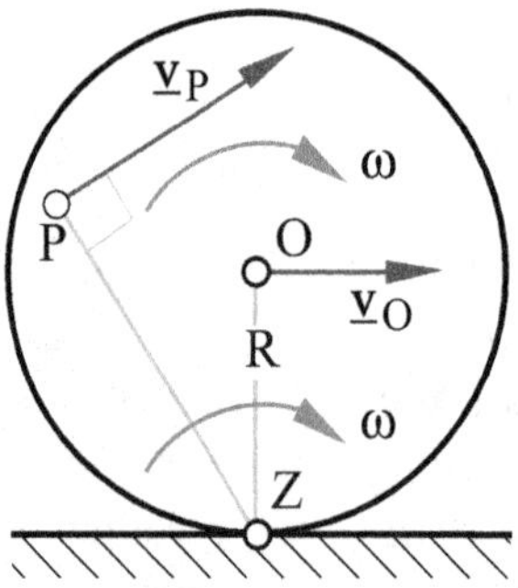

Fig. 3.20: Rollendes Rad

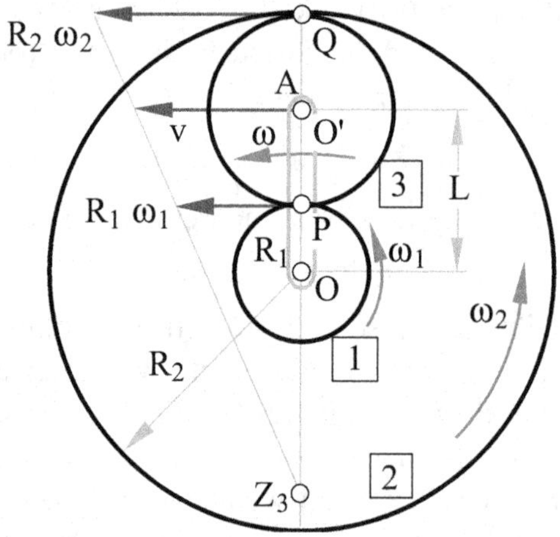

Fig. 3.21: Planetengetriebe

In Fig. 3.21 sind die wichtigsten Elemente eines **Planetengetriebes** wiedergegeben, nämlich die Räder 1 und 2 mit den Radien R_1 bzw. R_2, die sich mit den Rotationsschnelligkeiten ω_1 bzw. ω_2

um den Punkt O drehen und dabei ein drittes, auf ihnen abrollendes Rad 3, das so genannte **Planetenrad** vom Radius

$$R_3 = \frac{1}{2}(R_2 - R_1)$$

mitnehmen. Praktisch werden alle drei Räder verzahnt und das Planetenrad in einem ebenfalls um O drehbaren Arm A der effektiven, zwischen O und O' gemessenen Länge

$$L = \frac{1}{2}(R_1 + R_2)$$

gelagert, dessen Rotationsschnelligkeit ω durch ω_1 und ω_2 bestimmt ist.
Am Planetengetriebe sind vier als starr modellierbare Körper beteiligt, die verschiedene ebene Bewegungen ausführen. Deshalb sind auch vier Rotationsschnelligkeiten und vier Momentanzentren zu erwarten. Die Momentanzentren Z_1, Z_2 und Z der Räder 1, 2 sowie des Arms A fallen mit O zusammen. Die Punkte P, Q, in denen das Planetenrad die Räder 1 und 2 berührt, haben daher zum Arm normale (senkrechte) Geschwindigkeiten der Beträge $R_1\,\omega_1$ bzw. $R_2\,\omega_2$. Andererseits dürfen P und Q auch als Punkte des Planetenrades aufgefasst werden. Da das Planetenrad auf 1 und 2 abrollen soll, müssen die Punkte P und Q des Planetenrades die gleichen Geschwindigkeiten haben wie die entsprechenden Punkte von 1 und 2, mit welchen sie momentan in Berührung sind. Also gelten die oben erwähnten Beträge ebenfalls für P und Q als Punkte des Planetenrades. Gemäß dem Satz vom Momentanzentrum liegt also das Momentanzentrum Z_3 des Planetenrades auf der Verbindungsgerade durch P und Q und lässt sich durch die Forderung lokalisieren, dass sich die Strecken $\overline{Z_3P}$ und $\overline{Z_3Q}$ wie $R_1\,\omega_1$ und $R_2\,\omega_2$ verhalten müssen. Man bekommt

$$\overline{Z_3Q} = (R_2 - R_1)\frac{R_2\,\omega_2}{R_2\,\omega_2 - R_1\,\omega_1} \quad .$$

Das Zentrum O' des Planetenrades 3 hat die Schnelligkeit

$$v = \frac{1}{2}(R_1\,\omega_1 + R_2\,\omega_2)$$

und gehört auch dem Arm A an, so dass die Rotationsschnelligkeit dieses Arms

$$\omega = \frac{v}{L} = \frac{R_1\,\omega_1 + R_2\,\omega_2}{R_1 + R_2}$$

beträgt.
Wird eines der Räder 1, 2 festgehalten, so ergibt sich aus $\omega_1 = 0$ oder $\omega_2 = 0$

$$\omega = \frac{R_2}{R_1 + R_2}\omega_2 \quad \text{bzw.} \quad \omega = \frac{R_1}{R_1 + R_2}\omega_1 \quad ,$$

während bei festgehaltenem Arm $\omega = 0$ und daher

$$\frac{\omega_2}{\omega_1} = -\frac{R_1}{R_2}$$

gilt.

Kennt man von einem Körper K die Geschwindigkeit $\underline{v}_P$ eines Punktes P und die Gerade q durch einen anderen Punkt Q in Richtung der Geschwindigkeit von Q (Fig. 3.22), dann wird gemäß dem Satz vom Momentanzentrum das Momentanzentrum Z als Schnittpunkt der Normalen (Senkrechten) zu $\underline{\mathbf{v}}_P$ in P und zu q in Q gefunden. Der Drehsinn der Rotationsgeschwindigkeit $\underline{\boldsymbol{\omega}}$ um Z ergibt sich aus dem Richtungssinn von $\underline{\mathbf{v}}_P$, und es ist

$$|\underline{\boldsymbol{\omega}}| = \frac{|\underline{\mathbf{v}}_P|}{r} \quad ,$$

wobei r den Abstand $\overline{ZP}$ bezeichnet.

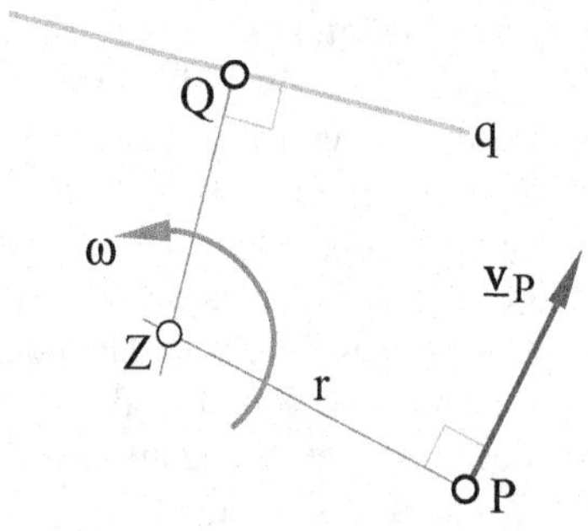

Fig. 3.22: Zur Ermittlung des Momentanzentrums

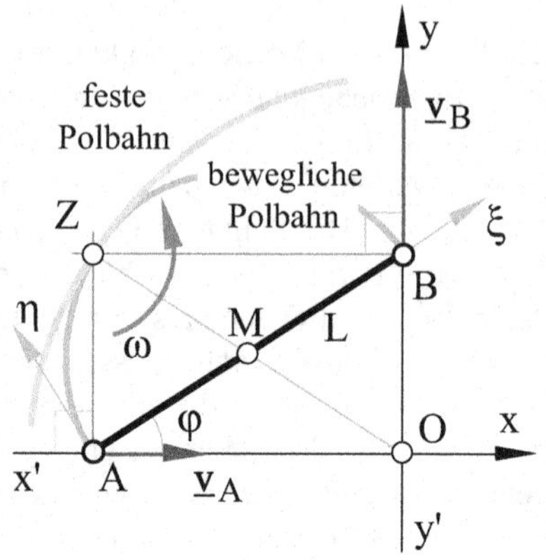

Fig. 3.23: Feste und bewegliche Polbahn

Als erstes Beispiel zur Anwendung dieser Aussagen betrachte man wieder den Stab von Fig. 3.23 mit $\underline{\mathbf{v}}_A = v\,\underline{\mathbf{e}}_x$. Sein Momentanzentrum muss sowohl auf der Senkrechten zur x-Achse durch A als auch auf der Senkrechten zur y-Achse durch B liegen (Fig. 3.22). Hieraus ergibt sich der Schnittpunkt Z als Momentanzentrum des Stabes AB in der gegebenen Lage. Bezeichnet man die Länge des Stabes mit L, so beträgt die Rotationsschnelligkeit gemäß dem Satz vom Momentanzentrum

$$\omega = \frac{v}{\overline{ZA}} = \frac{v}{L \sin\varphi} \quad .$$

Die Schnelligkeit in B folgt dann direkt durch Multiplikation mit der Länge $\overline{ZB} = L\cos\varphi$ als $v\cot\varphi$, ein Resultat, das wir in Abschnitt 3.1 mit Hilfe des Satzes der projizierten Geschwindigkeiten erhalten haben. Das Momentanzentrum Z (auch **Momentanpol** genannt) nimmt während der Stabbewegung verschiedene Lagen bezüglich Oxy ein. Als Diagonalenlänge im Rechteck AOBZ bleibt sein Abstand $\overline{OZ}$ vom Ursprung O des Bezugssystems Oxy in allen Lagen gleich der Länge L des Stabes. Z beschreibt also einen Kreis um O mit dem Radius L. Da dieser Kreis mit Oxy fest verbunden ist, heißt er **feste Polbahn.** Die Lagen von Z können auch bezüglich des starr bleibenden Stabes AB definiert, d. h. von einem fiktiven (gedachten) Beobachter, der auf dem Stab sitzt, registriert werden. Da Z von der Stabmitte M in jeder Lage den Abstand $\overline{MZ} = L/2$ beibehält, beschreibt er den mit dem Stab fest verbundenen Kreis um M mit dem Radius $L/2$. Dieser Kreis heißt sinngemäß **bewegliche Polbahn**. Die feste und die bewegliche Polbahn berühren sich in Z. Zudem, da definitionsgemäß die Geschwindigkeit von Z bezüglich Oxy in jeder Lage verschwinden soll, rollt die bewegliche Polbahn auf der festen ab. Hierbei

kann man den starren Körper, der vorerst als Stab AB gegeben ist, in Gedanken durch die bewegliche Polbahn (durch den Kreis um M) und das Bezugssystem durch die feste Polbahn (Kreis um O) darstellen. Die Bewegung des Stabes AB entspricht also einer Rollbewegung des erweiterten Körpers, d. h. des kleineren Kreises um M, auf dem erweiterten Bezugssystem, d. h. auf dem großen Kreis um O.
An diesem Beispiel wurden die feste und die bewegliche Polbahnen mit geometrischen Argumenten hergeleitet. Bei komplizierteren Problemen kann man auch analytisch vorgehen. Die Methode lässt sich selbstverständlich auch am vorliegenden Beispiel illustrieren. Um die feste Polbahn zu erhalten, formuliere man die (kartesischen) Koordinaten von Z im Koordinatensystem des Bezugskörpers Oxy und in Funktion des Winkels φ, welche die Lage des Stabes festlegt (deshalb nennt man φ hier **Lagekoordinate**). Hieraus entstehen direkt die parametrischen Gleichungen der festen Polbahn, nämlich

$$x_Z = -L\cos\varphi \quad , \quad y_Z = L\sin\varphi \quad .$$

Durch Elimination von φ ergibt sich die Gleichung der festen Polbahn $(x_Z)^2 + (y_Z)^2 = L^2$, also die Gleichung des Kreises um O mit dem Radius L. Um die bewegliche Polbahn zu ermitteln, führt man ein körperfestes Koordinatensystem ein, zum Beispiel $A\xi\eta$ gemäß Fig. 3.23. Die Koordinaten von Z in diesem System betragen

$$\xi_Z = L(\sin\varphi)^2 = \frac{L}{2} - \frac{L}{2}\cos 2\varphi \quad , \quad \eta_Z = L\sin\varphi\cos\varphi = \frac{L}{2}\sin 2\varphi \quad .$$

Diese Beziehungen sind zugleich die parametrischen Gleichungen der körperfesten, beweglichen Polbahn. Hier kann φ wieder eliminiert werden, und man erhält $(\xi_Z - L/2)^2 + (\eta_Z)^2 = (L/2)^2$, also die Gleichung des Kreises um die Stabmitte M mit Radius $L/2$.

Die am vorangehenden Beispiel illustrierten Begriffe der festen und beweglichen Polbahnen lassen sich allgemein wie folgt definieren:

DEFINITIONEN: Bei der ebenen Bewegung eines starren Körpers K heißt der geometrische Ort des Momentanzentrums Z bezüglich des festen Bezugssystems Oxy **feste Polbahn**. Der geometrische Ort von Z bezüglich K selbst, d. h. bezüglich eines fiktiven Beobachters, der auf dem starren Körper sitzt, heißt **bewegliche Polbahn**. Diese mit dem starren Körper fest verbundene Kurve berührt die feste Polbahn in Z und rollt auf ihr ab. *Die ebene Bewegung eines starren Körpers kann folglich als Rollbewegung der beweglichen Polbahn auf der festen aufgefasst werden.*

Neben dem Satz vom Momentanzentrum wird bei Problemen der ebenen Kinematik oft auch der Satz der projizierten Geschwindigkeiten (Abschnitt 3.1) verwendet.

Als weiteres Beispiel zum Einsatz der Sätze vom Momentanzentrum und der projizierten Geschwindigkeiten sei das in Fig. 3.24a vereinfacht dargestellte **ebene Fachwerk** betrachtet. Es soll aus 9 starren Stäben der Länge L oder $L\sqrt{2}$ bestehen, die unter sich Winkel von 45° oder 90° einschließen und in (üblicherweise als **Knotenpunkte** bezeichneten) Gelenken C, D, E, F drehbar miteinander verbunden sind. Das Fachwerk werde im Gelenk A drehbar und in B horizontal verschiebbar gelagert. In der gegebenen *Anfangslage* sei der Stab 4 entfernt, und dem Ende B sei eine horizontale Geschwindigkeit vom Betrag v erteilt. Mit Hilfe des Satzes der projizierten Geschwindigkeiten und jenes vom Momentanzentrum, werden wir in der gegebenen

Anfangslage die *Geschwindigkeiten in den Knotenpunkten* C, D, E, F sowie die *Rotationsschnelligkeiten* der einzelnen starren Körper mit den zugehörigen *Momentanzentren* ermitteln.

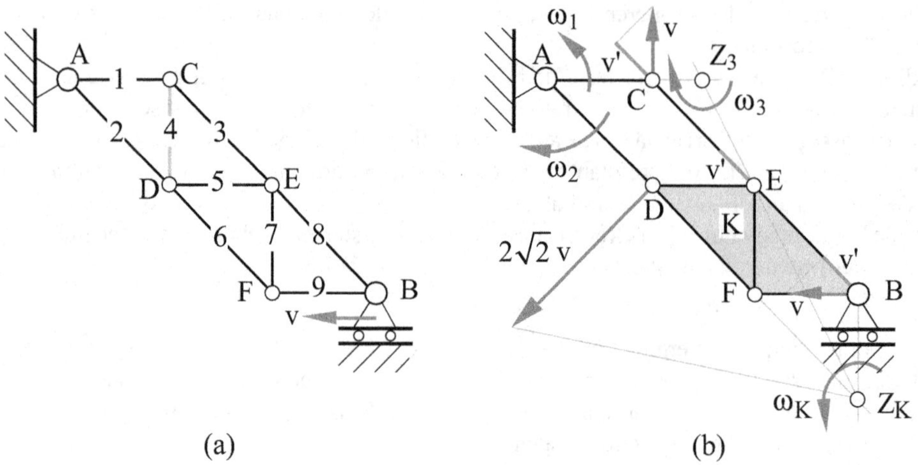

Fig. 3.24: Beispiel eines ebenen Fachwerkes und seines Bewegungszustandes in der Anfangslage nach Entfernung eines Stabes

Zunächst identifizieren wir die einzelnen starren Körper des Systems. Die Stäbe 5, 6, 7, 8 und 9 bilden einen einzigen ebenen starren Körper K, da sie so verbunden sind, dass jegliche Bewegung relativ zueinander ausgeschlossen ist. Mit K und den Stäben 1, 2, 3 liegen also insgesamt *vier starre Körper* vor, so dass wir vier Momentanzentren Z_1, Z_2, Z_3, Z_K und vier entsprechende Rotationsschnelligkeiten ermitteln müssen. Die ersten beiden Momentanzentren fallen mit dem stets ruhenden Punkt A zusammen, da die Stäbe 1 und 2 in diesem Punkt gelagert sind. Hieraus ergibt sich, dass die Geschwindigkeit in D zum Stab AD (d. h. zum Stab 2) senkrecht sein muss. Andererseits ist D auch ein Punkt des Körpers K. Dessen Momentanzentrum Z_K liegt folglich notwendigerweise auf der Geraden durch A und D. Da wir auch die Geschwindigkeit in $B \in K$ kennen, ergibt sich für diesen Körper K eine Situation wie in Fig. 3.22. Das gesuchte Momentanzentrum ist als Schnittpunkt der Geraden durch A und D und der Senkrechten auf die gegebene horizontale Geschwindigkeit in B bestimmt (Fig. 3.24b). In der hier vorliegenden Anfangslage ist Z_K auf der Vertikalen durch B im Abstand L von ihm zu finden. Die Rotationsschnelligkeit von K folgt dann als $\omega_K = v/L$. Die Schnelligkeit in D beträgt $v_D = 2\sqrt{2}\,v$ und die Rotationsschnelligkeit des Stabes AD um A lautet $\omega_2 = 2\,v/L$. Den Betrag der zum Stab AC notwendigerweise senkrechten Geschwindigkeit in C versuchen wir mit dem Satz der projizierten Geschwindigkeiten zu ermitteln. Die Projektion von $\underline{\mathbf{v}}_C$ auf CE wird nach diesem Satz der Projektion von $\underline{\mathbf{v}}_E$ auf CE und, da EB auf der gleichen Geraden wie CE liegt, der Projektion von $\underline{\mathbf{v}}_B$ auf EB gleich sein. Diese Projektion beträgt $v/\sqrt{2}$, und der gesuchte Wert ist also $|\underline{\mathbf{v}}_C| = v$. Die Rotationsschnelligkeit von AC ergibt sich dann als $\omega_1 = v/L$. Das Momentanzentrum von CE muss einerseits auf der Senkrechten zur Geschwindigkeit von E, d. h. auf der Verbindungsgeraden durch Z_K und E und andererseits auf der Senkrechten zur Geschwindigkeit von C, d. h. auf der Verbindungsgeraden durch A und C liegen. Daraus ergibt sich der Schnittpunkt Z_3, der im Abstand $L/2$ von C liegt. Die Rotationsschnelligkeit des Stabes CE beträgt also $\omega_3 = 2\,v/L$. Damit sind alle vier Momentanzentren und Rotationsschnelligkeiten ermittelt. Die Geschwindigkeit von F entspricht der Hälfte von $\underline{\mathbf{v}}_D$, und die Geschwindigkeit von E gibt man am besten

in horizontalen und vertikalen Komponenten an. Die horizontale Komponente ergibt sich aus dem Produkt von ω_K mit dem Abstand von Z_K zur Geraden durch E und D, d. h. mit 2 L, als 2 v. Diesen Wert erhält man auch aus der Projektion von $\underline{v}_D$ auf DE. Die vertikale Komponente von $\underline{v}_E$ lässt sich aus dem Produkt von ω_K mit dem Abstand von Z_K zur Geraden durch E und F, d. h. mit L, als v berechnen. Auch diesen Wert bekommt man mit Hilfe des Satzes der projizierten Geschwindigkeiten aus der Projektion der Geschwindigkeit $\underline{v}_F$ auf die Verbindungsgerade FE. Die acht Polbahnen der vier Momentanzentren können analytisch mit Hilfe der parametrischen Gleichungen der Koordinaten der vier Momentanzentren als Funktion eines Winkels, zum Beispiel jenes zwischen der allgemeinen Lage von Stab 1 und der Horizontalen durch A, oder mit Hilfe von Computergraphik (aufzeichnen einiger sukzessiver Lagen des Fachwerkes mit den entsprechenden geometrischen Konstruktionen der Momentanzentren mittels graphischer Computerprogramme) ermittelt werden.
Im Parallelogramm ADEC von Fig. 3.24b ist gemäß obiger Rechnung die Rotationsgeschwindigkeit von zwei gegenüberliegenden Seiten jeweils gleich:

$$\omega_1 = \omega_K = v/L \quad , \quad \omega_2 = \omega_3 = 2\,v/L \quad .$$

Diese **Parallelogrammregel** kann ganz allgemein bewiesen werden für die Rotationsgeschwindigkeiten von vier gelenkig zu einem Parallelogramm mit Seitenlängen a, b verbundenen Stäben in der Ebene (Fig. 3.25). Es gilt also

$$\omega_1 = \omega_3 \quad , \quad \omega_2 = \omega_4 \quad .$$

Die Aussage ist unabhängig von der Lage der Momentanzentren der Stäbe. Es muss nur vorausgesetzt werden, dass das Parallelogramm nicht degeneriert ist, dass also nicht alle Gelenke auf einer Geraden liegen.

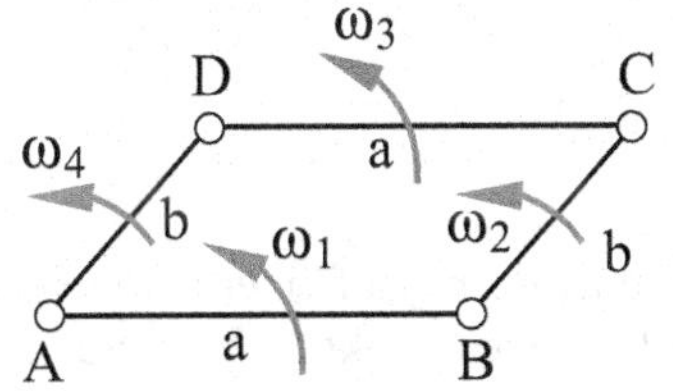

Fig. 3.25: Rotationsgeschwindigkeiten eines Parallelogramms

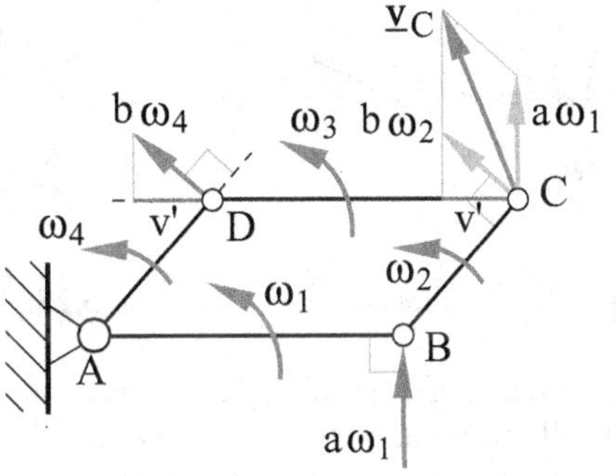

Fig. 3.26: Zum Beweis der Parallelogrammregel

Beim Beweis können wir ohne Beschränkung der Allgemeinheit annehmen, dass das Gelenk A in Ruhe sei (Fig. 3.26). Eine eventuell vorliegende Translationsgeschwindigkeit $\underline{v}_A$ des Punktes A könnte zu allen berechneten Geschwindigkeiten addiert werden und würde nichts an den Rotationsgeschwindigkeiten der Stäbe ändern. Wenn also A in Ruhe ist, so ergeben sich die in Fig. 3.26 eingezeichneten Geschwindigkeiten der Gelenke B und D mit den Beträgen $v_B = a\,\omega_1$, $v_D = b\,\omega_4$. Die Geschwindigkeit $\underline{v}_C$ des Gelenks C können wir mit Hilfe von (3.5) aus der Translationsgeschwindigkeit von B und dem Anteil der Rotation des Stabes BC berechnen. Die beiden Anteile sind in Fig. 3.26 eingezeichnet. Nun betrachten wir den Satz der projizierten Geschwindigkeiten für den Stab CD: Weil in C die Geschwindigkeitskomponente $a\,\omega_1$ senkrecht auf CD steht, liefert nur die Komponente b ω_2 einen Beitrag zur Projektion auf CD (Betrag v'). Dieselbe Projektion muss auch im Gelenk D vorliegen. Aus der Geometrie des (nicht degenerierten) Parallelogramms ergibt sich sofort $\omega_2 = \omega_4$. Eine analoge Überlegung mit dem Satz der projizierten Geschwindigkeiten für BC beweist die Regel vollständig.

Die Begriffe der festen und beweglichen Polbahnen können auch auf die Kreiselung eines (in Gedanken beliebig weit ausgedehnten) starren Körpers K um einen Bezugspunkt O mit Momentanachse durch O verallgemeinert werden. Die Geraden eines raumfesten Bezugssystems, die im Laufe der Zeit Momentanachsen werden, definieren einen *ruhenden Kegel* mit Spitze in O (Fig. 3.27), welcher als **fester Polkegel** F bezeichnet wird. Analog beschreibt die Momentanachse auf dem Körper K einen *körperfesten Kegel* mit Spitze in O, den **beweglichen Polkegel** B. Die beiden Polkegel weisen in jedem Augenblick in der Momentanachse μ eine gemeinsame Erzeugende auf, deren Punkte die Geschwindigkeit null besitzen. Demzufolge kann die Kreiselung in einem endlichen Zeitintervall als *Abrollen des beweglichen auf dem festen Polkegel* gedeutet werden.

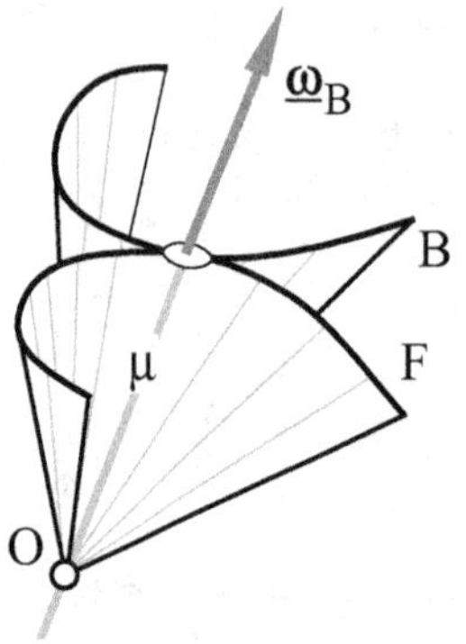

Fig. 3.27: Polkegel

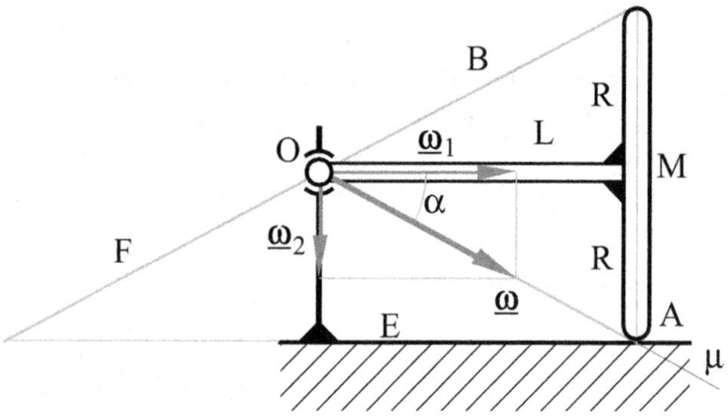

Fig. 3.28: Kollergang

Der Kollergang (Fig. 3.28) besteht aus einem Rad vom Radius R, das auf einer Horizontalebene E abrollt, während sich seine Achse OM der Länge L um den festen Punkt O dreht. Seine Bewegung entspricht demnach einer Kreiselung mit Zentrum O. Die Momentanachse μ ist durch zwei augenblicklich ruhende Punkte, nämlich O und den Berührungspunkt A des Rades bestimmt. Die Polkegel sind daher gerade Kreiskegel F und B mit den halben Öffnungswinkeln $\pi/2 - \alpha$ bzw. α, wobei

$$\cos\alpha = \frac{L}{\sqrt{L^2 + R^2}}$$

ist. Die momentane Rotation mit der Rotationsgeschwindigkeit $\underline{\omega}$ um μ kann in zwei Teilbewegungen zerlegt werden, nämlich die Drehung des Rades mit $\underline{\omega}_1$ um seine Achse und die Drehung mit $\underline{\omega}_2$, welche diese um die Vertikale durch O ausführt.

Aufgaben

1. Der Bewegungszustand eines Würfels (Fig. 3.29) ist zur Zeit t durch die Geschwindigkeiten der Ecken P_1, P_2, P_3 gegeben. Diese haben den gleichen Betrag und genügen dem Satz der projizierten Geschwindigkeiten. Man stelle den Bewegungszustand durch eine Kinemate in der Ecke B dar.

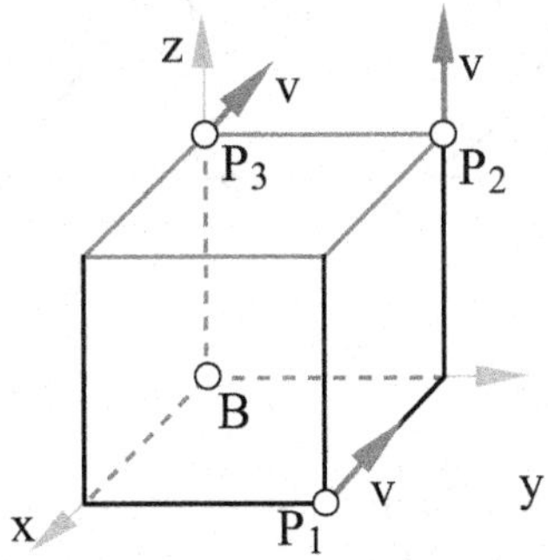

Fig. 3.29

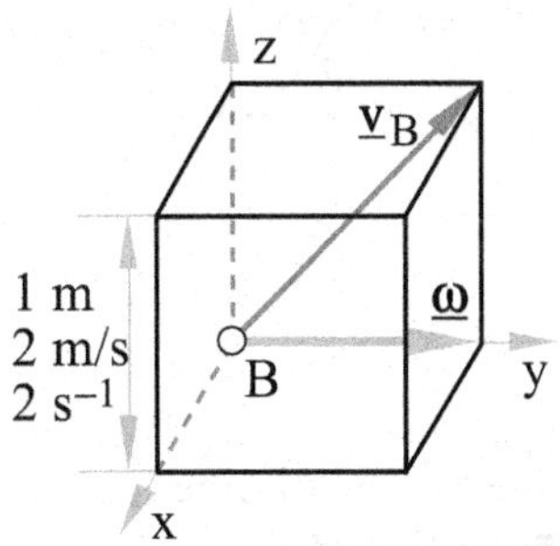

Fig. 3.30

2. Der Bewegungszustand eines Würfels (Fig. 3.30) sei zur Zeit t durch die Kinemate in der Ecke B gegeben. Man ermittle vorerst geometrisch und dann analytisch die Zentralachse und stelle den Bewegungszustand durch eine Schraube dar.
3. Das Schubkurbelgetriebe von Fig. 3.31 besteht aus der Kurbel 1, die sich mit der Rotationsschnelligkeit ω um O dreht, dem Kolben 2, der sich mit der Geschwindigkeit $\underline{v}$ in Richtung der Geraden AO translatorisch bewegt, und der Pleuelstange 3, welche die Körper 1 und 2 miteinander verbindet und eine ebene Bewegung ausführt. Man gebe die Momentanzentren der drei Körper 1, 2, 3 an und drücke die Schnelligkeit des Kolbens durch die Rotationsschnelligkeit ω der Kurbel sowie den Winkel φ zwischen dem Kurbelarm und der Verbindungsstrecke OA aus.

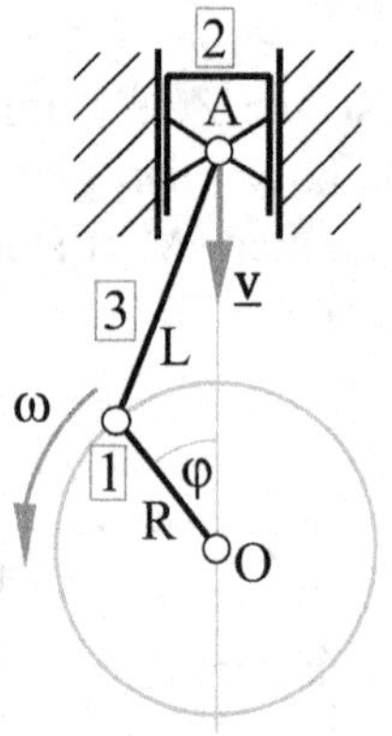

Fig. 3.31

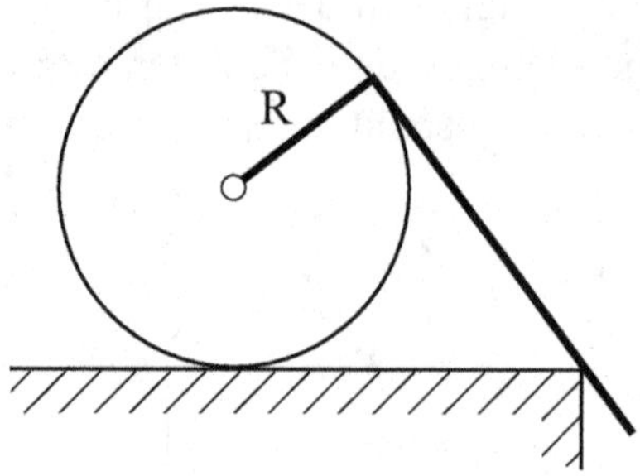

Fig. 3.32

4. Der eine Schenkel eines rechtwinklig abgebogenen dünnen Stabes (Fig. 3.32) hat die Länge R und ist an der Achse einer Scheibe vom Radius R gelagert, die über eine horizontale Führungsschiene rollt. Der andere Schenkel gleitet am Ende dieser Führung. Man ermittle die beiden Polbahnen des Stabes.
5. Ein dünner gerader Stab (Fig. 3.33) der Länge L bewegt sich so, dass er stets am Ende C einer halbkreisförmigen Führung vom Radius R aufliegt und mit seinem Ende A in dieser Führung gleitet. Man nehme an, dass $\varphi = 30°$ und $v_C = 2\ \text{m/s}$ sei und konstruiere das Momentanzentrum sowie die Geschwindigkeiten der Punkte A und B. Sodann berechne man für $L = 2\,R$ und beliebige Winkel φ die Lage des Momentanzentrums, die Rotationsschnelligkeit des Stabes, die Schnelligkeiten von A und B sowie die beiden Polbahnen.
6. In den Ecken A, B eines Quadrates (Fig. 3.34) mit der Seitenlänge L sind zwei Stäbe der Länge L gelagert, die durch einen weiteren Stab mit der Länge $\sqrt{2}\,L$ gelenkig verbunden sind. Man gebe die Polbahnen des mittleren Stabes an.

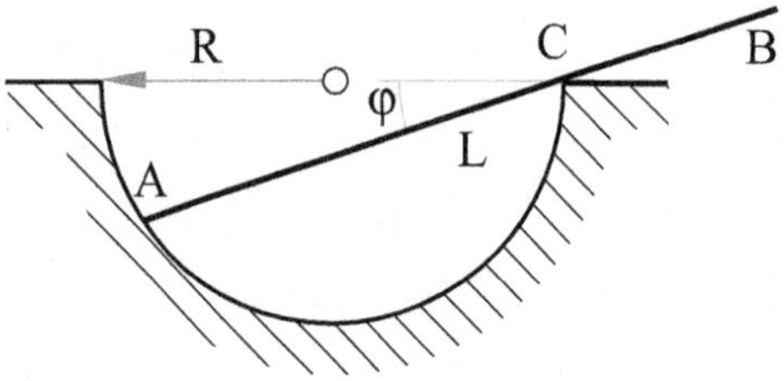

Fig. 3.33

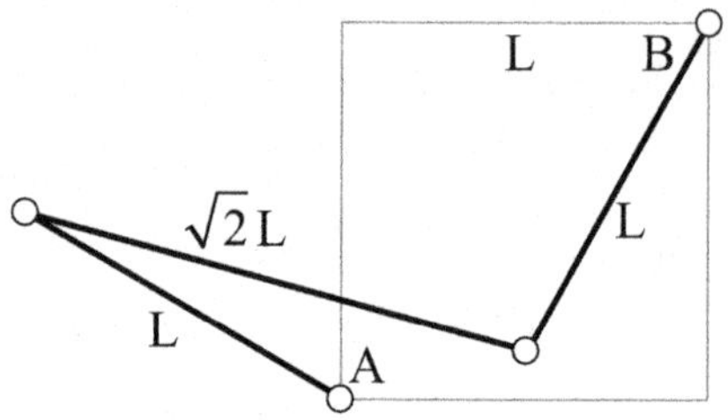

Fig. 3.34

4 Kräfte

4.1 Zum Kraftbegriff

Kräfte werden in der Natur und der Technik durch ihre Wirkung wahrgenommen. Sie entsprechen einer Modellvorstellung und werden als *Ursachen* von messbaren Phänomenen definiert, als Wechselwirkungen, welche materielle Systeme in Bewegung setzen, deformieren oder vorhandene Bewegungs- bzw. Deformationszustände verändern.

Bei der Fallbewegung der Gegenstände in der Nähe der Erdoberfläche, bei der beschleunigten Rotation eines Turbinenrades durch den Druck des zuströmenden Dampfes auf die Schaufel, bei der Gestaltänderung einer Stahlkugel in einem Kugellager, bei der Deformation einer Brücke durch die Einwirkung der darauf fahrenden Fahrzeuge sind gemäß der oben erwähnten Modellvorstellung Kräfte im Spiel.

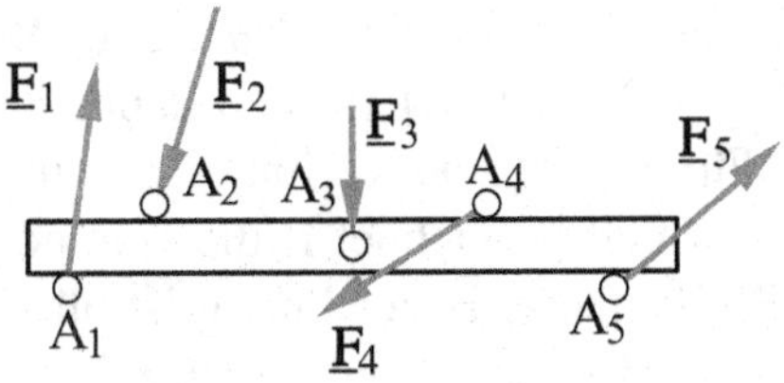

Fig. 4.1: Kräfte als punktgebundene Vektoren

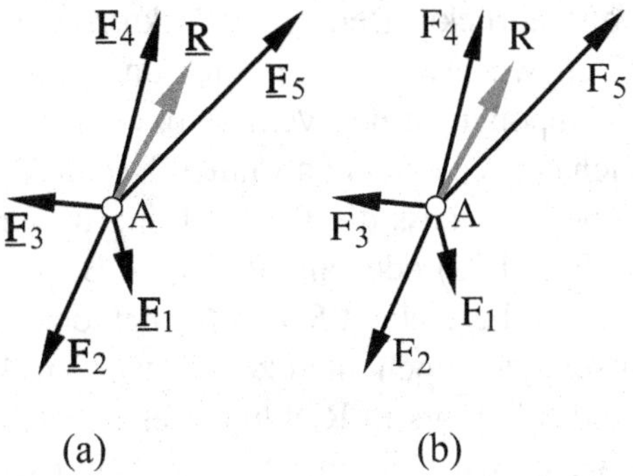

Fig. 4.2: Kräfte mit dem gleichen Angriffspunkt

Um den quantitativen kausalen Zusammenhang zwischen den Veränderungen der Bewegungs- oder Deformationszustände der materiellen Systeme und den zugehörigen Kräften aufzustellen, müssen wir diesen Kräften zunächst eine mathematische Gestalt zuordnen.

Wirkt eine Kraft auf ein materielles System, so wird die Wirkung abhängen von der Richtung, dem Betrag und dem Angriffspunkt der Kraft. Das Experiment zeigt, dass die Wirkung die gleiche ist, wenn diese drei Eigenschaften beibehalten werden. Es liegt deshalb nahe, die Kräfte mathematisch als **punktgebundene Vektoren** darzustellen (Fig. 4.1). Wir schreiben sie gemäß

$$\{A_i \mid \underline{F}_i\} \quad , \quad i = 1, 2, 3, \ldots \tag{4.1}$$

als Vektoren $\underline{F}_1$, $\underline{F}_2$, ... mit zugehörigen Angriffspunkten A_1, A_2, ... und fassen sie gegebenenfalls zu einer **Kräftegruppe**

$$\{\{A_1 \mid \underline{\mathbf{F}}_1\}, \{A_2 \mid \underline{\mathbf{F}}_2\}, ...\}$$

zusammen. Bei der zeichnerischen Darstellung kann der Angriffspunkt wahlweise an den Anfang oder an die Spitze des Vektorpfeils gesetzt werden. Auf die Vektoranteile lassen sich die bekannten Regeln der Vektorrechnung anwenden. Insbesondere können gemäß der Parallelogrammregel der Vektoraddition n Kräfte $\{A \mid \underline{\mathbf{F}}_i$, i = 1, ... n} mit dem gleichen Angriffspunkt A zu einer resultierenden Kraft

$$\{A \mid \underline{\mathbf{R}}\} \quad , \quad \underline{\mathbf{R}} = \sum_{i=1}^{n} \underline{\mathbf{F}}_i$$

zusammengesetzt werden (Fig. 4.2).
Auch die Vektoranteile der Kräfte mit verschiedenen Angriffspunkten wie in Fig. 4.1 lassen sich addieren. *Die Vektorsumme hat jedoch in diesem Fall keinen klar definierten Angriffspunkt und ist deshalb keine Kraft!*
Selbst ein punktgebundener Vektor stellt erst dann eine Kraft dar, wenn er mit einer *physikalischen Wechselwirkung* identifiziert wird. Der in der Krafteinheit **Newton** [N] ausgedrückte Betrag des Vektors ergibt in diesem Fall die *Stärke* der entsprechenden Wechselwirkung. Richtung und Ort dieser Wechselwirkung können durch die Komponenten des Vektors bzw. durch die Koordinaten des Angriffspunktes bezüglich eines passend gewählten Bezugskörpers charakterisiert werden.
Man beachte, dass die Beschriftung in der Zeichnung entweder als *Vektor* (z. B. $\underline{\mathbf{R}}$, siehe Fig. 4.2a) oder als *Skalar* (z. B. R, siehe Fig. 4.2b) gesetzt werden kann. Im ersten Fall bezeichnet $\underline{\mathbf{R}}$ den Namen des Vektors. Für analytische Rechnungen muss $\underline{\mathbf{R}}$ in seine Komponenten zerlegt werden. Im zweiten Fall bezeichnet R die Komponente des Vektors in Richtung des gezeichneten Pfeils. Diese Bezeichnung ist nützlich, wenn man Vektoren in geeignete Komponenten zerlegen möchte. Ab Kapitel 9 wird diese Notation häufig benutzt, um Lagerkraft-Komponenten einzuführen (siehe Fig. 9.5, Seite 132).

Man kann die Dimensionen aller in der Mechanik vorkommenden Größen auf drei Grunddimensionen zurückführen, nämlich auf diejenigen der Zeit [T], der Länge [L] und der Masse [M]. Das **Système International** (mit **SI** bezeichnet und auch **MKS**- oder **Giorgi-System** genannt) geht von der Dimension **Masse** [M] als dritter Grunddimension aus. Es benützt als Maßeinheit das **Kilogramm** [kg], ursprünglich als Masse eines Liters Normalwasser, dann konventionell als Masse des Urkilogramms definiert. Andere Einheiten sind die *Tonne* [t] und das **Gramm** [g]. Die Dimension der Kraft ergibt sich aus dem *Bewegungsgesetz für Massenpunkte* (*Newtonsches Gesetz,* siehe Band 3) zu $[F] = [M\,L\,T^{-2}]$. Als Einheit wird das *Newton* [N] benützt, nämlich die Kraft, welche einem kg Masse die **Beschleunigung** (siehe Band 3) 1 m s^{-2} erteilt und daher als 1 kg m s^{-2} bezeichnet werden könnte. Das CGS-System, das heute immer noch in gewissen Publikationen Erwähnung findet, unterscheidet sich vom SI nur insofern, als man hier kleinere Einheiten verwendet und statt des kg das g, statt des m den cm in den Vordergrund stellt.

Vom *makroskopischen* Standpunkt aus (d. h. ohne auf molekulare Wechselwirkungen einzugehen) können die Kräfte je nach Wirkungsart in zwei große Gruppen aufgeteilt werden: Die **Fernkräfte** und die **Kontaktkräfte**.

Bei den ***Fernkräften*** findet die Wechselwirkung zwischen den materiellen Systemen *ohne Berührung* statt. Die vom System S_1 auf das System S_2 ausgeübten Kräfte bleiben auch dann wirksam, wenn sich S_1 und S_2 nicht berühren, d. h. keine ihrer materiellen Punkte gemeinsame Lagen im Raum besitzen (Fig. 4.3).

Bei den ***Kontaktkräften*** entsteht die Wechselwirkung durch *Berührung* der materiellen Systeme. Die Angriffspunkte der zugehörigen Kräfte befinden sich in den Berührungspunkten, d. h. in den materiellen Punkten $A_1, B_1 \in S_1, A_2 \in S_2, B_3 \in S_3, \ldots$ mit gemeinsamen Lagen $A_1(t) = A_2(t), B_1(t) = B_3(t), \ldots$ (Fig. 4.4). Berühren sich die Systeme nicht mehr, so verschwinden auch die Kontaktkräfte, d. h. die zugehörigen Wechselwirkungen.

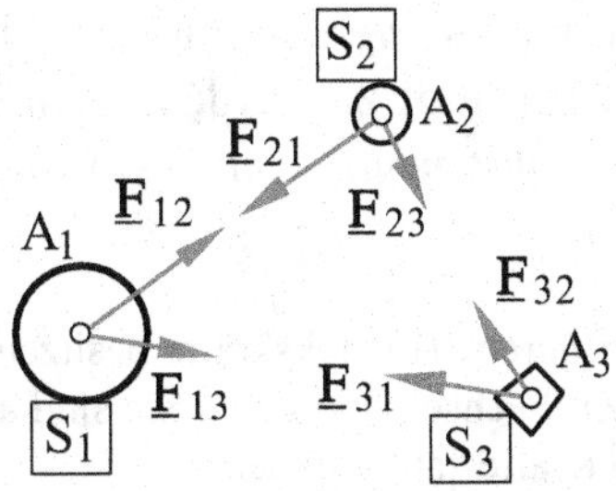

Fig. 4.3: Fernkräfte

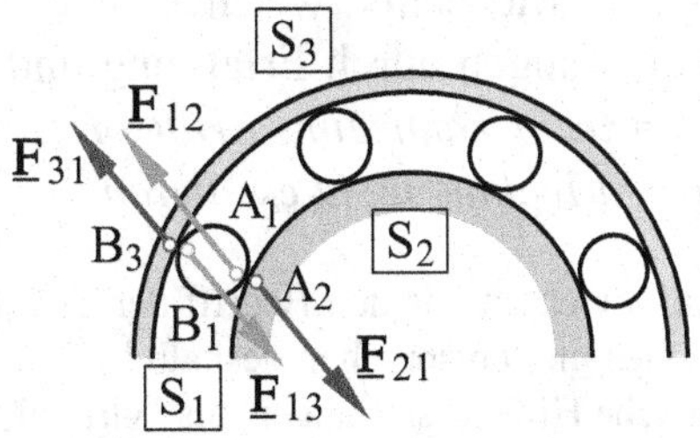

Fig. 4.4: Kontaktkräfte

Die *Gravitationskräfte* zwischen der Sonne und den Planeten (Fig. 4.3), die *elektromagnetischen* Kräfte zwischen geladenen Partikeln, die *induktiven* Wechselwirkungen zwischen *Stator* und *Rotor* in einem Elektromotor oder Generator sind Beispiele von *Fernkräften*. Die Kräfte zwischen Kugel und Ring in einem *Kugellager* (Fig. 4.4), die mechanische Wechselwirkung zwischen Dampf und Turbinenschaufel in einer *Dampfturbine*, die Kräfte zwischen dem *Lastkörper* und dem *Träger* sowie zwischen dem *Träger* und den *Stützen* gemäß Fig. 4.5 sind Beispiele von *Kontaktkräften*. Das Gewicht des Lastkörpers ist dagegen eine Fernkraft, nämlich die Gravitationskraft, welche die Erde auf den Lastkörper ausübt.

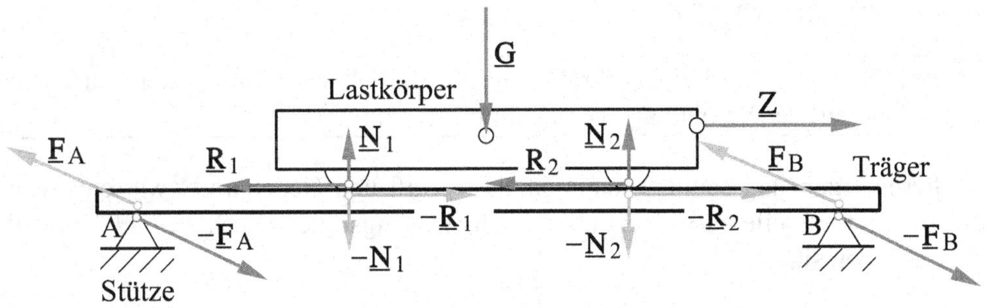

Fig. 4.5: Lastkörper, Träger und Stützen

4.2 Das Reaktionsprinzip

Folgende grundlegende, allen Kräften gemeinsame Eigenschaft soll postuliert werden:

> POSTULAT: Übt ein erster materieller Punkt A_1 auf einen zweiten A_2 die Kraft $\{A_2 \mid \underline{\mathbf{F}}\}$ aus *(Actio)*, so wirkt seinerseits der materielle Punkt A_2 auf A_1 mit der **Gegenkraft** $\{A_1 \mid -\underline{\mathbf{F}}\}$ *(Reactio)*.

Demzufolge ist der Vektoranteil der Gegenkraft, die wir oft auch **Reaktion** nennen, genau dem *negativen Vektoranteil* der Kraft gleich. Selbstverständlich sind die Bezeichnungen *Kraft* und *Gegenkraft* sowie die Nummerierung der materiellen Angriffspunkte A_1, A_2 ohne weiteres vertauschbar.
Die oben postulierte Eigenschaft heißt **Reaktionsprinzip** und ist eines der Grundaxiome der Mechanik, welches ohne Beweis angenommen werden muss, um in seinen Folgerungen durch Erfahrung und Experiment bestätigt zu werden. *Gemäß Reaktionsprinzip kann eine Kraft ohne ihre Reaktion mit negativem Vektoranteil in Natur und Technik nicht existieren.*

In Band 3 werden wir den Begriff der **Trägheitskraft** einführen. Trägheitskräfte besitzen keine Reaktionen und entsprechen deshalb keinen physikalischen Wechselwirkungen. Sie sind als mathematische Hilfsvorstellungen, als „virtuelle (scheinbare) Kräfte" aufzufassen.

Bei ***Kontaktkräften*** haben die materiellen Angriffspunkte A_1, A_2 der Kraft und ihrer Reaktion zum Zeitpunkt t der Berührung die gleiche Lage $A_1(t) = A_2(t)$ und sind durch denselben geometrischen Punkt, den Berührungspunkt, dargestellt (Fig. 4.4). Obwohl die Kontaktkraft und ihre Reaktion den gleichen *geometrischen* Angriffspunkt besitzen, empfiehlt es sich zur Vermeidung von Verwechslungen und Fehlüberlegungen, die beiden materiellen Angriffspunkte A_1, A_2 verschieden zu bezeichnen. Diese weisen zwar momentan oder auch für längere Zeit die gleiche Lage auf, sind aber doch materiell verschieden und gehören zum Beispiel verschiedenen materiellen Systemen S_1 und S_2 an. Bei ***Fernkräften*** (Fig. 4.3) postuliert man ergänzend den folgenden Satz:

> ZUSATZPOSTULAT: Bei Fernkräften liegen die Wirkungslinien von Kraft und Gegenkraft auf der Verbindungsgerade durch A_1 und A_2.

Mit dieser Ergänzung schließt man aus, dass Kraft und Gegenkraft zwar entgegengesetzte Vektoranteile aufweisen, aber deren Wirkungslinien durch A_1 und A_2 parallel verschoben sind.

Das Reaktionsprinzip wurde von NEWTON (1642 - 1727) 1684 für *Massenpunkte* formuliert, welche Fernkräften ausgesetzt sind. Dabei sind **Massenpunkte** (siehe auch Band 3) ganze Körper, welche durch einzelne geometrische Punkte dargestellt bzw. idealisiert werden. Beispielsweise bei der Bewegung eines Satelliten um die Erde oder eines Planeten um die Sonne können der Satellit, die Erde, der Planet, die Sonne in erster Näherung als Massenpunkte aufgefasst werden.

4.3 Innere und äußere Kräfte

Für die Modellierung von physikalischen Vorgängen wird typischerweise ein klar definierter Bereich des dreidimensionalen Raums herausgeschnitten und als *betrachtetes System* oder kurz **System** bezeichnet. Die Wahl des Systems hängt dabei vom Ziel der Modellierung ab.
Beim *Abgrenzen* des Systems von der Umgebung, dem „*Freischneiden*“, werden meist auch Actio-Reactio-Paare von Wechselwirkungen aufgetrennt. Die Partner der Wechselwirkung müssen, ihren materiellen Angriffspunkten entsprechend, korrekt berücksichtigt werden, z. B. in Form von Kräften beim Auftrennen von Kontakten.

DEFINITION: Eine Kraft wird als **innere** oder **äußere Kraft** bezeichnet, je nachdem ob der *materielle Angriffspunkt der Reaktion* innerhalb oder außerhalb des materiellen Systems liegt.

Die Unterteilung in innere und äußere Kräfte hängt demzufolge von der Abgrenzung des materiellen Systems ab. Die gleiche Kraft, welche bei einer ersten Abgrenzung als äußere Kraft bezeichnet wurde, kann bei einer Erweiterung der Abgrenzung, welche den materiellen Angriffspunkt der Reaktion in das materielle System einschließt, zur inneren Kraft werden.

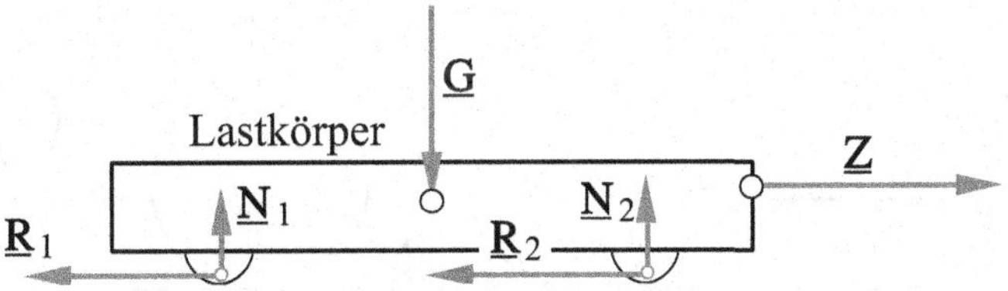

Fig. 4.6: Materielles System Lastkörper

Man betrachte das in Fig. 4.5 skizzierte System mit dem *Lastkörper*, dem *Träger* und den *Stützen*. Wählt man nur den Lastkörper als materielles System, so sind alle eingezeichneten, an diesem Körper wirkenden Kräfte, nämlich die Zugkraft $\underline{\mathbf{Z}}$, das Gewicht $\underline{\mathbf{G}}$, die beiden **Normalkräfte** $\underline{\mathbf{N}}_1$ und $\underline{\mathbf{N}}_2$ (senkrecht zur Berührungsebene) und die beiden **Reibungskräfte** $\underline{\mathbf{R}}_1$, $\underline{\mathbf{R}}_2$ (in der Berührungsebene) äußere Kräfte (Fig. 4.6). Andererseits bilden der Lastkörper und der Träger *zusammen* ebenfalls ein materielles System. In diesem Fall bleiben zwar $\underline{\mathbf{Z}}$ und $\underline{\mathbf{G}}$ äußere Kräfte, die Normal- und Reibungskräfte werden jedoch zu inneren Kräften, da sich die Angriffspunkte der auf den Träger wirkenden Reaktionen innerhalb des erweiterten materiellen Systems befinden. Auf dieses wirken dann zusätzlich die als äußere Kräfte aufzufassenden *Lagerkräfte* $\underline{\mathbf{F}}_A$ und

$\underline{F}_B$, welche von den Stützen auf den Träger ausgeübt werden. In der Tat bleiben die Angriffspunkte der zugehörigen Reaktionen $-\underline{F}_A$ und $-\underline{F}_B$ bei den Stützen, also außerhalb des erweiterten materiellen Systems (Fig. 4.7). Wo befindet sich der Angriffspunkt der *Reaktion auf das Gewicht* $\underline{G}$ des Lastkörpers? Im **Erdmittelpunkt** natürlich! Denn der Lastkörper muss auf die Einwirkung der Erde, nämlich auf die *Gravitationskraft*, gemäß Reaktionsprinzip „reagieren" und wirkt dementsprechend auf die Erde mit einer am Erdmittelpunkt angreifenden Gegenkraft vom gleichen Betrag und entgegengesetztem Richtungssinn. Vielfach werden die Kräfte $\underline{F}_A$ und $\underline{F}_B$ fälschlicherweise als „Reaktionen" des Gewichtes $\underline{G}$ bezeichnet. Wie oben erwähnt, stellen in Wirklichkeit $\underline{F}_A$ und $\underline{F}_B$ die Einflüsse der Stützen auf den Träger dar, ihre Reaktionen wirken auf die Stützen selbst.

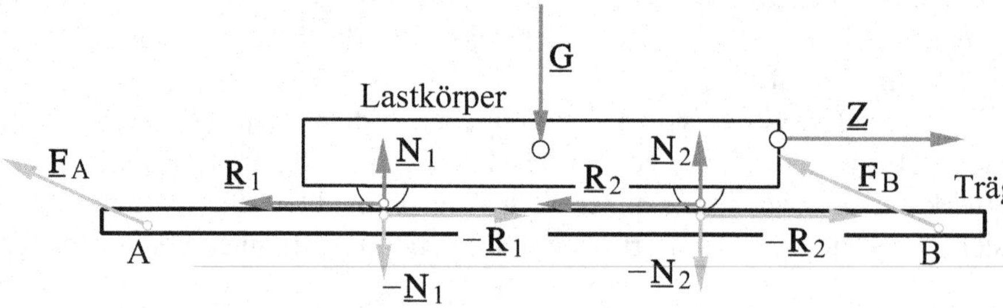

Fig. 4.7: Materielles System Lastkörper und Träger

4.4 Verteilte Kräfte, Kraftdichte

Die als **Einzelkräfte** dargestellten Kontakt- und Fernkräfte entsprechen fast immer Idealisierungen, bei denen die Angriffsfläche bzw. der Angriffskörper auf einen Angriffspunkt reduziert wurde.

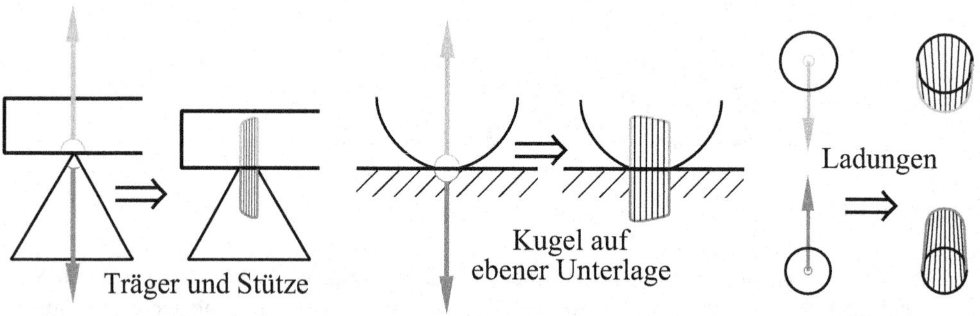

Fig. 4.8: Einzelkräfte und verteilte Kräfte

Die Kontaktkräfte zwischen einer Stütze und einem Balkenträger oder zwischen einer Kugel und einer ebenen Unterlage, die Fernkräfte zwischen zwei elektrischen Ladungen (Fig. 4.8) können nur dann als Einzelkräfte dargestellt werden, wenn die Berührungsfläche zwischen Stütze und

Träger oder zwischen der (in Wirklichkeit deformierbaren) Kugel und der Ebene auf einen einzigen geometrischen Punkt reduziert werden darf oder sich die Ladungen als Punktladungen idealisieren lassen.

Die Kontaktkräfte sind im Allgemeinen auf einer endlichen Berührungsfläche verteilt. Solche Kräfteverteilungen auf einer Fläche werden **Flächenkräfte** genannt. Analog sind die auf einen endlichen Raumteil verteilten Fernkräfte **Raumkräfte**.

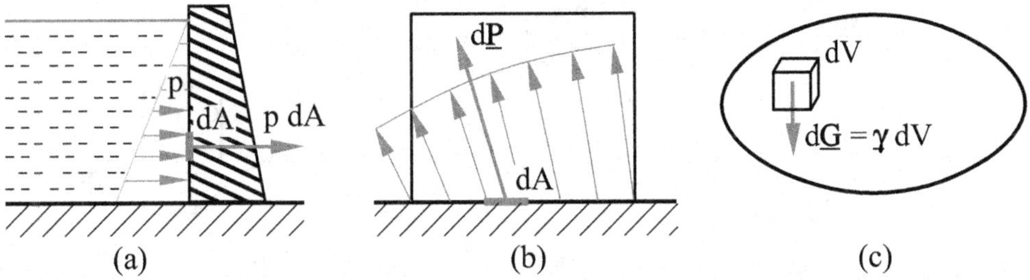

Fig. 4.9: Verteilte Kräfte: a) Wasserdruck, b) Unterlagenkräfte, c) Gewicht

So ergibt der Wasserdruck an einer Staumauer (Fig. 4.9a) **Flächenkräfte**. Auf das infinitesimale Flächenelement dA entfällt dabei eine Kraft vom *infinitesimalen* Betrag dW = p dA, wobei p den Wasserdruck darstellt. Auch die infinitesimalen Kräfte $d\underline{P}$, welche ein Körper (Fig. 4.9b) längs seiner Unterlage erfährt, sind Flächenkräfte. Die an den infinitesimalen Volumenelementen dV eines Körpers (Fig. 4.9c) angreifenden, mit dem spezifischen Gewicht γ gebildeten infinitesimalen Gewichte vom Betrag dG = γ dV sind **Raumkräfte**.

Fasst man die materiellen Systeme als **Kontinua** auf, d. h. als Körper, die ein Gebiet des Raums *voll* ausfüllen, so haben Flächen- bzw. Raumkräfte unendlich viele Angriffspunkte. Sobald die betrachteten Teilflächen ΔA bei Flächenkräften oder Teilvolumen ΔV bei Raumkräften gegen null streben, müssen die Vektoranteile der Flächen- bzw. Raumkräfte verschwinden, damit die Stärke der totalen Wechselwirkung auf eine Fläche bzw. einen Körper endlich bleibt. Deshalb führen die unten formulierten Definitionen den Begriff einer *Flächenkraftdichte* bei Flächenkräften und jenen einer *Raumkraftdichte* bei Raumkräften ein:

DEFINITION: Die **Flächenkraftdichte** $\underline{s}$(Q) ist eine spezifische Kontaktkraft je Flächeneinheit mit dem Angriffspunkt Q und dem Vektoranteil $\underline{s}$. Der Vektoranteil der totalen Kraft auf ein Flächenstück ΔA sei $\Delta\underline{F}$ (Fig. 4.10a). Es gilt

$$\underline{s} := \lim_{\Delta A \to 0} \frac{\Delta \underline{F}}{\Delta A} \quad ,$$

wobei ΔA gleichzeitig auch den *Flächeninhalt* des entsprechenden Flächenstücks bezeichnen soll und bei der Grenzwertbildung mit ΔA → 0 das Flächenstück ΔA auf den Angriffspunkt Q von $\underline{s}$ reduziert wird. Der Betrag $|\underline{s}|$ hat die Dimension einer

Kraft je Flächeneinheit. Die Flächenkraftdichte wird auch **Spannungsvektor** genannt (siehe Band 2).

Der Wasserdruck p in Fig. 4.9a bewirkt an der Staumauer eine Flächenkraftdichte $\underline{s} = -p\,\underline{n}$, wobei $\underline{n}$ der Normaleneinheitsvektor zum Flächenelement ist (Fig. 4.10b).

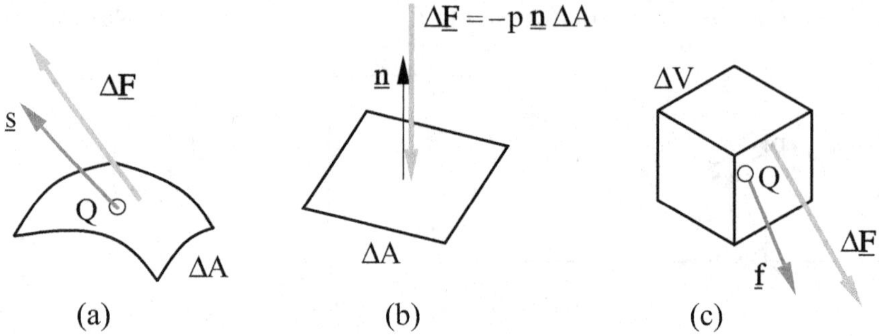

Fig. 4.10: Flächen- und Raumkraftdichte

DEFINITION: Die **Raumkraftdichte** $\underline{f}(Q)$ ist eine spezifische Fernkraft je Volumeneinheit mit dem Angriffspunkt Q und dem Vektoranteil $\underline{f}$. Der Vektoranteil der totalen Kraft auf ein Körperstück ΔV sei $\Delta\underline{F}$ (Fig. 4.10c). Es gilt

$$\underline{f} := \lim_{\Delta V \to 0} \frac{\Delta \underline{F}}{\Delta V} \quad ,$$

wobei ΔV gleichzeitig auch den *Volumeninhalt* des entsprechenden Volumenstücks bezeichnen soll und bei der Grenzwertbildung mit $\Delta V \to 0$ das Volumenstück ΔV auf den Angriffspunkt Q von $\underline{f}$ reduziert wird. Der Betrag $|\underline{f}|$ hat die Dimension einer Kraft je Volumeneinheit.

Der Betrag γ des spezifischen Gewichtes eines Körpers entspricht jenem der Raumkraftdichte der auf den ganzen Körper verteilten **Gravitationskraft**. Die Raumkraftdichte selbst, d. h. das spezifische Gewicht, wird durch einen Vektor $\boldsymbol{\gamma}$ dargestellt, der gegen den Erdmittelpunkt gerichtet ist.

Aus der Raumkraftdichte an einem endlichen Körperstück ΔV ergibt sich ein Vektorfeld $\underline{r} \mapsto \underline{f}(\underline{r})$ in ΔV. Ist der Vektoranteil $\underline{f}(\underline{r})$ in allen Punkten eines Körpers (Volumen V) gleich, dann ist die Raumkraftdichte konstant verteilt, und man bezeichnet diesen Fall als **uniforme Raumkräfteverteilung**. Der Vektoranteil der totalen Krafteinwirkung $\underline{F}$ auf den Körper ist dann $\underline{F} = V\,\underline{f}$.

An einem homogenen Körper mit „kleinen" Abmessungen in Bezug auf den Erdradius können die spezifischen Gewichte $\boldsymbol{\gamma}$ in den verschiedenen Punkten des Körpers mit guter Approximation als gleich (d. h. parallel und von gleichem Betrag) angenommen werden. Der Vektoranteil der totalen Krafteinwirkung auf den Körper ist dann das Gewicht $\underline{G} = V\,\boldsymbol{\gamma}$.

Falls ein Körper eindimensional modelliert wird (z. B. ein Balken oder ein Draht) und auf ihn verteilte Kräfte wirken, so führt man analog zur Flächen- und Volumenkraftdichte eine Linienkraftdichte ein.

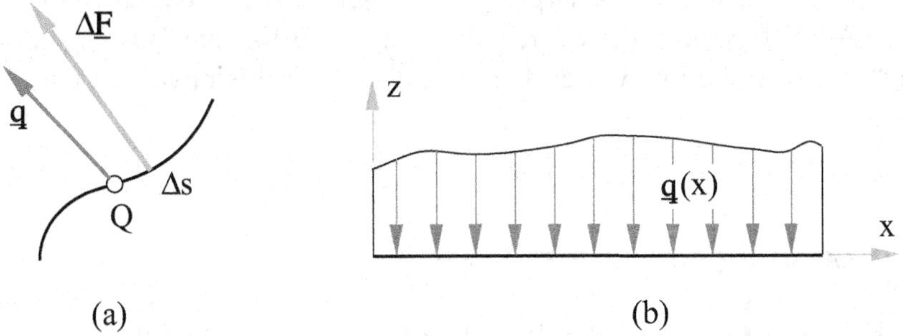

Fig. 4.11: Linienkraftdichte

DEFINITION: Die **Linienkraftdichte** $\underline{\mathbf{q}}$(Q) ist die spezifische Kraft je Längeneinheit mit dem Angriffspunkt Q und dem Vektoranteil $\underline{\mathbf{q}}$, welche auf einen linienförmig modellierten Körper wirkt. Der Vektoranteil der totalen Kraft auf ein Körperstück Δs sei $\Delta\underline{\mathbf{F}}$ (Fig. 4.11a). Es gilt

$$\underline{\mathbf{q}} := \lim_{\Delta s \to 0} \frac{\Delta\underline{\mathbf{F}}}{\Delta s} \quad ,$$

wobei Δs gleichzeitig auch die Länge des entsprechenden Linienstücks bezeichnet. Beim Grenzübergang $\Delta s \to 0$ reduziert sich das Linienstück Δs auf den Angriffspunkt Q von $\underline{\mathbf{q}}$. Der Betrag $|\underline{\mathbf{q}}|$ hat die Dimension einer Kraft je Längeneinheit.

Falls die Linienkraftdichte z. B. senkrecht auf einen als Strecke modellierbaren Balken wirkt, so ergibt sich die in (Fig. 4.11b) skizzierte Situation. Sie liegt vor, wenn man die spezifische Gewichtskraft $\underline{\mathbf{q}}$ (je Längeneinheit) eines horizontalen Stabes mit eventuell variablem spezifischem Gewicht $-\gamma(x)\underline{\mathbf{e}}_z$ und variabler Querschnittsfläche A(x) betrachtet. Es ergibt sich

$$\underline{\mathbf{q}}(x) = -A(x)\,\gamma(x)\,\underline{\mathbf{e}}_z \quad .$$

Bei einem homogenen Balken mit konstanter Querschnittsfläche ist die Linienkraftdichte des Gewichts konstant: $\underline{\mathbf{q}}(x) = -A\,\gamma\,\underline{\mathbf{e}}_z$ (siehe auch Abschnitt 7.2).

5 Leistung

Im Folgenden soll eine operative Verknüpfung zwischen Bewegung und Kräften eingeführt werden. Aus dem Skalarprodukt der Kraft mit der Geschwindigkeit ihres materiellen Angriffspunktes ergibt sich eine skalare Größe, die *Leistung*, welche die „Wirkung" der Kräfte an bewegten Körpern physikalisch sinnvoll zu charakterisieren vermag.

5.1 Leistung einer Einzelkraft

DEFINITION: Die **Leistung** einer Einzelkraft $\underline{\mathbf{F}}$ mit dem materiellen Angriffspunkt M ist

$$\boxed{\mathcal{P} := \underline{\mathbf{F}} \cdot \underline{\mathbf{v}}_M \ ,} \tag{5.1}$$

wobei $\underline{\mathbf{v}}_M$ die Geschwindigkeit des Punktes M ist.

Demnach ist $\mathcal{P}$ eine momentane, zu jedem Zeitpunkt definierbare skalare Größe. Der Punkt M kann Bestandteil eines beliebigen materiellen Systems (fest, flüssig oder gasförmig) sein. Da $\underline{\mathbf{F}}$ im Allgemeinen von der Geschwindigkeit $\underline{\mathbf{v}}_M$ und der Lage $\underline{\mathbf{r}}_M$ von M sowie von der Zeit t abhängen kann, ist auch $\mathcal{P}$ eine zeit- und bewegungsabhängige Größe.

Die Dimension der Leistung ist $[P] = [F\,L\,T^{-1}] = [M\,L^2\,T^{-3}]$. Als Einheit verwendet man im SI das Watt $[1\ W = 1\ N\,m\,s^{-1}]$, nämlich die Leistung einer Kraft vom Betrag 1 N, deren Angriffspunkt sich mit der Schnelligkeit 1 m / s in der Kraftrichtung bewegt. Als größere Einheit wird oft das Kilowatt benützt $[1\ kW = 10^3\ W]$.

Das Skalarprodukt von (5.1) kann auch als

$$\mathcal{P} = |\underline{\mathbf{F}}|\ |\underline{\mathbf{v}}_M| \cos\alpha \tag{5.2}$$

geschrieben werden, wobei α der Winkel zwischen $\underline{\mathbf{F}}$ und $\underline{\mathbf{v}}_M$ ist (Fig. 5.1).
Für $\alpha < 90°$ ist die Leistung positiv, die Kraft wirkt dann zum betrachteten Zeitpunkt als **Antriebskraft**. Winkel größer als 90° führen dagegen zu einem negativen Leistungswert, die Kraft wirkt dann zum betrachteten Zeitpunkt als **Widerstandskraft**. Ist α augenblicklich genau 90°, so verschwindet die Leistung, und die Kraft heißt zum betrachteten Zeitpunkt **momentan leistungslos**.

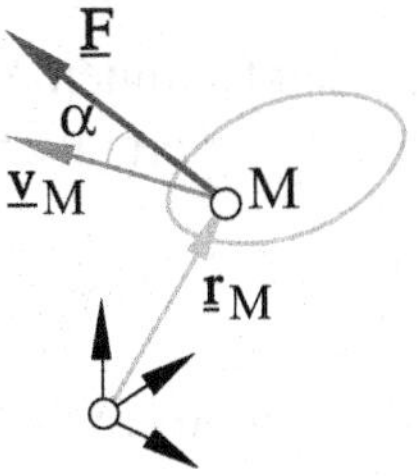

Fig. 5.1: Zur Definition der Leistung

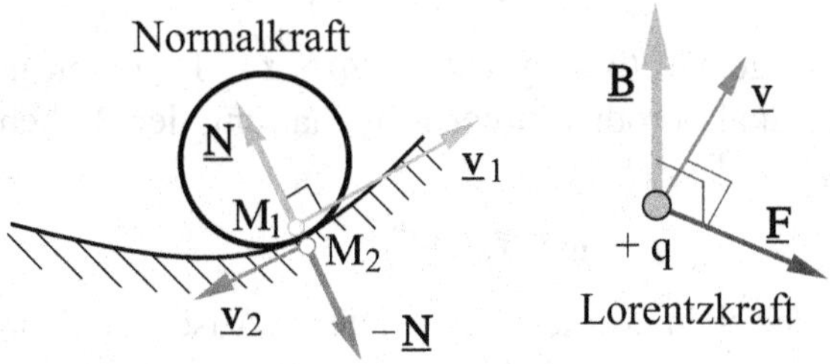

Fig. 5.2: Kräfte ohne Leistung

Die auf eine punktförmige bewegte Ladung q in einem magnetischen Feld $\underline{\mathbf{B}}$ wirkende Kraft mit dem Vektoranteil $\underline{\mathbf{F}} = q\,\underline{\mathbf{v}} \times \underline{\mathbf{B}}$, nämlich die **Lorentzkraft**, bleibt stets senkrecht zur Geschwindigkeit der Ladung. Folglich ist sie immer leistungslos. Auch die Kontaktkräfte $\{M_1, \underline{\mathbf{N}}\}$, $\{M_2, -\underline{\mathbf{N}}\}$ an einer reibungsfreien punktförmigen Berührung zwischen zwei aufeinander gleitenden Körpern 1 und 2 sind leistungslose Kräfte, denn sie bleiben senkrecht zu den Geschwindigkeiten der materiellen Berührungspunkte der beiden Körper (Fig. 5.2).

Bezeichnet man mit X, Y, Z die Komponenten der Kraft in einem kartesischen Koordinatensystem mit der Basis $\underline{\mathbf{e}}_x$, $\underline{\mathbf{e}}_y$, $\underline{\mathbf{e}}_z$, so lässt sich die Leistung gemäß (5.1) als

$$\mathcal{P} = X\,\dot{x} + Y\,\dot{y} + Z\,\dot{z} \tag{5.3}$$

schreiben.

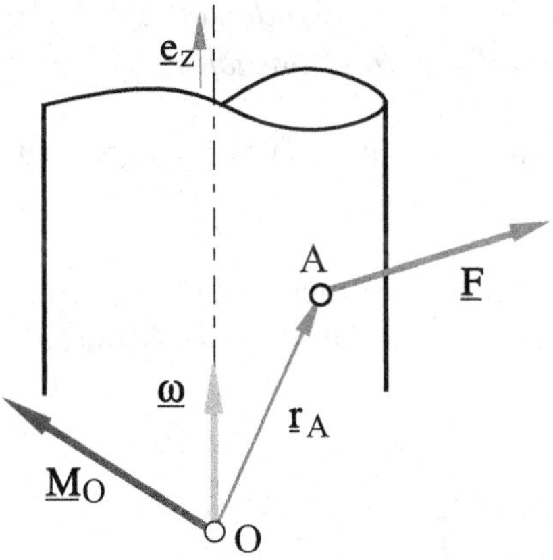

Fig. 5.3: Moment einer Kraft bezüglich des Bezugspunktes O

Mit Hilfe der Leistung lassen sich interessanterweise u. a. auch *wichtige Grundbegriffe* der **Statik** herleiten. Zu diesem Zweck betrachte man eine Einzelkraft $\underline{\mathbf{F}}$ an einem materiellen Angriffspunkt A eines um die Achse Oz rotierenden starren Körpers (Fig. 5.3). Die Rotationsgeschwindigkeit sei $\underline{\boldsymbol{\omega}} = \omega\,\underline{\mathbf{e}}_z$. Die Leistung beträgt

$$\mathcal{P} = \underline{\mathbf{v}}_A \cdot \underline{\mathbf{F}} = (\underline{\boldsymbol{\omega}} \times \underline{\mathbf{r}}_A) \cdot \underline{\mathbf{F}} \quad , \tag{5.4}$$

denn gemäß (3.3) gilt $\underline{\mathbf{v}}_A = \underline{\boldsymbol{\omega}} \times \underline{\mathbf{r}}_A$. In einem gemischten Produkt können Vektor- und Skalarprodukt unter Beibehaltung der Reihenfolge der Vektoren vertauscht werden, so dass (5.4) als

$$\mathcal{P} = \underline{\boldsymbol{\omega}} \cdot (\underline{\mathbf{r}}_A \times \underline{\mathbf{F}}) \tag{5.5}$$

geschrieben werden kann. Dieser Ausdruck führt zu folgender wichtigen Begriffsbildung (siehe auch Abschnitt 6.2):

DEFINITION: Das Vektorprodukt zwischen dem Ortsvektor $\underline{\mathbf{r}}_A := \underline{\mathbf{OA}}$ des materiellen Angriffspunktes A einer Kraft und dem Vektoranteil $\underline{\mathbf{F}}$ dieser Kraft heißt **Moment $\underline{\mathbf{M}}_O$ der Kraft bezüglich** O. Der Punkt O wird als **Bezugspunkt** bezeichnet. Wir schreiben also

$$\boxed{\underline{\mathbf{M}}_O = \underline{\mathbf{OA}} \times \underline{\mathbf{F}} \quad .} \tag{5.6}$$

Die Leistung der Kraft im betrachteten Punkt A des rotierenden starren Körpers folgt dann aus (5.5) als

$$\boxed{\mathcal{P} = \underline{\boldsymbol{\omega}} \cdot \underline{\mathbf{M}}_O \quad .} \tag{5.7}$$

Diese Formel kann wie folgt ausgesprochen werden:

„Die Leistung einer Einzelkraft an einem rotierenden starren Körper ergibt sich aus dem Skalarprodukt der Rotationsgeschwindigkeit $\underline{\boldsymbol{\omega}}$ mit dem Moment $\underline{\mathbf{M}}_O$ der Kraft bezüglich eines Punktes O *auf der Rotationsachse.“*

Schreibt man $\underline{\boldsymbol{\omega}}$ als $\omega\, \underline{\mathbf{e}}_z$ und setzt in (5.7) ein, so entsteht die folgende zusätzliche Begriffsbildung:

DEFINITION: Projiziert man den Momentvektor $\underline{\mathbf{M}}_O$ einer Kraft $\{A \mid \underline{\mathbf{K}}\}$ bezüglich O auf eine Achse Oz durch O, so erhält man das **Moment** M_z **der Kraft bezüglich der Achse** Oz.

Es gilt also

$$\boxed{M_z := \underline{\mathbf{e}}_z \cdot \underline{\mathbf{M}}_O \quad .} \tag{5.8}$$

Mit Hilfe der beiden Definitionen (5.6) und (5.8) beweist man leicht (der Leser möge diesen Beweis als kleine Übungsaufgabe ausführen oder Abschnitt 6.2 konsultieren), dass der Wert des Momentes M_z bezüglich der Achse Oz von der Wahl von O auf dieser Achse unabhängig ist, obwohl verschiedene Bezugspunkte O auf der betrachteten Achse im allgemeinen auf verschiedene Momentvektoren $\underline{\mathbf{M}}_O$ führen könnten. Für die Leistung ergibt sich nach (5.7) und (5.8)

$$\boxed{\mathcal{P} = \omega M_z \quad .} \tag{5.9}$$

Beispiel: Auf die endlose (reibungsfreie) Schraube von Fig. 5.4 wirke die zur Schraubenfläche normale Antriebskraft vom Betrag F. Der Betrag der Rotationsgeschwindigkeit um die Wellenachse sei durch die Umdrehungszahl n pro Minute gegeben. In der zylindrischen Basis $\underline{e}_\rho$, $\underline{e}_\varphi$, $\underline{e}_z$ lässt sich der Kraftvektor als $\underline{\mathbf{F}} = F \sin\alpha\, \underline{\mathbf{e}}_\varphi + F \cos\alpha\, \underline{\mathbf{e}}_z$ darstellen, wobei α der Schraubenwinkel ist. Die Rotationsgeschwindigkeit ist $\underline{\boldsymbol{\omega}} = \underline{\mathbf{e}}_z\, \pi\, n/30$. Die Leistung kann entweder mit Hilfe der Definitionsformel (5.1) und der Geschwindigkeit $\underline{\mathbf{v}} = \underline{\boldsymbol{\omega}} \times \underline{\mathbf{r}}$ des Kraftangriffspunktes oder mit Hilfe von (5.7) bzw. (5.9) und des Momentes $\underline{\mathbf{M}}_O = \underline{\mathbf{r}} \times \underline{\mathbf{F}}$ bezüglich O berechnet werden. Der Ortsvektor des Angriffspunktes im Abstand R von der Wellenachse und z von der xy-Ebene ist $\underline{\mathbf{r}} = R\, \underline{\mathbf{e}}_\rho + z\, \underline{\mathbf{e}}_z$. Es gilt also $\underline{\mathbf{v}} = \pi\, n\, R\, \underline{\mathbf{e}}_\varphi/30$, $\underline{\mathbf{M}}_O = -F\, z \sin\alpha\, \underline{\mathbf{e}}_\rho - F\, R \cos\alpha\, \underline{\mathbf{e}}_\varphi + F\, R \sin\alpha\, \underline{\mathbf{e}}_z$, d. h. $M_z = F\, R \sin\alpha$. Die Formel (5.1) ergibt $\mathcal{P} = \underline{\mathbf{F}} \cdot \underline{\mathbf{v}} = (\pi\, n\, F\, R \sin\alpha)/30$ und die Formel (5.7) oder (5.9) ebenfalls

$$\mathcal{P} = \underline{\boldsymbol{\omega}} \cdot \underline{\mathbf{M}}_O = \omega\, M_z = \frac{\pi\, n}{30} F\, R \sin\alpha \quad .$$

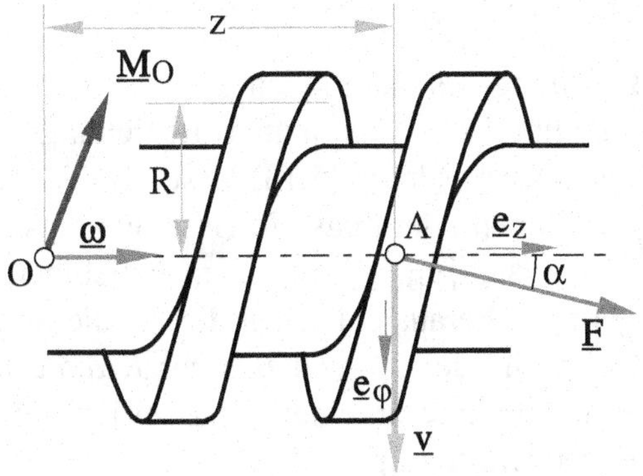

Fig. 5.4: Berechnung der Leistung an einer endlosen Schraube

5.2 Gesamtleistung mehrerer Kräfte

DEFINITION: Die **Gesamtleistung** mehrerer Kräfte besteht aus der Summe der Leistungen der einzelnen Kräfte.

Es gilt demzufolge

$$\mathcal{P}(\underline{\mathbf{F}}_1, \underline{\mathbf{F}}_2, ..., \underline{\mathbf{F}}_n) := \mathcal{P}(\underline{\mathbf{F}}_1) + \mathcal{P}(\underline{\mathbf{F}}_2) + ... + \mathcal{P}(\underline{\mathbf{F}}_n) \quad . \tag{5.10}$$

a) ***Einzelkräfte mit demselben Angriffspunkt***

Haben n Einzelkräfte $\underline{\mathbf{F}}_1$, $\underline{\mathbf{F}}_2$, ..., $\underline{\mathbf{F}}_n$ den gleichen materiellen Angriffspunkt A und ist $\underline{\mathbf{v}}$ die Geschwindigkeit des Angriffspunktes, so gilt für die Gesamtleistung

$$\mathcal{P} = \underline{\mathbf{F}}_1 \cdot \underline{\mathbf{v}} + \ldots + \underline{\mathbf{F}}_n \cdot \underline{\mathbf{v}} = (\underline{\mathbf{F}}_1 + \ldots + \underline{\mathbf{F}}_n) \cdot \underline{\mathbf{v}} \quad . \tag{5.11}$$

Wir bezeichnen die Vektorsumme

$$\sum_{i=1}^{n} \underline{\mathbf{F}}_i =: \underline{\mathbf{R}} \tag{5.12}$$

als **Resultierende** der Kräftegruppe $\{A \mid \underline{\mathbf{F}}_1, \underline{\mathbf{F}}_2, \ldots, \underline{\mathbf{F}}_n\} =: \{G\}$. Die Kraft $\{A \mid \underline{\mathbf{R}}\}$ mit dem Angriffspunkt A und dem Vektoranteil $\underline{\mathbf{R}}$ heißt **resultierende Kraft** der Kräftegruppe $\{G\}$. Ihre Leistung beträgt $\mathcal{P} = \underline{\mathbf{R}} \cdot \underline{\mathbf{v}}$ und ist gemäß (5.11) und (5.12) gleich der Gesamtleistung der Kräftegruppe $\{G\}$.

b) ***Einzelkräfte mit verschiedenen Angriffspunkten***

Haben die Einzelkräfte $\underline{\mathbf{F}}_1, \underline{\mathbf{F}}_2, \ldots, \underline{\mathbf{F}}_n$ verschiedene materielle Angriffspunkte $A_1, \ldots, A_n$, so ergibt sich die Gesamtleistung mit den Geschwindigkeiten $\underline{\mathbf{v}}_1, \ldots, \underline{\mathbf{v}}_n$ der Angriffspunkte als

$$\mathcal{P} = \underline{\mathbf{F}}_1 \cdot \underline{\mathbf{v}}_1 + \ldots + \underline{\mathbf{F}}_n \cdot \underline{\mathbf{v}}_n \quad . \tag{5.13}$$

Bei einer beliebigen Bewegung des materiellen Systems mit beliebiger Gestaltänderung bestehen keine unmittelbaren, expliziten Beziehungen zwischen den Geschwindigkeiten $\underline{\mathbf{v}}_1$ bis $\underline{\mathbf{v}}_n$. Der Ausdruck (5.13) lässt sich nicht weiter vereinfachen. Für einen starren Körper können allerdings die Geschwindigkeiten $\underline{\mathbf{v}}_1$ bis $\underline{\mathbf{v}}_n$ gemäß (3.5) in Funktion der Kinemate $\{\underline{\mathbf{v}}_B, \underline{\boldsymbol{\omega}}\}$ in einem beliebigen materiellen Bezugspunkt B ausgedrückt werden. Hieraus entstehen die für die Statik wichtigen Grundbegriffe der *Resultierenden* und des *Momentes einer Kräftegruppe*. Wir illustrieren das Vorgehen im nächsten Abschnitt an einer aus zwei Kräften $\underline{\mathbf{F}}_1, \underline{\mathbf{F}}_2$ mit Angriffspunkten A_1, A_2 bestehenden Kräftegruppe $\{G\}$.

5.3 Gesamtleistung von Kräften an einem starren Körper

Man betrachte einen starren Körper K und zwei Kräfte $\underline{\mathbf{F}}_1$ und $\underline{\mathbf{F}}_2$ mit Angriffspunkten $A_1, A_2 \in K$. Die Bewegung von K sei zum Zeitpunkt t durch die Kinemate $\{\underline{\mathbf{v}}_B, \underline{\boldsymbol{\omega}}\}$ in $B \in K$ gegeben (Fig. 5.5). Die Gesamtleistung lässt sich zunächst gemäß (5.13) als

$$\mathcal{P} = \underline{\mathbf{v}}_1 \cdot \underline{\mathbf{F}}_1 + \underline{\mathbf{v}}_2 \cdot \underline{\mathbf{F}}_2$$

berechnen, wobei $\underline{\mathbf{v}}_1, \underline{\mathbf{v}}_2$ die Geschwindigkeiten der materiellen Angriffspunkte A_1, A_2 sind. Diese Geschwindigkeiten können wir mit Hilfe von (3.5), in Funktion von $\underline{\mathbf{v}}_B$ und $\underline{\boldsymbol{\omega}}$, wie folgt ausdrücken:

$$\underline{\mathbf{v}}_1 = \underline{\mathbf{v}}_B + \underline{\boldsymbol{\omega}} \times \underline{\mathbf{BA}}_1 \quad , \quad \underline{\mathbf{v}}_2 = \underline{\mathbf{v}}_B + \underline{\boldsymbol{\omega}} \times \underline{\mathbf{BA}}_2 \quad .$$

Die Gesamtleistung beträgt demzufolge

$$\mathcal{P} = \underline{\mathbf{v}}_B \cdot \underline{\mathbf{F}}_1 + (\underline{\boldsymbol{\omega}} \times \underline{\mathbf{BA}}_1) \cdot \underline{\mathbf{F}}_1 + \underline{\mathbf{v}}_B \cdot \underline{\mathbf{F}}_2 + (\underline{\boldsymbol{\omega}} \times \underline{\mathbf{BA}}_2) \cdot \underline{\mathbf{F}}_2 \ ,$$

oder, nach zyklischer Vertauschung der gemischten Produkte und Verwendung der Distributivität des Skalarprodukts,

$$\mathcal{P} = \underline{\mathbf{v}}_B \cdot (\underline{\mathbf{F}}_1 + \underline{\mathbf{F}}_2) + \underline{\boldsymbol{\omega}} \cdot (\underline{\mathbf{BA}}_1 \times \underline{\mathbf{F}}_1 + \underline{\mathbf{BA}}_2 \times \underline{\mathbf{F}}_2) \ . \tag{5.14}$$

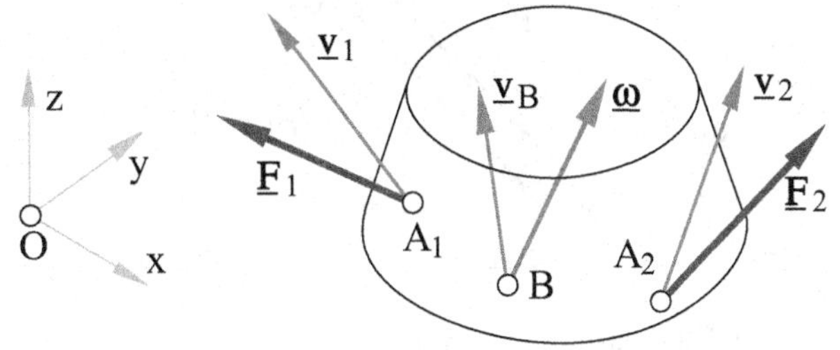

Fig. 5.5: Zwei Kräfte an einem starren Körper

Die Vektorsumme

$$\underline{\mathbf{F}}_1 + \underline{\mathbf{F}}_2 =: \underline{\mathbf{R}} \tag{5.15}$$

sei als **Resultierende** der Kräftegruppe $\{\underline{\mathbf{F}}_1, \underline{\mathbf{F}}_2\} = \{G\}$ bezeichnet. Die Ausdrücke $(\underline{\mathbf{M}}_B)_1 := \underline{\mathbf{BA}}_1 \times \underline{\mathbf{F}}_1$, $(\underline{\mathbf{M}}_B)_2 := \underline{\mathbf{BA}}_2 \times \underline{\mathbf{F}}_2$ haben wir bereits im vorangehenden Abschnitt als *Momente* der Kräfte $\underline{\mathbf{F}}_1$, $\underline{\mathbf{F}}_2$ bezüglich B definiert (siehe (5.6)). Die Summe der beiden Momente wird **Moment der Kräftegruppe** $\{G\}$ **bezüglich** B genannt (man beachte die unabdingbare Erwähnung des Bezugspunktes). Wir bezeichnen diese Momentensumme kurz als $\underline{\mathbf{M}}_B$ und schreiben

$$\underline{\mathbf{M}}_B := (\underline{\mathbf{M}}_B)_1 + (\underline{\mathbf{M}}_B)_2 = \underline{\mathbf{BA}}_1 \times \underline{\mathbf{F}}_1 + \underline{\mathbf{BA}}_2 \times \underline{\mathbf{F}}_2 \ . \tag{5.16}$$

Mithin führt der Ausdruck (5.14) für die Gesamtleistung auf

$$\boxed{\mathcal{P} = \underline{\mathbf{v}}_B \cdot \underline{\mathbf{R}} + \underline{\boldsymbol{\omega}} \cdot \underline{\mathbf{M}}_B \ .} \tag{5.17}$$

In diesem wichtigen Resultat erscheint die Dualität zwischen der Translationsgeschwindigkeit $\underline{\mathbf{v}}_B$ in B und der Resultierenden $\underline{\mathbf{R}}$ einerseits, sowie zwischen der Rotationsgeschwindigkeit $\underline{\boldsymbol{\omega}}$ und dem Moment $\underline{\mathbf{M}}_B$ bezüglich B andererseits besonders deutlich (siehe auch das nächste Kapitel). Die für zwei Einzelkräfte hergeleitete Formel (5.17) sowie die Begriffe *Resultierende* und *Moment einer Kräftegruppe bezüglich eines Punktes* können ohne weiteres auch auf Kräftegruppen mit beliebig vielen Kräften, ja sogar auch auf verteilte Flächen- und Raumkräfte erweitert werden. Dabei bleibt die Gestalt von (5.17) gleich. Diese Grundformel wird den Ausgangspunkt der im nächsten Teil behandelten Fragestellungen der Statik bilden.

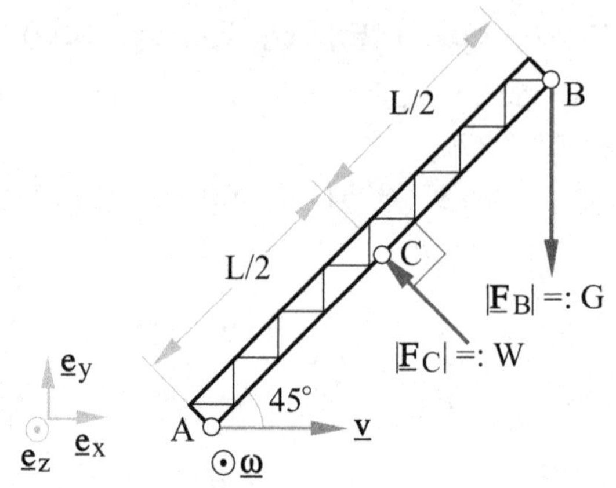

Fig. 5.6: Modell für den Trägerarm eines Krans

Beispiel: Der Stab AB von Fig. 5.6 soll ein Modell für den Trägerarm eines Krans darstellen. Sein Bewegungszustand sei in der Basis $\underline{e}_x$, $\underline{e}_y$, $\underline{e}_z$ durch die Kinemate $\underline{v}$: (v, 0, 0), $\underline{\omega}$: (0, 0, ω) in A gegeben. Die Kraft $\underline{F}_B$: $(0,-G,0)$ mit Angriffspunkt in B stellt die Wirkung der Last und $\underline{F}_C$: W $(-1, 1, 0)/\sqrt{2}$ mit Angriffspunkt C die Wirkung der Windkräfte dar. Die Gesamtleistung der beiden Kräfte kann entweder mit Hilfe der Geschwindigkeiten in B und C gemäß (3.5) und Formel (5.13) oder mit Hilfe der Resultierenden und des Momentes von $\{\underline{F}_B, \underline{F}_C\}$ bezüglich A und der Grundformel (5.17) berechnet werden. Die Resultierende ist $\underline{\mathbf{R}} = \underline{F}_B + \underline{F}_C$: $(-W/\sqrt{2},\ (W/\sqrt{2})-G,\ 0)$. Für das Moment bezüglich A braucht man $\underline{\mathbf{AC}}$: $L\,(1, 1, 0)/(2\sqrt{2})$ und $\underline{\mathbf{AB}}$: $L\,(1, 1, 0)/\sqrt{2}$. Mit Hilfe der Definitionsformel (5.6) ergibt sich für das Gesamtmoment $\underline{\mathbf{M}}_A$: $\left[0, 0, (W\,L/2)-(G\,L/\sqrt{2})\right]$. Die Grundformel (5.17) führt dann auf

$$\mathcal{P} = \underline{\mathbf{v}}_A \cdot \underline{\mathbf{R}} + \underline{\boldsymbol{\omega}} \cdot \underline{\mathbf{M}}_A = -\left[\frac{\omega L}{\sqrt{2}} G + \left(\frac{v}{\sqrt{2}} - \frac{\omega L}{2}\right) W\right] .$$

Aufgabe

Ein Kreiszylinder mit Radius R und Höhe 2 R dreht sich um eine Mantellinie μ mit der Rotationsgeschwindigkeit $\underline{\boldsymbol{\omega}}$ vom Betrag ω. Auf ihn wirkt eine Kräftegruppe {G}, die gemäß Fig. 5.7 aus den drei Kräften $\underline{\mathbf{F}}_1$, $\underline{\mathbf{F}}_2$, $\underline{\mathbf{F}}_3$ mit Beträgen F, F bzw. $\sqrt{2}$ F besteht. Man berechne die Leistung dieser Kräfte auf mindestens zwei Arten.

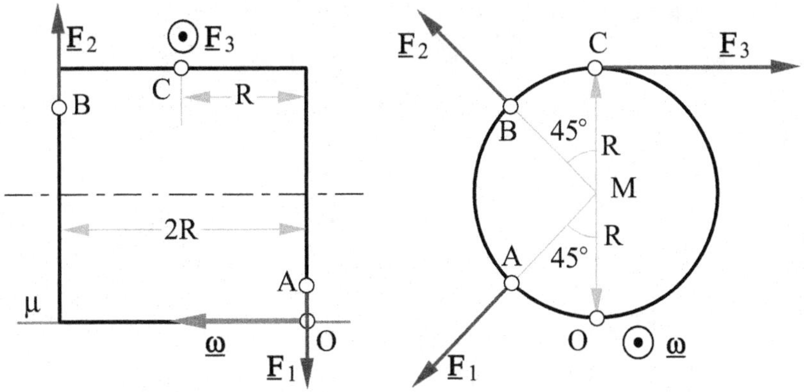

Fig. 5.7

II Statik

6 Äquivalenz und Reduktion von Kräftegruppen

Wir betrachten im Folgenden Kräftegruppen, bei denen die materiellen Angriffspunkte der Kräfte innerhalb eines materiellen Systems K liegen, dessen Abgrenzung und Bestandteile willkürlich gewählt werden können und den wir *Körper K* nennen werden. In diesem Sinne seien am Körper K zwei Kräftegruppen {G} und {G*} gegeben, die aus Einzelkräften und Kräfteverteilungen mit unterschiedlichen Angriffspunkten und Vektoranteilen bestehen sollen. Die Kräftegruppen {G} und {G*} heißen **äquivalent**, wenn sie auf den Körper die gleiche *Wirkung* ausüben. Im Folgenden werden wir den Begriff „Wirkung" für den starren Körper präzisieren und damit eine spezielle Art von Äquivalenz definieren, die wir *statische Äquivalenz* nennen. Die Ermittlung einer möglichst einfachen zu {G} statisch äquivalenten Kräftegruppe {G*} heißt **Reduktion** der Kräftegruppe {G}.

6.1 Statische Äquivalenz

DEFINITION: Zwei am Körper K angreifende Kräftegruppen {G} und {G*} heißen **statisch äquivalent**, falls für *jede* Starrkörperbewegung von K die Gesamtleistung von {G} *gleich* der Gesamtleistung von {G*} ist.

Die Kräfte $\{A_1 \mid \underline{\mathbf{F}}_1\}$ und $\{A_2 \mid \underline{\mathbf{F}}_2\}$ mit dem gleichen Vektoranteil $\underline{\mathbf{F}}_1 = \underline{\mathbf{F}}_2 = \underline{\mathbf{F}}$ und den Angriffspunkten A_1, A_2 am Balkenstück von Fig. 6.1 bilden eine Kräftegruppe $\{G_{12}\}$. Die Kraft $\{A \mid \underline{\mathbf{R}}\}$ mit dem Vektoranteil $\underline{\mathbf{R}} = 2\,\underline{\mathbf{F}}$ und dem Angriffspunkt A in der Mitte zwischen A_1, A_2 kann als eine zweite Kräftegruppe $\{G_R\}$ aufgefasst werden, welche nur eine einzige Kraft enthält. Die Kräftegruppen $\{G_{12}\}$ und $\{G_R\}$ sind statisch äquivalent, denn ihre Leistungen bei allen Starrkörperbewegungen des Balkenstückes sind gleich, wie man mit Hilfe der Formel (5.17) zeigen kann (siehe unten).

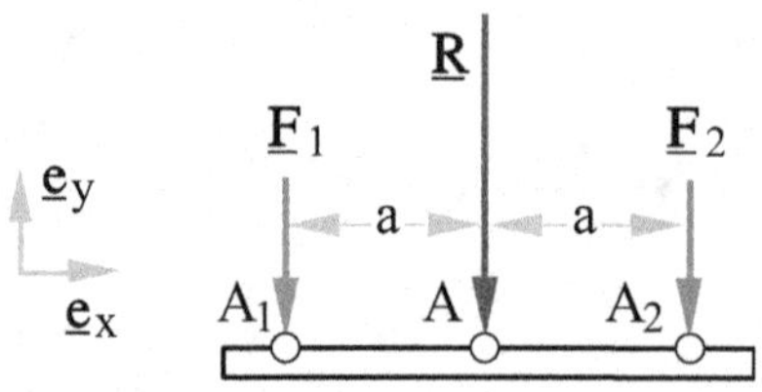

Fig. 6.1: Statisch äquivalente Kräftegruppen

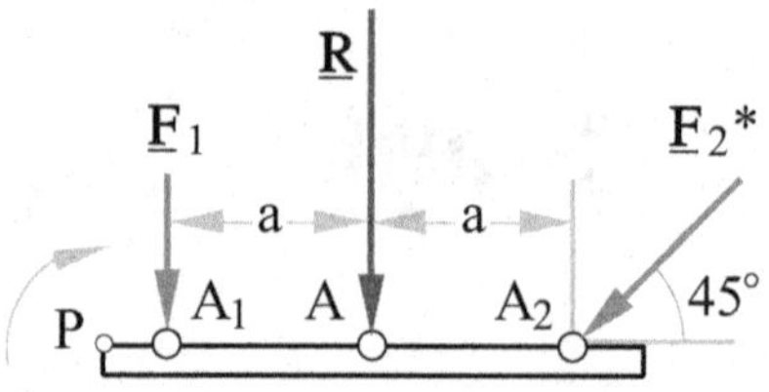

Fig. 6.2: Statisch nicht äquivalente Kräftegruppen

Die in Fig. 6.2 abgebildeten Kräfte $\{A_1 \mid \underline{F}_1\}$ und $\{A_2 \mid \underline{F}_2^*\}$ bilden eine Kräftegruppe $\{G_{12}^*\}$. Hier ist $|\underline{F}_2^*| = \sqrt{2}\,|\underline{F}|$. Zwar sind die Gesamtleistungen von $\{G_{12}^*\}$ und $\{G_R\}$ bei Rotationen um eine zur Zeichenebene senkrechte Achse durch das Ende P des Balkenstücks gleich, die Kräftegruppen $\{G_{12}^*\}$ und $\{G_R\}$ sind trotzdem *nicht* statisch äquivalent, denn ihre Gesamtleistungen bei Translationen in Richtung $\underline{e}_x$ sind ungleich.

Hinter der obigen Definition der statischen Äquivalenz verbergen sich u. a. folgende physikalische Ideen: Im Vordergrund stehen im Rahmen der Statik Kräftegruppen an *ruhenden* Körpern, deren Deformierbarkeit vernachlässigt wird. Setzt sich der erstarrte Körper aus irgendeinem Grund, zum Beispiel wegen *Stabilitätsverlust*, aus dem Ruhezustand heraus in *Bewegung*, so ist es nahe liegend, nur jene Kräftegruppen als gleichwertig zu bezeichnen, welche bei allen solchen hypothetischen Starrkörperbewegungen im nächsten Augenblick die gleiche Menge *Energie je Zeiteinheit* (= Leistung) ins System einführen (Antrieb) oder vom System herausführen (Widerstand). Die statische Äquivalenz drückt also eine augenblickliche *energetische Gleichwertigkeit* der Kräftegruppen bei Bewegungen des erstarrten materiellen Systems aus.

Mit Hilfe der Formel (5.17) leiten wir jetzt notwendige und hinreichende Bedingungen für statische Äquivalenz her, welche die Grundlagen zur Lösung von Problemen der Statik ergeben.

THEOREM: Zwei Kräftegruppen $\{G\}$ und $\{G^*\}$ am Körper K sind dann und nur dann statisch äquivalent, wenn ihre Resultierenden und ihre Gesamtmomente bezüglich eines beliebigen Bezugspunktes gleich sind.

Zum Beweis der *notwendigen Bedingungen* geht man von der Definition der statischen Äquivalenz aus und schreibt gemäß Hypothese

$$\mathcal{P}(\{G\}) = \mathcal{P}(\{G^*\})$$

für alle Starrkörperbewegungen von K, oder explizit gemäß (5.17)

$$\underline{v}_O \cdot \underline{R} + \underline{\omega} \cdot \underline{M}_O = \underline{v}_O \cdot \underline{R}^* + \underline{\omega} \cdot \underline{M}_O^* \quad , \quad \forall\, \{\underline{v}_O, \underline{\omega}\} \tag{6.1}$$

für einen beliebigen Bezugspunkt O. Schreibt man diese Gleichung in der Form

$$(\underline{R} - \underline{R}^*) \cdot \underline{v}_O + (\underline{M}_O - \underline{M}_O^*) \cdot \underline{\omega} = 0 \quad , \quad \forall\, \{\underline{v}_O, \underline{\omega}\} \quad ,$$

so erkennt man, dass (6.1) für beliebige Translationen nur dann erfüllt werden kann, wenn

$$\underline{\mathbf{R}} = \underline{\mathbf{R}}^* \tag{6.2}$$

und für beliebige Rotationen nur dann, wenn

$$\underline{\mathbf{M}}_O = \underline{\mathbf{M}}_O^* \tag{6.3}$$

gilt. Damit ist die Notwendigkeit von (6.2) und (6.3) bewiesen.
Zum Beweis der *hinreichenden Bedingungen* berechnet man gemäß (5.17) die Gesamtleistungen der Kräftegruppen {G}, {G*} für eine beliebige Starrkörperbewegung von K, welche durch ihre Kinemate $\{\underline{\mathbf{v}}_O, \underline{\boldsymbol{\omega}}\}$ in O gegeben ist. Man erkennt trivialerweise, dass die Bedingungen (6.2) und (6.3) hinreichen, damit für alle $\{\underline{\mathbf{v}}_O, \underline{\boldsymbol{\omega}}\}$ und für alle Bezugspunkte O die Leistungen $\mathcal{P}(\{G\})$ und $\mathcal{P}(\{G^*\})$ gleich, folglich {G} und {G*} definitionsgemäß statisch äquivalent sind.

6.2 Resultierende und Moment einer Kräftegruppe

Das oben formulierte und bewiesene Theorem zeigt, dass die Resultierende und das Moment einer Kräftegruppe bezüglich eines beliebigen Bezugspunktes eine ganze *Äquivalenzklasse* von statisch äquivalenten Kräftegruppen charakterisieren. Beide Begriffe wurden in Kapitel 5 mit Hilfe der Formel (5.15) bzw. (5.16) für eine Kräftegruppe mit zwei Kräften kurz definiert. Angesichts der grundlegenden Rolle, die sie in der Statik spielen, wollen wir sie nun in einem allgemeineren und systematischen Rahmen behandeln. Dabei tritt der Körper, der die Angriffspunkte der Kräfte enthält, in den Hintergrund; insbesondere kann er durchaus deformierbar sein.

a) *Resultierende einer Kräftegruppe*

DEFINITION: Die gemäß der Parallelogrammregel oder komponentenweise gebildete Gesamtsumme der Vektoranteile der Kräfte einer Kräftegruppe heißt **Resultierende** dieser Kräftegruppe.

Bei einer Kräftegruppe, die insgesamt n Einzelkräfte enthält, lautet die Resultierende gemäß der Definition

$$\boxed{\underline{\mathbf{R}} := \sum_{i=1}^{n} \underline{\mathbf{F}}_i \quad .} \tag{6.4}$$

Falls alle Kräfte den gleichen Angriffspunkt A haben, so können wir auch dem Vektor $\underline{\mathbf{R}}$ den Angriffspunkt A zuordnen und von einer *resultierenden Kraft* $\{A \mid \underline{\mathbf{R}}\}$ sprechen (siehe (5.12)). Haben jedoch die Kräfte $\underline{\mathbf{F}}_i$ (i = 1, ..., n) verschiedene Angriffspunkte $A_1, \ldots, A_n$, so kann dem Vektor $\underline{\mathbf{R}}$ vorerst kein bestimmter Angriffspunkt zugeordnet werden. Die Resultierende bleibt zunächst ein *freier Vektor*. Dennoch lässt sich aus der Resultierenden einer Kräftegruppe unter bestimmten

Voraussetzungen und nach einem wohl definierten Vorgehen eine Kraft mit Angriffspunkt erzeugen. Dazu sind einige weitere Begriffsentwicklungen notwendig.

Fig. 6.3 veranschaulicht die geometrische Konstruktion der Resultierenden einer aus 3 Kräften bestehenden Kräftegruppe. Analytisch ermittelt man die Resultierende durch Komponentenzerlegung der Definitionsgleichung (6.4) in einer passend gewählten orthonormalen Basis $\underline{\mathbf{e}}_x$, $\underline{\mathbf{e}}_y$, $\underline{\mathbf{e}}_z$. Schreibt man die gegebenen Vektoren $\underline{\mathbf{F}}_i$ und den gesuchten Vektor $\underline{\mathbf{R}}$ in der Form

$$\underline{\mathbf{F}}_i = X_i\,\underline{\mathbf{e}}_x + Y_i\,\underline{\mathbf{e}}_y + Z_i\,\underline{\mathbf{e}}_z \quad , \quad i = 1, ..., n \quad ,$$

$$\underline{\mathbf{R}} = R_x\,\underline{\mathbf{e}}_x + R_y\,\underline{\mathbf{e}}_y + R_z\,\underline{\mathbf{e}}_z \quad ,$$

so folgt aus (6.4)

$$R_x = \sum_{i=1}^{n} X_i \quad , \quad R_y = \sum_{i=1}^{n} Y_i \quad , \quad R_z = \sum_{i=1}^{n} Z_i \quad . \tag{6.5}$$

Bei kontinuierlichen Kräfteverteilungen treten an Stelle der Komponentensummen Integrale der Kraftdichtenkomponenten.

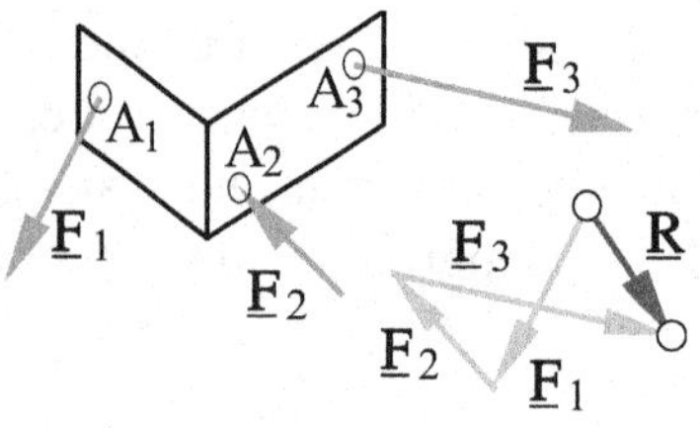

Fig. 6.3: Resultierende von Einzelkräften

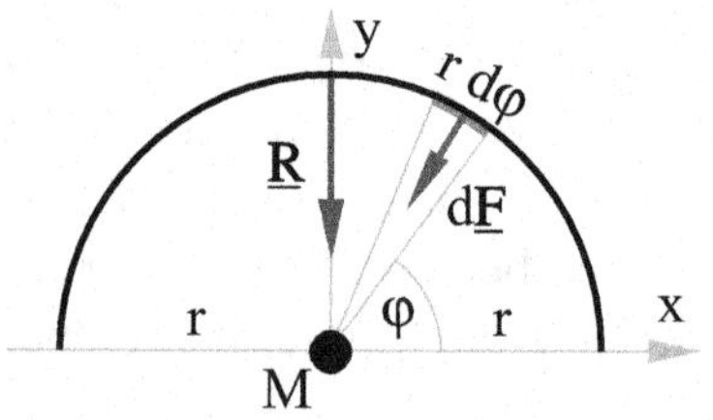

Fig. 6.4: Resultierende einer konstanten radialen Kräfteverteilung am Halbkreisbogen

Übt ein Massenpunkt M, der im Zentrum eines halbkreisförmigen Drahts vom Radius r liegt (Fig. 6.4), auf diesen Draht linienverteilte Anziehungskräfte mit einer Kraftdichte konstanten Betrages f je Längeneinheit aus, so entfällt auf das infinitesimale Bogenelement der Länge $r\,d\varphi$ des Drahtes eine radial gerichtete infinitesimale Anziehungskraft $d\underline{\mathbf{F}}$ vom Betrag $f\,r\,d\varphi$ mit den kartesischen Komponenten

$$dF_x = -f\,r\cos\varphi\,d\varphi \quad , \quad dF_y = -f\,r\sin\varphi\,d\varphi, \quad dF_z = 0 \quad .$$

Um die Komponenten der Resultierenden zu finden, ersetzt man in (6.5) die Summen durch entsprechende Integrale und erhält

$$R_x = -f\,r\int_0^{\pi}\cos\varphi\,d\varphi = 0 \quad , \quad R_y = -f\,r\int_0^{\pi}\sin\varphi\,d\varphi = -2\,f\,r \quad , \quad R_z = 0 \quad .$$

Die Resultierende liegt, wie man schon aus Symmetriegründen hätte schließen können, in y-Richtung, und ihr Betrag folgt aus dem Produkt des Betrages der Kraftdichte mit dem Halbkreisdurchmesser.

b) ***Moment einer Kraft bezüglich eines Punktes***

DEFINITION: Das **Moment** einer Einzelkraft $\{A \mid \underline{\mathbf{F}}\}$ bezüglich eines frei wählbaren Bezugspunktes O ist

$$\boxed{\underline{\mathbf{M}}_O := \underline{\mathbf{OA}} \times \underline{\mathbf{F}}} \tag{6.6}$$

(siehe auch (5.6)).

Der Momentvektor $\underline{\mathbf{M}}_O$ in O steht senkrecht zur Ebene E, welche durch O geht und $\underline{\mathbf{F}}$ enthält (Fig. 6.5). Der Richtungssinn von $\underline{\mathbf{M}}_O$ genügt der üblichen Regel der Rechtsschraube. Sein Betrag ist

$$|\underline{\mathbf{M}}_O| =: M_O = |\underline{\mathbf{F}}| \ \overline{OA} \ \sin\alpha = F\,a \ . \tag{6.7}$$

Die Gerade durch den Angriffspunkt A, welche den Kraftvektor $\underline{\mathbf{F}}$ „trägt" und folglich in der Ebene E liegt, heißt **Wirkungslinie** der Kraft. Der Abstand zwischen dem Bezugspunkt O und der Wirkungslinie der Kraft ist mit a bezeichnet, der Betrag $|\underline{\mathbf{F}}|$ des Kraftvektors mit F und der Winkel zwischen OA und der Wirkungslinie mit α.

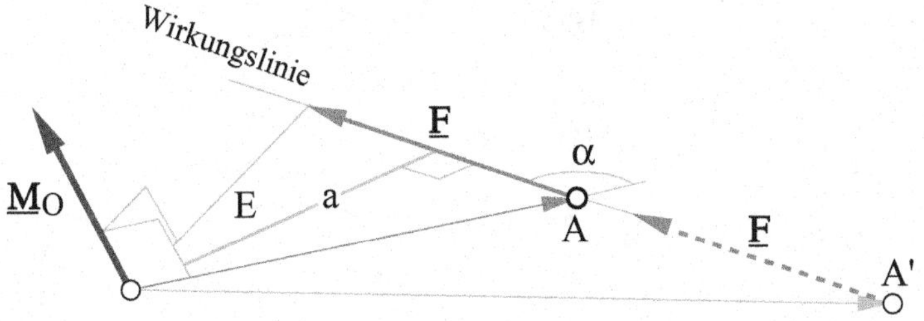

Fig. 6.5: Moment einer Einzelkraft und Verschiebungssatz

Die Dimension des Momentes ist $[M_O] = [F\,L] = [M\,L^2\,T^{-2}]$ und stimmt mit derjenigen der Arbeit, d. h. des zeitlichen Integrals der Leistung überein. Die Einheit bezeichnet man beim Moment üblicherweise als Nm (*Newtonmeter*).

KOROLLAR: **Verschiebungssatz**. Das Moment einer Kraft bezüglich eines beliebigen Punktes O bleibt gleich, wenn bei gleich bleibendem Vektoranteil der Angriffspunkt der Kraft längs ihrer Wirkungslinie verschoben wird.

In der Tat bleiben bei einer solchen Verschiebung der Abstand a und nach (6.7) der Betrag $|\underline{\mathbf{M}}_O|$ erhalten (Fig. 6.5). Die Richtung und der Richtungssinn von $\underline{\mathbf{M}}_O$ sind selbstverständlich von der Verschiebung längs der Wirkungslinie ebenso wenig beeinflusst.

Der Bezugspunkt O sei speziell als Ursprung des Bezugsystems Oxyz gewählt. Bezeichnet man mit (X, Y, Z) die kartesischen Komponenten des Vektoranteils $\underline{\mathbf{F}}$ einer

Kraft, deren Angriffspunkt A die kartesischen Koordinaten (x, y, z) besitzt, so lassen sich die kartesischen Komponenten des Momentes bezüglich O gemäß (6.6) als

$$M_x = y\,Z - z\,Y \quad , \quad M_y = z\,X - x\,Z \quad , \quad M_z = x\,Y - y\,X \tag{6.8}$$

berechnen. Diese drei algebraischen Größen werden als **Momente der Kraft bezüglich der Koordinatenachsen** bezeichnet. Dieser Begriff wurde schon in Abschnitt 5.1 im Zusammenhang mit (5.8) eingeführt. Im Folgenden wird er verallgemeinert.

c) ***Moment einer Kraft bezüglich einer Achse***

DEFINITION: Das **Moment einer Kraft** $\{A \mid \underline{\mathbf{F}}\}$ **bezüglich einer Achse** γ ist die Projektion auf γ des Momentes $\underline{\mathbf{M}}_B$ bezüglich eines beliebigen Bezugspunktes B auf der Achse γ (Fig. 6.6).

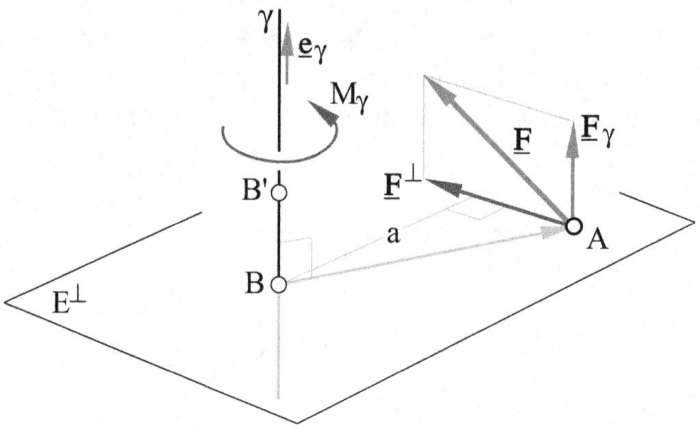

Fig. 6.6: Moment einer Kraft $\{A \mid \underline{\mathbf{F}}\}$ bezüglich der Achse γ

Bei dieser Definition erscheint das Moment bezüglich γ als ein Vektor in Richtung von γ. Da die Achse als gegeben betrachtet wird und folglich ihre Richtung feststeht, wird das Moment bezüglich der Achse vielfach auch als skalare Größe definiert. Sei $\underline{\mathbf{e}}_\gamma$ ein Einheitsvektor parallel zur Achse γ. Das Moment der gegebenen Kraft bezüglich der Achse γ ist also

$$\boxed{M_\gamma := \underline{\mathbf{e}}_\gamma \cdot \underline{\mathbf{M}}_B \quad .} \tag{6.9}$$

Vorerst beweisen wir, dass der Wert von M_γ von der Wahl des Bezugspunktes $B \in \gamma$ unabhängig ist. Sei M_γ' der Wert des Momentes bezüglich der Achse γ, den wir mit einer anderen Wahl $B' \in \gamma$ erhalten. Dann gilt nach sinngemäßer Anpassung von (6.6) auf die Bezugspunkte B und B'

$$\begin{aligned} M_\gamma' &= \underline{\mathbf{e}}_\gamma \cdot \underline{\mathbf{M}}_{B'} = \underline{\mathbf{e}}_\gamma \cdot (\underline{\mathbf{B'A}} \times \underline{\mathbf{F}}) = \underline{\mathbf{e}}_\gamma \cdot [(\underline{\mathbf{B'B}} + \underline{\mathbf{BA}}) \times \underline{\mathbf{F}}] \\ &= \underline{\mathbf{e}}_\gamma \cdot \underline{\mathbf{M}}_B = M_\gamma \quad , \end{aligned}$$

denn der Ausdruck $\underline{\mathbf{e}}_\gamma \cdot (\underline{\mathbf{B'B}} \times \underline{\mathbf{F}})$ verschwindet wegen der Parallelität von $\underline{\mathbf{e}}_\gamma$ und $\underline{\mathbf{B'B}}$.

Nachdem feststeht, dass M_γ vom Bezugspunkt B auf γ unabhängig ist, erscheint es vorteilhaft, B als Schnittpunkt der Achse γ mit der auf γ senkrechten Ebene $E^\perp$ durch A zu wählen. Zerlegt man den Kraftvektor $\underline{\mathbf{F}}$ in zwei Komponenten $\underline{\mathbf{F}}_\gamma$ parallel zu γ und $\underline{\mathbf{F}}^\perp$ in der Ebene $E^\perp$, so erkennt man, dass der Beitrag von $\underline{\mathbf{F}}_\gamma$ zu $\underline{\mathbf{M}}_B$ senkrecht auf γ steht und deswegen bei der Bildung des Skalarproduktes in (6.9) verschwindet. Aus diesen Überlegungen ergeben sich also

$$\underline{\mathbf{BA}} \times \underline{\mathbf{F}}^\perp = M_\gamma \, \underline{\mathbf{e}}_\gamma \tag{6.10}$$

und folgende 2 Korollare:

KOROLLAR 1: Das Moment einer Kraft $\{A \mid \underline{\mathbf{F}} \neq \underline{\mathbf{0}}\}$ bezüglich einer Achse γ verschwindet dann und nur dann, wenn die Wirkungslinie die Achse γ schneidet oder zu ihr parallel ist.

KOROLLAR 2: Um das Moment einer Kraft $\{A \mid \underline{\mathbf{F}} \neq \underline{\mathbf{0}}\}$ bezüglich einer Achse γ zu erhalten, zerlege man $\underline{\mathbf{F}}$ vorerst in zwei Komponenten $\underline{\mathbf{F}}_\gamma$ und $\underline{\mathbf{F}}^\perp$ und multipliziere den Betrag der zu γ normalen Komponente $\underline{\mathbf{F}}^\perp$ mit dem Abstand a zwischen der Achse und der Wirkungslinie von $\underline{\mathbf{F}}^\perp$ in A. Es gilt also

$$|M_\gamma| = a \, |\underline{\mathbf{F}}^\perp| \quad . \tag{6.11}$$

Das Vorzeichen ergibt sich aus dem Drehsinn von $\underline{\mathbf{F}}^\perp$ bezüglich des Einheitsvektors $\underline{\mathbf{e}}_\gamma$ auf der Achse.

Beispiel: Bei der in Fig. 5.4 (Seite 79) abgebildeten endlosen Schraube ist der Betrag der zur Schraubenachse normalen Komponente des Kraftvektors $|\underline{\mathbf{F}}^\perp| = F \sin \alpha$. Der Abstand zwischen der Schraubenachse und der Wirkungslinie von $\underline{\mathbf{F}}^\perp$ ist R. Das Moment M_z der gegebenen Kraft ist dann gemäß (6.11) $F R \sin \alpha$, ein Resultat, das in Abschnitt 5.1 direkt aus (5.8) hergeleitet wurde.

Bei den meisten Anwendungen verwendet man eher (6.11) als den dazu äquivalenten Ausdruck (6.9). Ist γ z. B. eine Koordinatenachse, so liefert (6.11) eine oft bequeme Methode, um die entsprechende Komponente des Momentes zu berechnen.

d) *Moment einer Kräftegruppe bezüglich eines Punktes*

DEFINITION: Das **Moment einer Kräftegruppe** bezüglich eines beliebig wählbaren Bezugspunktes O ist die Summe der Momente der einzelnen Kräfte bezüglich O (siehe auch (5.16)). Explizit ergibt sich der entsprechende Vektor als

$$\boxed{\underline{\mathbf{M}}_O := \sum_{i=1}^{n} \underline{\mathbf{OA}}_i \times \underline{\mathbf{F}}_i \quad .} \tag{6.12}$$

Wählt man einen anderen Bezugspunkt P, so entsteht ein neuer und im Allgemeinen von $\underline{\mathbf{M}}_O$ verschiedener Momentvektor $\underline{\mathbf{M}}_P$ in P. Das Moment einer Kräftegruppe ist demzufolge ein punktgebundener Vektor. Wir schreiben analog zu (6.12)

$$\underline{\mathbf{M}}_P := \sum_{i=1}^{n} \underline{\mathbf{PA}}_i \times \underline{\mathbf{F}}_i \quad . \tag{6.13}$$

Es gilt ferner

$$\underline{\mathbf{PA}}_i = \underline{\mathbf{PO}} + \underline{\mathbf{OA}}_i \quad ,$$

so dass

$$\underline{\mathbf{M}}_P := \sum_{i=1}^{n} \underline{\mathbf{OA}}_i \times \underline{\mathbf{F}}_i + \sum_{i=1}^{n} \underline{\mathbf{PO}} \times \underline{\mathbf{F}}_i = \sum_{i=1}^{n} \underline{\mathbf{OA}}_i \times \underline{\mathbf{F}}_i + \underline{\mathbf{PO}} \times \sum_{i=1}^{n} \underline{\mathbf{F}}_i \tag{6.14}$$

wird. Mit Hilfe der Definition (6.4) für die Resultierende $\underline{\mathbf{R}}$ der vorliegenden Kräftegruppe und der Definition (6.12) für das Moment $\underline{\mathbf{M}}_O$ dieser Kräftegruppe bezüglich O ergibt sich schließlich die Grundformel

$$\boxed{\underline{\mathbf{M}}_P = \underline{\mathbf{M}}_O + \underline{\mathbf{PO}} \times \underline{\mathbf{R}} \quad ,} \tag{6.15}$$

welche das Moment der Kräftegruppe bezüglich P mit jenem bezüglich O verbindet.

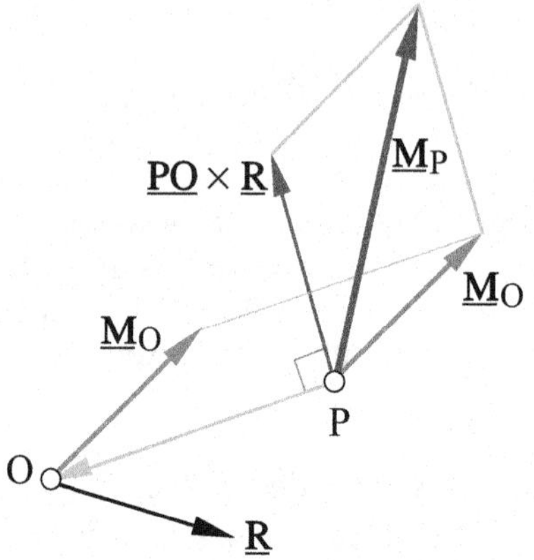

Fig. 6.7: Moment einer Kräftegruppe je nach Bezugspunkt, geometrische Interpretation von (6.15)

Dieses Resultat ist in Fig. 6.7 illustriert. Demgemäß bekommt man das Moment einer Kräftegruppe {G} bezüglich P aus der vektoriellen Summe von zwei Momenten, nämlich aus dem Moment von {G} bezüglich O und dem Moment bezüglich P von einer Kraft mit dem Angriffspunkt O und dem Vektoranteil $\underline{\mathbf{R}}$. Wir nennen diese Kraft die **resultierende Kraft** in O. Die *Resultierende* einer Kräftegruppe wurde gemäß (6.4) zunächst als freier Vektor eingeführt. Das in (6.15) dargestellte Resultat und seine geometrische Interpretation gemäß Fig. 6.7 erlaubt, diesem Vektor einen

beliebigen Punkt O des Raumes als Angriffspunkt zuzuordnen und ihn als *resultierende Kraft* der Kräftegruppe {G} zu bezeichnen. So kann der Zusatzterm in (6.15) als *Moment bezüglich P der resultierenden Kraft in O* interpretiert werden.
Man beachte die weitgehende Analogie zwischen (6.15) und der Formel (3.5) für die Geschwindigkeitsverteilung in einem starren Körper. Diese Analogie ist eine Folge der Dualität, welche in der Beziehung (5.17) über die Leistung einer Kräftegruppe an einem erstarrten materiellen System zum Ausdruck kommt. Von dieser Dualität ausgehend und analog zur Kinemate $\{\underline{\mathbf{v}}_O, \underline{\boldsymbol{\omega}}\}$ in einem Punkt O eines starren Körpers, führen wir folgende Definition ein:

DEFINITION: Die Resultierende einer Kräftegruppe {G} gemäß (6.4) sowie das nach (6.12) definierte Moment der Kräftegruppe bezüglich eines beliebigen Bezugspunktes O ergeben zusammen ein Paar $\{\underline{\mathbf{R}}, \underline{\mathbf{M}}_O\}$, das **Dyname der Kräftegruppe** in O heißt.

Dieser für die *Reduktion* einer Kräftegruppe wichtige Begriff wird unten in Abschnitt 6.5 weiter erörtert.

BEMERKUNG: *Wahl des Bezugspunktes im Theorem zur statischen Äquivalenz.* Die Grundformel (6.15) zeigt, dass bei der Anwendung des Theorems von Abschnitt 6.1 die Gleichheit der Resultierenden sowie der Momente bezüglich eines einzigen Punktes die statische Äquivalenz von zwei Kräftegruppen schon sicherstellt. Dank (6.15) ist die Identität der Momente bezüglich aller anderen Punkte des Raumes gegeben.

6.3 Statische Äquivalenz bei speziellen Kräftegruppen

Im Folgenden wenden wir das in Abschnitt 6.1 formulierte und bewiesene Theorem über statisch äquivalente Kräftegruppen auf einfache Gruppen von einzelnen Kräften an.

a) ***Äquivalente Einzelkräfte*** (Fig. 6.8)

Man betrachte drei parallele Einzelkräfte mit gleichen Vektoranteilen, wobei $\{A \mid \underline{\mathbf{F}}\}$ und $\{A' \mid \underline{\mathbf{F}}'\}$ auf der gleichen Wirkungslinie liegen sollen und die dritte Kraft $\{A'' \mid \underline{\mathbf{F}}''\}$ eine dazu parallele Wirkungslinie aufweisen soll. Es gilt, wie oben erwähnt, $\underline{\mathbf{F}} = \underline{\mathbf{F}}' = \underline{\mathbf{F}}''$. Jede einzelne dieser drei Kräfte kann als „Kräftegruppe" mit einer einzigen Kraft aufgefasst werden. Die Resultierenden dieser drei Kräftegruppen sind die Vektoranteile $\underline{\mathbf{F}}$, $\underline{\mathbf{F}}'$ und $\underline{\mathbf{F}}''$ selbst, sie sind also gleich. Die Momente der beiden ersten Kräfte bezüglich eines beliebigen Punktes sind, wie bereits in Abschnitt 6.2 als „Verschiebungssatz" ausgedrückt, ebenfalls gleich, so dass

$$\{A \mid \underline{F}\} \Leftrightarrow \{A' \mid \underline{F}'\}$$

gilt (hier steht das Zeichen „⇔“ für statische Äquivalenz). Dagegen ist für jeden Bezugspunkt das Moment von $\{A'' \mid \underline{F}''\}$ vom Moment der beiden ersten Kräfte verschieden. Also kann diese dritte Kraft keiner der beiden ersten statisch äquivalent sein.

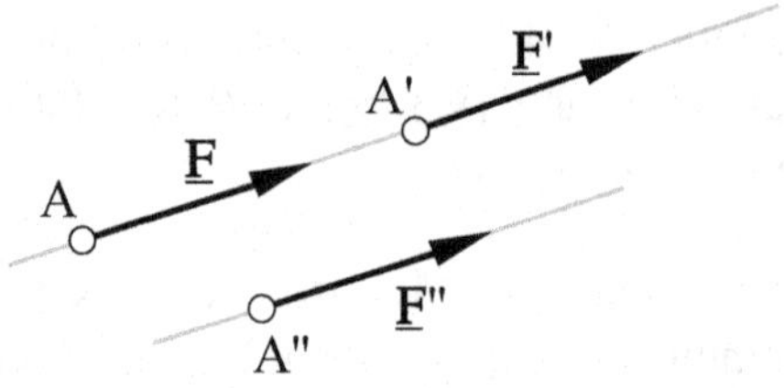

Fig. 6.8: Äquivalente und nicht äquivalente Einzelkräfte

Hieraus ergibt sich folgende Aussage:

KOROLLAR *(des Verschiebungssatzes)*: Zwei Einzelkräfte sind dann und nur dann statisch äquivalent, wenn sie den gleichen Vektoranteil und die gleiche Wirkungslinie besitzen.

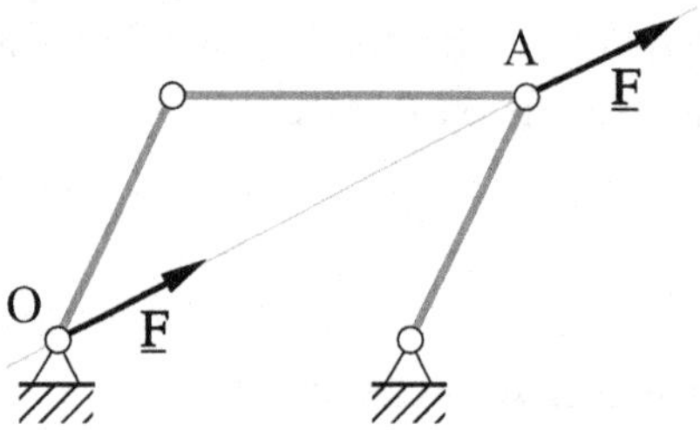

Fig. 6.9: Einzelkräfte am Viergelenk-Mechanismus

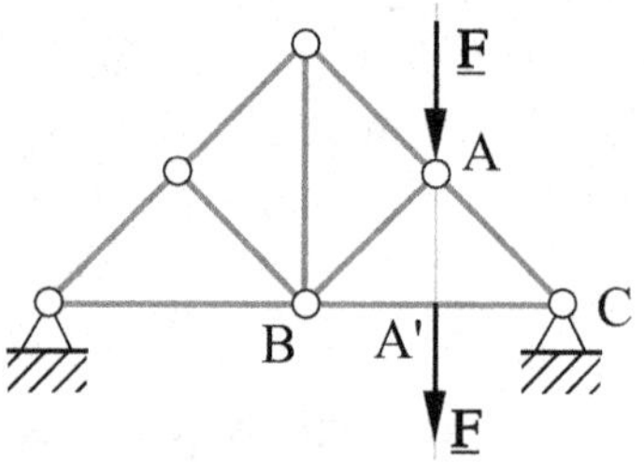

Fig. 6.10: Einzelkräfte an einem Fachwerk

BEMERKUNG: Schon bei statisch äquivalenten Einzelkräften erkennt man, dass Kräftegruppen nur am *erstarrten* materiellen System durch andere statisch äquivalente Kräftegruppen ersetzt werden dürfen. An deformierbaren Systemen können statisch äquivalente Kräfte unterschiedliche Bewegungs- oder Deformationszustände erzeugen (kausale Wirkung). Zum Beispiel würde am *Viergelenk-Mechanismus* von Fig. 6.9 die Kraft $\{A \mid \underline{F}\}$ das ruhende System in Bewegung setzen, die statisch äquivalente Kraft $\{O \mid \underline{F}\}$ dagegen nicht. Am deformierbaren Fachwerk von Fig. 6.10 würden die statisch äquivalenten Kräfte $\{A \mid \underline{F}\}$ und $\{A' \mid \underline{F}\}$ unterschiedliche Deformationszustände des Fachwerkes bewirken. Bei der ersten Kraft könnte sich der Stab BC ohne Verbiegung verlängern, die zweite Kraft würde ihn verbiegen (siehe Kapitel 11).

b) ***Zwei Kräfte mit gemeinsamem Angriffspunkt*** (Fig. 6.11)

Die resultierende Kraft $\underline{\mathbf{R}} = \underline{\mathbf{F}}_1 + \underline{\mathbf{F}}_2$ in A ist zur Kräftegruppe $\{\{A \mid \underline{\mathbf{F}}_1\}, \{A \mid \underline{\mathbf{F}}_2\}\}$ statisch äquivalent, denn die Resultierenden sind trivialerweise gleich und die Momente bezüglich A auch ($\underline{\mathbf{M}}_A = \underline{\mathbf{0}}$).

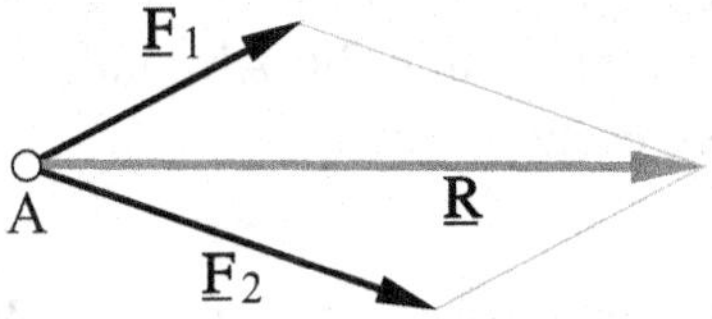

Fig. 6.11: Zwei Kräfte mit gemeinsamem Angriffspunkt

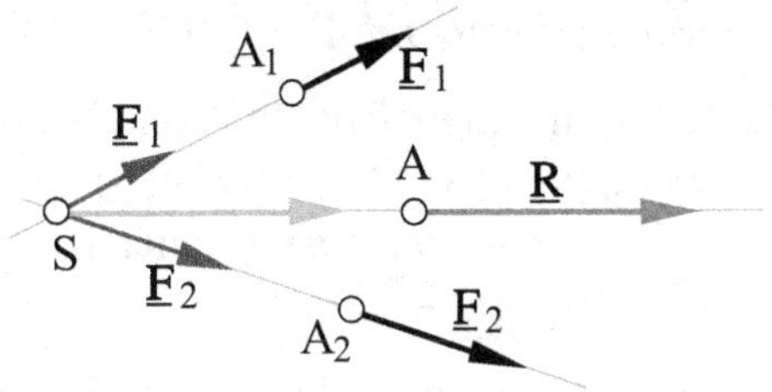

Fig. 6.12: Nichtparallele Kräfte in der gleichen Ebene

c) ***Nichtparallele Kräfte in der gleichen Ebene*** (Fig. 6.12)

DEFINITION: Eine **ebene Kräftegruppe** besteht aus Kräften, deren Wirkungslinien und Angriffspunkte in derselben Ebene liegen.
Die Kraft mit dem Angriffspunkt A und dem Vektoranteil $\underline{\mathbf{R}} = \underline{\mathbf{F}}_1 + \underline{\mathbf{F}}_2$ ist gemäß Fig. 6.12 der ebenen Kräftegruppe mit den Kräften $\{\{A_1 \mid \underline{\mathbf{F}}_1\}, \{A_2 \mid \underline{\mathbf{F}}_2\}\}$ statisch äquivalent. Die Resultierenden sind trivialerweise gleich. Das Moment von $\{A \mid \underline{\mathbf{R}}\}$ und das Gesamtmoment der beiden Kräfte bezüglich des Schnittpunktes S der drei Wirkungslinien ist null. Damit ist die statische Äquivalenz nachgewiesen.
Die obigen Paragraphen a) und b) liefern eine zweite Nachweismöglichkeit: Die Kräfte $\{A_1 \mid \underline{\mathbf{F}}_1\}$, $\{A_2 \mid \underline{\mathbf{F}}_2\}$ können einzeln gemäß a) längs ihrer Wirkungslinien bis zum Schnittpunkt S statisch äquivalent verschoben werden. Damit entsteht eine statisch äquivalente Kräftegruppe mit gemeinsamem Angriffspunkt S; der Vektor $\underline{\mathbf{R}}$ in S ergibt gemäß b) eine statisch äquivalente resultierende Kraft, welche wiederum längs ihrer Wirkungslinie bis zum frei wählbaren Punkt A statisch äquivalent verschoben werden kann. Dieser geometrisch-konstruktive Nachweis stellt das Grundverfahren der **graphischen Statik** dar. Er kann mühelos auf mehrere Kräfte in der Ebene ausgedehnt werden. Damit ergibt sich die Möglichkeit, eine ebene Kräftegruppe eventuell durch eine Einzelkraft statisch äquivalent zu „reduzieren".

Die *graphische Statik* wurde früher von zahlreichen Ingenieuren intensiv gebraucht, um statische Probleme in der Ebene effizient zu lösen. Heute hat sie eher historische Bedeutung, da die schnellen Rechner und die entsprechenden numerischen Algorithmen eine viel leistungsvollere analytische Behandlung der statischen Probleme erlauben.

d) ***Nicht parallele Kräfte in verschiedenen Ebenen***

Der Leser möge beweisen, dass für zwei nicht parallele Kräfte in verschiedenen Ebenen keine Einzelkraft existiert, welche den beiden gegebenen statisch äquivalent sein kann.

e) ***Parallele Kräfte mit*** $\underline{\mathbf{R}} \neq \underline{0}$ (Fig. 6.13)

Die Kraft mit Angriffspunkt A und Vektoranteil $\underline{\mathbf{R}} = \underline{\mathbf{F}}_1 + \underline{\mathbf{F}}_2$ gemäß Fig. 6.13 ist der Kräftegruppe $\{\{A_1 \mid \underline{\mathbf{F}}_1\}, \{A_2 \mid \underline{\mathbf{F}}_2\}\}$ statisch äquivalent, falls die Abstände a_1, a_2 durch die *Momentenformel* (manchmal auch **Hebelgesetz** genannt)

$$a_1 \, |\underline{\mathbf{F}}_1| = a_2 \, |\underline{\mathbf{F}}_2| \qquad (6.16)$$

miteinander verknüpft sind. In der Tat ist damit sowohl das Moment von $\{A \mid \underline{\mathbf{R}}\}$ als auch das Gesamtmoment von $\{\{A_1 \mid \underline{\mathbf{F}}_1\}, \{A_2 \mid \underline{\mathbf{F}}_2\}\}$ bezüglich A null. Die Bedingungen der statischen Äquivalenz sind damit erfüllt.

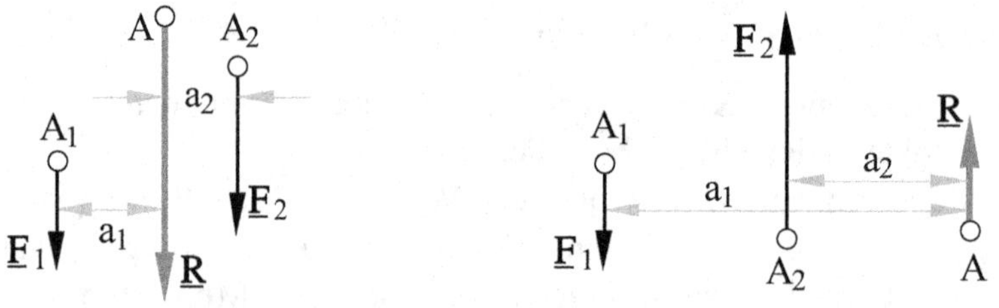

Fig. 6.13: Parallele Kräfte mit $\underline{\mathbf{R}} \neq \underline{0}$

f) ***Das Kräftepaar***

DEFINITION: Eine aus zwei parallelen Kräften bestehende Kräftegruppe mit verschwindender Resultierende $\underline{\mathbf{R}} = \underline{\mathbf{F}}_1 + \underline{\mathbf{F}}_2 = \underline{0}$ heißt **Kräftepaar**.

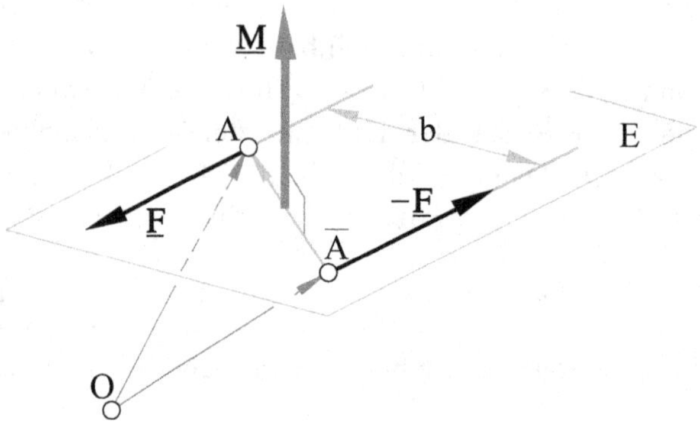

Fig. 6.14: Kräftepaar in der Ebene E und sein Momentvektor

Fig. 6.14 zeigt ein Kräftepaar $\{\{\bar{A} \mid -\underline{F}\}, \{A \mid \underline{F}\}\}$ in der Ebene E. Der Abstand b der beiden Wirkungslinien wird als **Breite des Kräftepaares** bezeichnet. Das Moment der Kräftegruppe bezüglich eines beliebigen Punktes O ergibt sich als

$$\underline{M}_O = \underline{OA} \times \underline{F} - \underline{O\bar{A}} \times \underline{F} = (\underline{OA} - \underline{O\bar{A}}) \times \underline{F} = \underline{\bar{A}A} \times \underline{F} \; .$$

Das führt zum folgenden Satz:

KOROLLAR: Das **Moment eines Kräftepaars** ist vom Bezugspunkt unabhängig und lässt sich vektoriell durch den Ausdruck

$$\underline{M}(\text{Kräftepaar}) := \underline{\bar{A}A} \times \underline{F} \qquad (6.17)$$

definieren (der Bezugspunkt wird sinnvollerweise nicht erwähnt). Es ist ein freier Vektor, der von einer Verschiebung der beiden Kräfte längs ihrer Wirkungslinie nicht abhängt. Dessen Richtung ist zur Ebene E des Kräftepaars senkrecht und bildet mit dem Drehsinn des Kräftepaars eine Rechtsschraube. Sein Betrag lässt sich durch geometrische Auswertung von (6.17) als Produkt des Kraftbetrages mit der Breite des Kräftepaars, d. h. als

$$|\underline{M}| =: M = b\,|\underline{F}| \qquad (6.18)$$

ausdrücken.

Oft wird das Moment eines Kräftepaars als algebraische Größe $M = \pm\,|\underline{F}|\,b$ angegeben und in der Ebene des Kräftepaars durch einen Drehpfeil dargestellt (Fig. 6.15). Das positive Vorzeichen ordnet man dem Gegenuhrzeigersinn zu. Bei dieser Darstellung impliziert man stillschweigend, dass der Momentvektor senkrecht zur Ebene ist und sein Richtungssinn durch das Vorzeichen eindeutig beschrieben wird.
Da die Resultierende eines Kräftepaars null ist, kann das Kräftepaar niemals einer Einzelkraft statisch äquivalent sein.

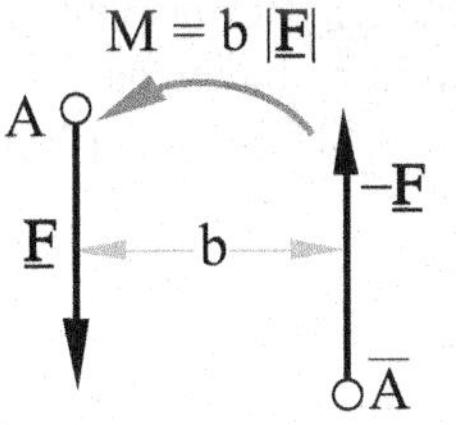

Fig. 6.15: Kräftepaar und Moment

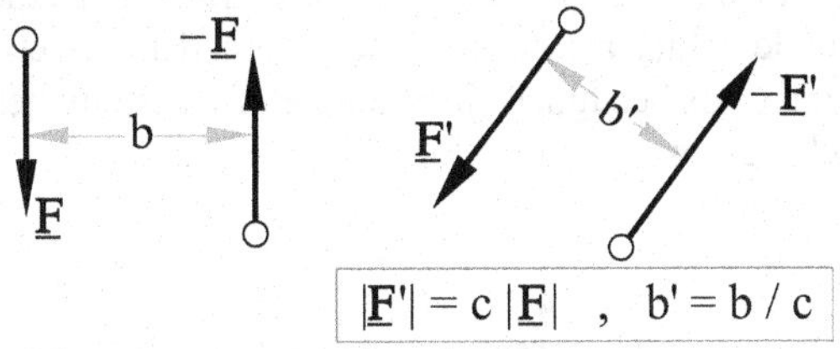

Fig. 6.16: Statisch äquivalente Kräftepaare

Zwei Kräftepaare mit gleichem Moment sind statisch äquivalent, da auch ihre Resultierenden null, also gleich sind. Es folgt hieraus, dass *die Wirkung eines Kräftepaars an einem starren Körper durch das Moment des Kräftepaars* $\underline{M}$ *vollständig beschrieben ist.* Demnach darf ein Kräftepaar, das auf einen starren Körper wirkt, in seiner Ebene beliebig verschoben und verdreht werden, man kann sogar den Kraftbetrag und die Breite ändern oder das Kräftepaar in eine parallele Ebene verschieben, sofern man nur sein Moment konstant hält (Fig. 6.16). Die Wirkung des Kräftepaars auf den starren Körper bleibt bei allen diesen Operationen gleich.

Kräftepaare treten in technischen Anwendungen sehr häufig auf. Übt beispielsweise in einem Zahnradgetriebe der Zahn des Rades auf der Antriebsseite auf den Zahn des Rades auf der Widerstandseite im Berührungspunkt A die Antriebskraft {A | $\underline{\mathbf{F}}$} aus (Fig. 6.17), so wird am Berührungspunkt B der Welle mit dem Rad auf der Widerstandseite eine Zapfenkraft {B | $-\underline{\mathbf{F}}$ } auf das Rad wirken (siehe Fig. 9.13 auf Seite 137). Das Kräftepaar {{A | $\underline{\mathbf{F}}$}, {B | $-\underline{\mathbf{F}}$ }} übt dann auf das Zahnrad das Antriebsmoment $\underline{\mathbf{M}}$ in Richtung der Wellenachse aus. Sein Betrag ist b |$\underline{\mathbf{F}}$|.

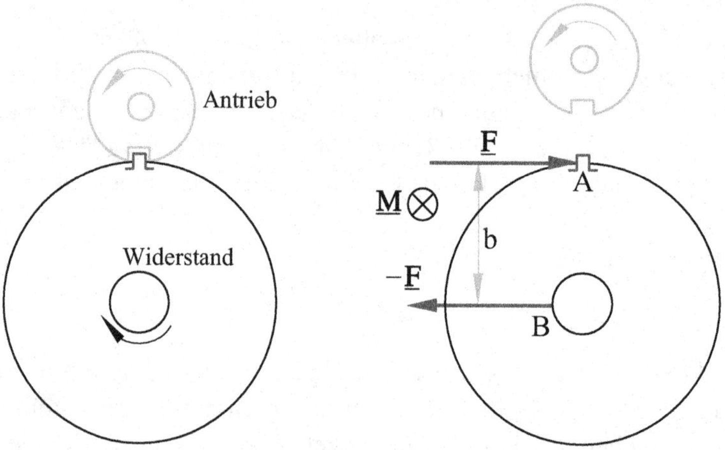

Fig. 6.17: Kräftepaar am Zahnrad

Die Wirkung des Momentes eines Kräftepaars kann keinesfalls durch eine Einzelkraft im entsprechenden Abstand dargestellt werden, denn die Einzelkraft ist nicht statisch äquivalent zum Kräftepaar. Die statische Äquivalenz ist auch dann nicht gegeben, wenn das Moment des Kräftepaars und das Moment der Einzelkraft bezüglich des betrachteten Bezugspunktes übereinstimmen: Erstens sind die Resultierenden verschieden, und zweitens bleibt das Moment des Kräftepaars bezüglich eines anderen Bezugspunktes gleich, während sich jenes der Einzelkraft je nach Bezugspunkt ändert.

6.4 Kräftegruppen im Gleichgewicht

DEFINITION: Eine Kräftegruppe heißt **im Gleichgewicht**, falls ihre Resultierende und ihr Moment bezüglich eines Punktes verschwinden.

Ein Kräftepaar von verschwindender Breite, also zwei Kräfte {A | $\underline{\mathbf{F}}$}, {B | $-\underline{\mathbf{F}}$} mit umgekehrten Kraftvektoren und gleicher Wirkungslinie (Fig. 6.18), ist ein Beispiel für eine Kräftegruppe im Gleichgewicht. Man nennt ein derartiges Kräftepaar auch **Gleichgewichtsgruppe** oder **Nullgruppe**.

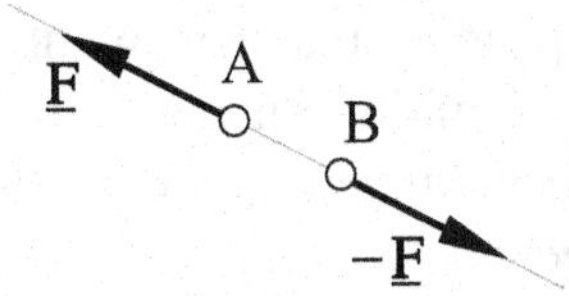

Fig. 6.18: Nullgruppe

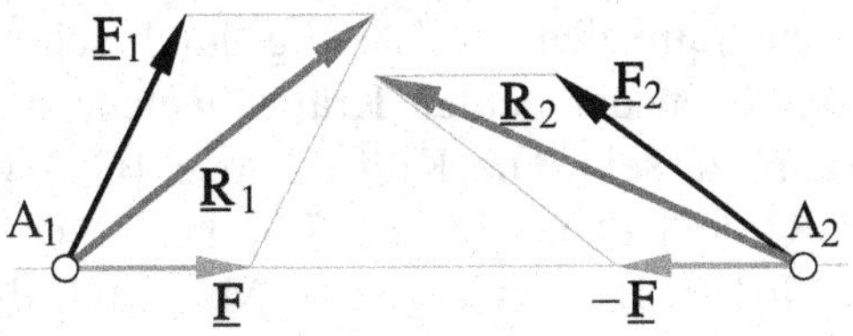

Fig. 6.19: Addition einer Nullgruppe

Eine Nullgruppe verursacht an einem starren Körper keine Änderung des Bewegungszustandes. Bei deformierbaren Systemen kann sie dagegen Bewegung oder Deformation erzeugen.
Durch Addition einer Nullgruppe wird aus einer gegebenen Kräftegruppe $\{G\}$ eine andere, statisch äquivalente Kräftegruppe $\{G^*\}$ erzeugt. Zum Beispiel entstand in Fig. 6.19 aus der Kräftegruppe $\{G\} = \{\{A_1 \mid \underline{F}_1\}, \{A_2 \mid \underline{F}_2\}\}$ durch Addition der Nullgruppe $\{\{A_1 \mid \underline{F}\}, \{A_2 \mid -\underline{F}\}\}$ eine statisch äquivalente Kräftegruppe $\{G^*\} = \{\{A_1 \mid \underline{R}_1\}, \{A_2 \mid \underline{R}_2\}\}$, wobei $\underline{R}_1 = \underline{F}_1 + \underline{F}$ und $\underline{R}_2 = \underline{F}_2 - \underline{F}$ ist.

Der Begriff der Gleichgewichtsgruppe kann auf Kräftegruppen mit einer beliebigen Anzahl von Kräften ausgedehnt werden. In dieser verallgemeinerten Form spielt er in der Statik eine außerordentlich wichtige Rolle.
Die in dieser Definition verwendeten Bedingungen

$$\boxed{\underline{R} = \underline{0} \quad , \quad \underline{M}_O = \underline{0}} \tag{6.19}$$

sind die **Gleichgewichtsbedingungen**. Die erste Bedingung $\underline{R} = \underline{0}$ wird wegen (6.5) oft auch **Komponentenbedingung** genannt, die zweite ist die **Momentenbedingung**. Ist $\underline{R} = \underline{0}$ und die Momentenbedingung bezüglich eines Punktes O erfüllt, so folgt aus (6.15), dass *die Momentenbedingung auch bezüglich jedes anderen Punktes des Raumes erfüllt sein wird.*

Bei räumlichen Kräftegruppen ergeben die Bedingungen (6.19) gemäß (6.5) und (6.8) insgesamt *sechs* skalare Gleichungen. Bei ebenen Kräftegruppen reduziert sich diese Anzahl auf *drei*, nämlich auf zwei Komponentenbedingungen und eine einzige nichttriviale Momentenbedingung in normaler Richtung zur Ebene der Kräftegruppe.

6.5 Reduktion einer Kräftegruppe

Die Ermittlung einer möglichst einfachen statisch äquivalenten Kräftegruppe $\{G^*\}$ zu einer gegebenen Kräftegruppe $\{G\}$ heißt **Reduktion** von $\{G\}$. Wie oben in Abschnitt 6.2 erwähnt, wird eine Kräftegruppe $\{G\}$ vom Standpunkt der statischen Äquivalenz aus durch die Dyname $\{\underline{R}, \underline{M}_B\}$ in einem frei wählbaren Bezugspunkt B charakterisiert. Eine Kräftegruppe $\{G^*\}$, bestehend aus einer Einzelkraft $\{B \mid \underline{\mathbf{R}}\}$ und einem Kräftepaar $\{\underline{\mathbf{F}}, -\underline{\mathbf{F}}\}$ mit Moment $\underline{\mathbf{M}}_B$, würde die gleiche Dyname in B aufweisen wie die gegebene Kräftegruppe $\{G\}$. Da das Kräftepaar im Sinne der statischen Äquivalenz vollständig durch sein Moment beschrieben wird, brauchen die Einzelheiten der beiden Kräfte, welche dieses Kräftepaar ausmachen, nicht näher bekannt zu sein. Die Kräftegruppe $\{G^*\}$ wird daher ebenfalls mit der Einzelkraft $\{B \mid \underline{\mathbf{R}}\}$ und dem Moment $\underline{\mathbf{M}}_B$ bezüglich B, oder noch kürzer, mit der Dyname $\{\underline{\mathbf{R}}, \underline{\mathbf{M}}_B\}$ in B charakterisiert. Man sagt, dass *die gegebene Kräftegruppe* $\{G\}$ *auf ihre Dyname* $\{\underline{\mathbf{R}}, \underline{\mathbf{M}}_B\}$ *in* B *reduziert wurde.*

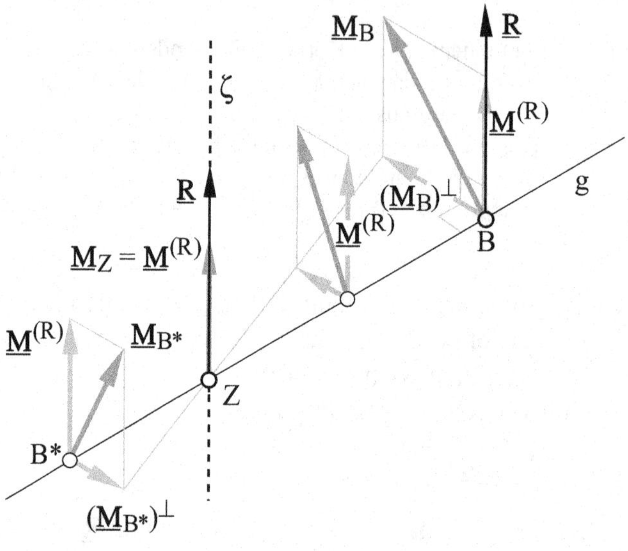

Fig. 6.20: Invarianten, Schraube und Zentralachse einer Kräftegruppe (siehe auch Fig. 3.16)

Bei der Reduktion einer beliebigen Kräftegruppe auf ihre Dyname kann der Bezugspunkt willkürlich gewählt werden. Die Formel (6.15) mit der zugehörigen Fig. 6.7 zeigt, wie sich die Dyname je nach Bezugspunkt ändert. Der Vektoranteil $\underline{\mathbf{R}}$ der Einzelkraft ist vom Bezugspunkt unabhängig, die Resultierende einer Kräftegruppe heißt deshalb **1. Invariante** dieser Kräftegruppe. Das in der Dyname in B auftretende Moment $\underline{\mathbf{M}}_B$ der Kräftegruppe hingegen ist gemäß (6.15) vom Bezugspunkt abhängig. Es zeigt sich eine vollständige Analogie zur Transformationsformel (3.5) für die Translationsgeschwindigkeit in der Kinemate:

$$\underline{\mathbf{M}}_P = \underline{\mathbf{M}}_O + \underline{\mathbf{PO}} \times \underline{\mathbf{R}} = \underline{\mathbf{M}}_O + \underline{\mathbf{R}} \times \underline{\mathbf{OP}} \quad ,$$

$$\underline{\mathbf{v}}_P = \underline{\mathbf{v}}_O + \underline{\boldsymbol{\omega}} \times \underline{\mathbf{OP}} \quad .$$

Beim Bewegungszustand ist gemäß (3.7) die Rotationsgeschwindigkeit $\underline{\boldsymbol{\omega}}$ die 1. Invariante, bei einer Kräftegruppe ist es nun die Resultierende $\underline{\mathbf{R}}$. Mit Hilfe von (6.15) sieht man, dass auch das Skalarprodukt

$$\underline{\mathbf{R}} \cdot \underline{\mathbf{M}}_P = \underline{\mathbf{R}} \cdot \underline{\mathbf{M}}_O \tag{6.20}$$

für alle Bezugspunkte gleich bleibt (der Zusatzterm verschwindet, da er aus dem Skalarprodukt von zwei senkrechten Vektoren besteht). Aus (6.20) folgt, dass die Projektion $\underline{\mathbf{M}}^{(R)}$ des Momentes einer Kräftegruppe auf ihre Resultierende als **2. Invariante** der Kräftegruppe bezeichnet werden kann, denn sie hat in allen Bezugspunkten des Raumes denselben Wert (Fig. 6.20). Wie beim Bewegungszustand eines starren Körpers kann mithin auch bei einer Kräftegruppe eine **Zentralachse** ζ definiert werden, welche alle Bezugspunkte Z mit dem Momentvektor

$$\underline{\mathbf{M}}_Z = \underline{\mathbf{M}}^{(R)} = \lambda\, \underline{\mathbf{R}} \tag{6.21}$$

parallel zur Resultierenden der Kräftegruppe enthält. Die geometrische Konstruktion der Zentralachse wird in Fig. 6.20 angedeutet. Die Dyname $\{\underline{\mathbf{R}}, \underline{\mathbf{M}}_Z = \underline{\mathbf{M}}^{(R)}\}$ in den Punkten $Z \in \zeta$ der Zentralachse wird als **Schraube der Kräftegruppe** bezeichnet.

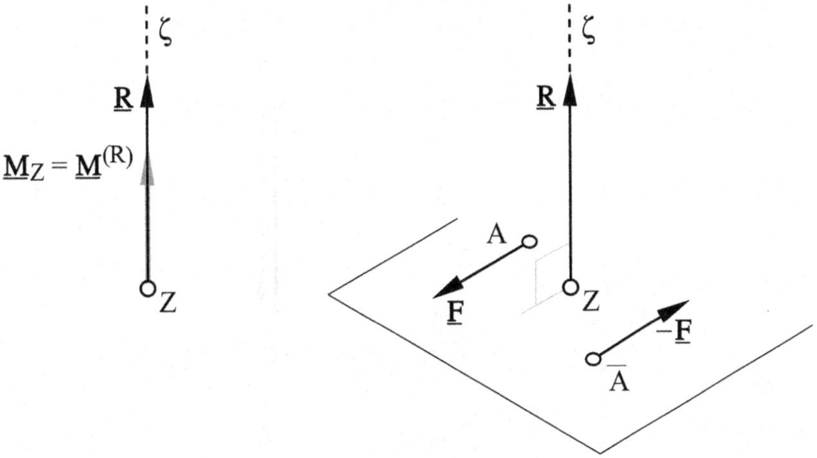

Fig. 6.21: Reduktion einer Kräftegruppe mit Hilfe ihrer Zentralachse; links ist die 2. Invariante $\underline{\mathbf{M}}^{(R)}$ als Momentvektor gezeichnet, rechts als Kräftepaar $\{\{\bar{A} \mid -\underline{\mathbf{F}}\}, \{A \mid \underline{\mathbf{F}}\}\}$

Daraus ergibt sich der folgende Satz:

KOROLLAR: **Reduktionssatz.** Jede Kräftegruppe mit $\underline{\mathbf{R}} \neq \underline{\mathbf{0}}$ lässt sich statisch äquivalent auf eine resultierende Kraft $\{Z \mid \underline{\mathbf{R}}\}$ mit Angriffspunkt Z auf der Zentralachse ζ der Kräftegruppe und ein Kräftepaar in einer Ebene senkrecht zur Zentralachse reduzieren (Fig. 6.21). Das Moment dieses Kräftepaars muss gleich der *2. Invariante* $\underline{\mathbf{M}}^{(R)}$ der Kräftegruppe sein, die Zentralachse fällt mit der *Wirkungslinie* der resultierenden Kraft $\{Z \mid \underline{\mathbf{R}}\}$ zusammen. Verschwindet die 2. Invariante $\underline{\mathbf{M}}^{(R)}$, ist also das Moment der Kräftegruppe bezüglich eines beliebigen Punktes B des Raums senkrecht zur Resultierenden der Kräftegruppe ($\underline{\mathbf{R}} \cdot \underline{\mathbf{M}}_B = 0$), so lässt sich die Kräftegruppe statisch äquivalent auf eine Einzelkraft $\{Z \mid \underline{\mathbf{R}}\}$ mit Angriffspunkt Z auf der Zentralachse ζ und mit Wirkungslinie ζ reduzieren. Eine Kräftegruppe mit *ver-*

schwindender Resultierenden $\underline{\mathbf{R}} = \underline{\mathbf{0}}$ ist einem *Kräftepaar* statisch äquivalent, dessen Moment gleich dem (invarianten) Moment der Kräftegruppe ist.

Bei einer **ebenen Kräftegruppe** bestehend aus Kräften, deren Wirkungslinien in einer Ebene E liegen, sind die einzelnen Momente bezüglich eines beliebigen Punktes $B \in E$ definitionsgemäß senkrecht zur Ebene. Ist die Resultierende der Kräftegruppe $\underline{\mathbf{R}} \neq \underline{\mathbf{0}}$, so liegt sie in der Ebene und muss folglich senkrecht stehen zum Gesamtmoment der Kräftegruppe bezüglich B. Es gilt also $\underline{\mathbf{R}} \cdot \underline{\mathbf{M}}_B = 0$, so dass, wegen der Invarianz dieses Skalarproduktes (6.20), nicht nur bezüglich $B \in E$, sondern bezüglich aller Punkte des Raumes das Moment der Kräftegruppe notwendigerweise senkrecht zu $\underline{\mathbf{R}}$ sein muss. Eine ebene Kräftegruppe mit $\underline{\mathbf{R}} \neq \underline{\mathbf{0}}$ lässt sich also stets auf eine statisch äquivalente Einzelkraft längs der Zentralachse reduzieren. Diese liegt ebenfalls in der Ebene der Kräftegruppe.

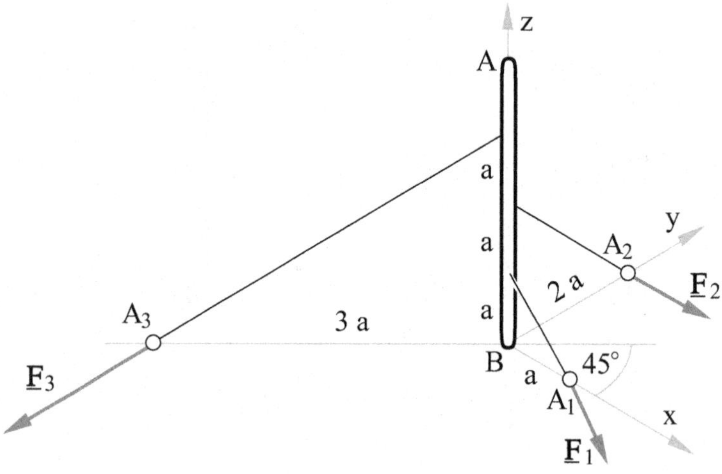

Fig. 6.22: Beispiel zur Reduktion einer räumlichen Kräftegruppe

Beispiel zur Reduktion einer räumlichen Kräftegruppe: Die Säule von Fig. 6.22 sei unter dem Einfluss von drei Kräften $\{A_1 \mid \underline{\mathbf{F}}_1\}$, $\{A_2 \mid \underline{\mathbf{F}}_2\}$, $\{A_3 \mid \underline{\mathbf{F}}_3\}$ mit Vektoren, deren Beträge $|\underline{\mathbf{F}}_1| = |\underline{\mathbf{F}}_2| = |\underline{\mathbf{F}}_3| / \sqrt{2} = F$ sind. Die Kräfte wirken an den Enden von drei mit der Säule verbundenen Seilen. Bezüglich der kartesischen Basis $\underline{\mathbf{e}}_x$, $\underline{\mathbf{e}}_y$, $\underline{\mathbf{e}}_z$ lassen sich die Kraftvektoren gemäß Figur als

$$\underline{\mathbf{F}}_1 : F\left(\frac{1}{\sqrt{2}}, 0, -\frac{1}{\sqrt{2}}\right) \quad , \quad \underline{\mathbf{F}}_2 : F\left(0, \frac{1}{\sqrt{2}}, -\frac{1}{\sqrt{2}}\right) \quad , \quad \underline{\mathbf{F}}_3 : F\left(-\frac{1}{\sqrt{2}}, -\frac{1}{\sqrt{2}}, -1\right)$$

darstellen. Die Komponenten der Resultierenden ergeben sich aus den entsprechenden Komponentensummen und lauten

$$\underline{\mathbf{R}} : -F\,(0, 0, 1 + \sqrt{2}\,) \quad .$$

Das Moment der Kräftegruppe bezüglich B ermittelt man mit Hilfe der Verbindungsvektoren $\underline{\mathbf{BA}}_1$, ..., ... durch Addition der Einzelmomente. Man erhält

$$\underline{\mathbf{M}}_B : a\,F\left(\frac{1}{\sqrt{2}}, -\sqrt{2}, 0\right) \quad .$$

Die Resultierende $\underline{\mathbf{R}}$ steht senkrecht auf $\underline{\mathbf{M}}_B$, denn das Skalarprodukt $\underline{\mathbf{R}} \cdot \underline{\mathbf{M}}_B$ verschwindet. Die 2. Invariante ist demgemäß null, und die Kräftegruppe lässt sich statisch äquivalent auf eine resultierende Kraft mit Angriffspunkt auf der Zentralachse und Wirkungslinie längs dieser Zentralachse reduzieren. Diese findet man aus der Bedingung

$$\underline{\mathbf{M}}_Z = \underline{\mathbf{M}}_B + \underline{\mathbf{ZB}} \times \underline{\mathbf{R}} = \underline{\mathbf{M}}_B - \underline{\mathbf{BZ}} \times \underline{\mathbf{R}} = \underline{\mathbf{0}} \quad ,$$

welche komponentenweise ausgewertet, zwei nichttriviale Gleichungen für die Komponenten (x, y, z) des Verbindungsvektors $\underline{\mathbf{BZ}}$ ergibt. Man erhält

$$\underline{\mathbf{BZ}} : \left(-\frac{2a}{2+\sqrt{2}}, -\frac{a}{2+\sqrt{2}}, z\right) \quad .$$

Der Punkt Z_0 mit den Koordinaten

$$x = -\frac{2a}{2+\sqrt{2}} \quad , \quad y = -\frac{a}{2+\sqrt{2}} \quad , \quad z = 0$$

kann also als Angriffspunkt einer vertikalen Kraft gewählt werden, deren Vektoranteil aus der Resultierenden der Kräftegruppe besteht und die der gegebenen Kräftegruppe statisch äquivalent ist.

Aufgaben

1. Auf eine Walze, die durch zwei glatte, schiefe Ebenen gestützt ist, wirken außer dem Gewicht $\underline{\mathbf{G}}$ die Kräfte $\underline{\mathbf{F}}_1$ und $\underline{\mathbf{F}}_2$ mit den Angriffspunkten gemäß Fig. 6.23. Dabei ist $|\underline{\mathbf{G}}| = 8$ N, $|\underline{\mathbf{F}}_1| = 4$ N, $|\underline{\mathbf{F}}_2| = 10$ N. Die Wirkungslinien der Kräfte $\underline{\mathbf{A}}$, $\underline{\mathbf{B}}$, welche die Stützen auf die Walze ausüben, seien in normaler Richtung (reibungsfreie Berührung). Man ermittle ihre Beträge $|\underline{\mathbf{A}}|$ und $|\underline{\mathbf{B}}|$ unter der Voraussetzung, dass die Kräfte mit den Vektoren $\underline{\mathbf{G}}$, $\underline{\mathbf{F}}_1$, $\underline{\mathbf{F}}_2$, $\underline{\mathbf{A}}$, $\underline{\mathbf{B}}$ im Gleichgewicht sind.

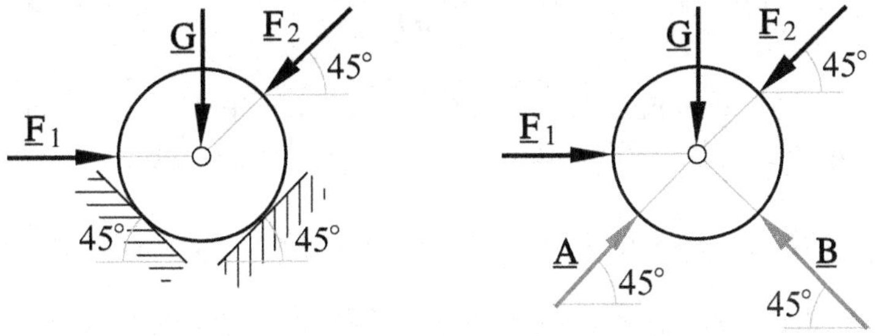

Fig. 6.23

2. Man ermittle drei Kraftvektoren $\underline{F}_1$, $\underline{F}_2$, $\underline{F}_3$ mit Wirkungslinien längs der in Fig. 6.24 gegebenen Geraden g_1, g_2, g_3, welche mit der gegebenen Kraft $\{A\,|\,\underline{F}\}$ im Gleichgewicht sind.

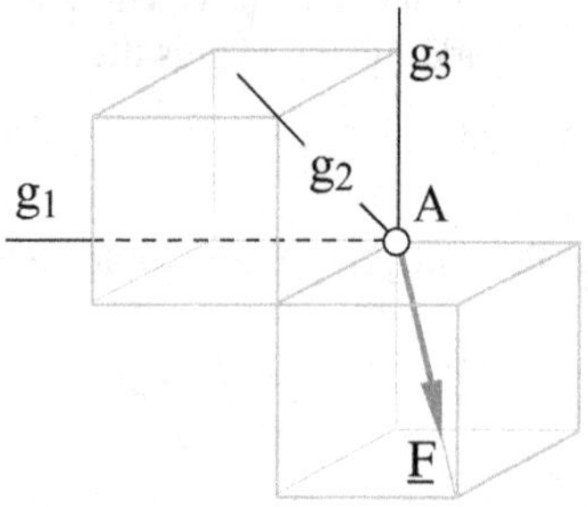

Fig. 6.24

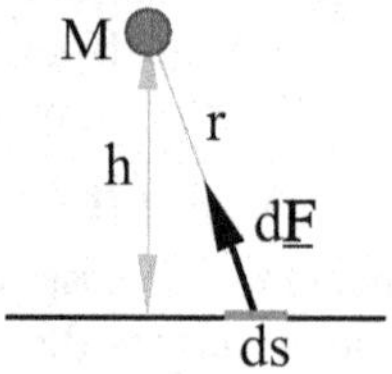

Fig. 6.25

3. Ein Punkt M übt auf die Linienelemente einer (unbegrenzten) Geraden (Fig. 6.25) Anziehungskräfte aus, welche durch den Betrag der Kraftdichte je Längeneinheit $f = \lambda / r^2$ charakterisiert sind. Die Größe r bezeichnet den Abstand der Verbindungsstrecke, welche auch die Wirkungslinie der Kraftdichte enthält. Man ermittle Vektor und Wirkungslinie der statisch äquivalenten resultierenden Kraft dieser linienverteilten Kräftegruppe.
4. Man ermittle die Dyname in B der drei im Würfel von Fig. 6.26 gegebenen Kräfte sowohl geometrisch als auch durch Berechnung der Komponenten.

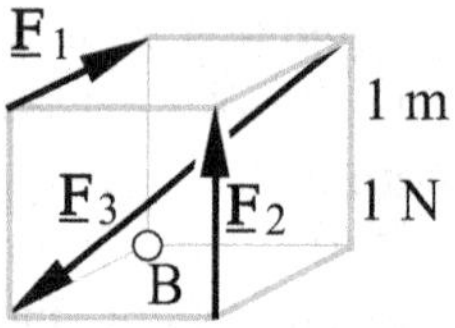

Fig. 6.26

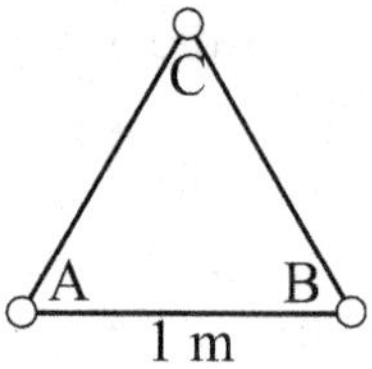

Fig. 6.27

5. Zwei ebene Kräftegruppen besitzen bezüglich der Ecken eines gleichseitigen Dreiecks (Fig. 6.27) die Momentensummen

a) $\sum_{i=1}^{n} M_{A_i} = 4\,\text{J} \quad , \quad \sum_{i=1}^{n} M_{B_i} = -2\,\text{J} \quad , \quad \sum_{i=1}^{n} M_{C_i} = -3\,\text{J} \quad ,$

b) $\sum_{i=1}^{n} M_{A_i} = \sum_{i=1}^{n} M_{B_i} = \sum_{i=1}^{n} M_{C_i} = 4\,\text{J} \quad .$

Man reduziere sie auf statisch äquivalente Kräftegruppen mit möglichst geringer Anzahl Kräfte.

7 Parallele Kräfte und Schwerpunkt

7.1 Kräftemittelpunkt

Wir betrachten eine Kräftegruppe, die aus beliebig vielen Kräften mit *parallelen* Wirkungslinien besteht. Für die komponentenweise Darstellung der Kraftvektoren kann man die Vektorbasis so wählen, dass die Wirkungslinien zum Einheitsvektor $\underline{\mathbf{e}}_z$ parallel sind. Die Kraftvektoren sind dann $\underline{\mathbf{F}}_i = Z_i\, \underline{\mathbf{e}}_z$ mit i = 1, ... n. Die Angriffspunkte der Kräfte seien durch ihre Ortsvektoren

$$\underline{\mathbf{r}}_i = x_i\, \underline{\mathbf{e}}_x + y_i\, \underline{\mathbf{e}}_y + z_i\, \underline{\mathbf{e}}_z \quad , \quad i = 1, \dots n$$

gegeben. Bei der statisch äquivalenten Reduktion auf den Ursprung O des Koordinatensystems wird im Allgemeinen eine Einzelkraft mit dem Vektoranteil

$$\underline{\mathbf{R}} = \sum_{i=1}^{n} Z_i \underline{\mathbf{e}}_z \tag{7.1}$$

längs der z-Achse sowie ein Kräftepaar entstehen, dessen Momentvektor $\underline{\mathbf{M}}_O$ in der xy-Ebene liegt und die Komponenten

$$M_x = \sum_{i=1}^{n} y_i Z_i \quad , \quad M_y = -\sum_{i=1}^{n} x_i Z_i \tag{7.2}$$

besitzt. Die einzige von null verschiedene Komponente der resultierenden Einzelkraft entsteht demnach aus einer skalaren Summe von positiven oder negativen Größen, deren Vorzeichen sich je nach dem Richtungssinn in Bezug auf $\underline{\mathbf{e}}_z$ ergeben. Die beiden Komponenten des Gesamtmomentes entsprechen den Summen der Einzelmomente bezüglich der x- bzw. y-Achse.

Da $\underline{\mathbf{R}} \cdot \underline{\mathbf{M}}_O = 0$ ist, kann eine Kräftegruppe von parallelen Kräften stets auf eine Einzelkraft oder ein Kräftepaar statisch äquivalent reduziert werden. Der letztere Fall tritt für $\underline{\mathbf{R}} = \underline{\mathbf{0}}$ auf und führt auf ein Kräftepaar in einer zur z-Achse parallelen Ebene, dessen Moment also senkrecht zur z-Achse steht. Für $\underline{\mathbf{R}} \neq \underline{\mathbf{0}}$ fällt die Wirkungslinie der statisch äquivalenten Einzelkraft mit der *Zentralachse* zusammen (siehe Abschnitt 6.5), welche in diesem Fall zur z-Achse parallel ist.

Haben die gegebenen Kräfte alle denselben Richtungssinn, so spricht man von einer **gleich gerichteten Kräftegruppe**. Diese lässt sich stets auf eine Einzelkraft reduzieren, denn in diesem Fall gilt sicher $\underline{\mathbf{R}} \neq \underline{\mathbf{0}}$.

Man betrachte eine *gleich gerichtete Kräftegruppe* von parallelen Kräften, deren Wirkungslinien einem Einheitsvektor $\underline{\mathbf{e}}$ mit beliebiger Richtung parallel sind. Die einzelnen Kraftvektoren schreibt man dann als $\underline{\mathbf{F}}_i = F_i\, \underline{\mathbf{e}}$, wobei $F_i > 0$ ist. Der Vektor der statisch äquivalenten resultierenden Kraft lautet ähnlich wie in (7.1)

$$\underline{\mathbf{R}} = \sum_{i=1}^{n} F_i\,\underline{\mathbf{e}} = R\,\underline{\mathbf{e}} \quad , \tag{7.3}$$

mit der Eigenschaft $R > 0$. Sei A ein Punkt auf der Wirkungslinie der statisch äquivalenten Einzelkraft. Da das Moment dieser Kraft bezüglich des Koordinatenursprungs O dem Gesamtmoment der Kräftegruppe gleich sein muss, gilt für den Ortsvektor $\underline{\mathbf{r}}_A$ von A die Gleichung

$$\underline{\mathbf{r}}_A \times \underline{\mathbf{R}} = \sum_{i=1}^{n} \underline{\mathbf{r}}_i \times \underline{\mathbf{F}}_i \quad ,$$

die mit Hilfe der Darstellung mit $\underline{\mathbf{e}}$ und durch Einsetzen von (7.3) zunächst als

$$\underline{\mathbf{r}}_A \times \sum_{i=1}^{n} F_i\,\underline{\mathbf{e}} = \sum_{i=1}^{n} \underline{\mathbf{r}}_i \times F_i\,\underline{\mathbf{e}} \quad ,$$

und durch einfache Umformung als

$$\left(\underline{\mathbf{r}}_A \sum_{i=1}^{n} F_i - \sum_{i=1}^{n} F_i\,\underline{\mathbf{r}}_i\right) \times \underline{\mathbf{e}} = \underline{\mathbf{0}} \tag{7.4}$$

geschrieben werden kann. Diese Gleichung drückt aus, dass der durch die Klammer dargestellte Vektor entweder verschwinden oder zu $\underline{\mathbf{e}}$ parallel sein muss. Der Ortsvektor $\underline{\mathbf{r}}_A$ eines Punktes A auf der Wirkungslinie der statisch äquivalenten resultierenden Kraft lässt sich also als

$$\underline{\mathbf{r}}_A = \frac{\sum_{i=1}^{n} F_i\,\underline{\mathbf{r}}_i}{\sum_{i=1}^{n} F_i} + \lambda\,\underline{\mathbf{e}}$$

darstellen, wobei λ eine beliebige reelle Zahl ist (Fig. 7.1). Der Quotient auf der rechten Seite ergibt einen Vektor, der von $\underline{\mathbf{e}}$ unabhängig ist, da er nur mit Hilfe der Kraftbeträge F_i und der Ortsvektoren $\underline{\mathbf{r}}_i$ der einzelnen Kraftangriffspunkte der gleich gerichteten Kräftegruppe definiert wird. Er entspricht dem Ortsvektor $\underline{\mathbf{r}}_S$ eines besonderen Punktes S auf der Wirkungslinie der resultierenden Kraft mit folgender Eigenschaft: Dreht man alle Kräfte der gleich gerichteten Kräftegruppe bei fest bleibenden Angriffspunkten um den gleichen Drehwinkel α, so dass die Kraftvektoren zu einem neuen Einheitsvektor $\underline{\mathbf{e}}'$ parallel sind, so bleibt der Punkt S fest, und die Wirkungslinie der resultierenden Kraft dreht sich um den gleichen Winkel α um S. Der Ortsvektor eines beliebigen Punktes A' auf der neuen Wirkungslinie ist dann $\underline{\mathbf{r}}_{A'} = \underline{\mathbf{r}}_S + \lambda\,\underline{\mathbf{e}}'$.

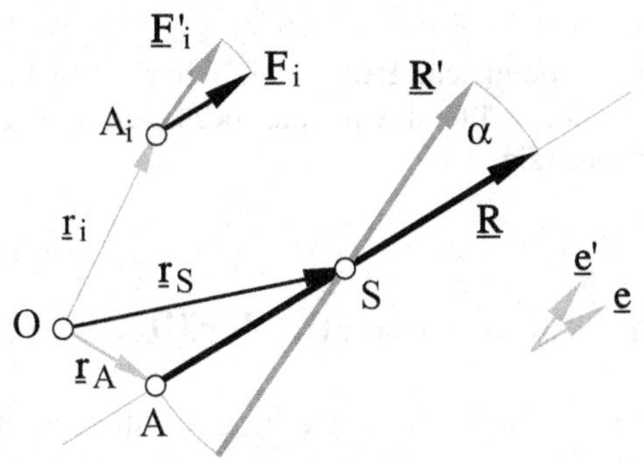

Fig. 7.1: Resultierende Kraft und Kräftemittelpunkt einer gleich gerichteten Kräftegruppe

Man nennt den Punkt S mit dem Ortsvektor

$$\boxed{\underline{r}_S = \frac{\sum\limits_{i=1}^{n} F_i\, \underline{r}_i}{\sum\limits_{i=1}^{n} F_i}} \tag{7.5}$$

Kräftemittelpunkt der gleich gerichteten Kräftegruppe und definiert ihn wie folgt:

DEFINITION: Der **Kräftemittelpunkt** S einer gleich gerichteten Kräftegruppe ist ein Punkt auf der Wirkungslinie der statisch äquivalenten resultierenden Kraft (= *Zentralachse* der gleich gerichteten Kräftegruppe), um den sich diese Kraft dreht, wenn man alle Kräfte der Kräftegruppe um ihre Angriffspunkte um den gleichen Winkel dreht.

Die kartesischen Komponenten des Ortsvektors von S, d. h. die kartesischen Koordinaten von S, ergeben sich aus (7.5) und genügen den Beziehungen

$$x_S \sum_{i=1}^{n} F_i = \sum_{i=1}^{n} x_i\, F_i \;, \quad y_S \sum_{i=1}^{n} F_i = \sum_{i=1}^{n} y_i\, F_i \;, \quad z_S \sum_{i=1}^{n} F_i = \sum_{i=1}^{n} z_i\, F_i \;. \tag{7.6}$$

BEMERKUNG: Da die Angriffspunkte A_i der gleich gerichteten parallelen Kräfte einem materiellen System, dem Körper K, gehören, stellt sich die Frage, ob die Lage des Kräftemittelpunktes S *bezüglich* K von der Wahl des Ursprungs O des Koordinatensystems, d. h. der Ortsvektoren, abhängt. Wählt man einen anderen Punkt O' als Ursprung, so lauten die neuen Ortsvektoren $\underline{r}'_i = \underline{r}_i + \underline{O'O}$. Gemäß (7.5) genügt dann der Ortsvektor $\underline{r}'_{S'}$ des „neuen" Kräftemittelpunktes S' der Beziehung

$$\underline{r}'_{S'} \sum_{i=1}^{n} F_i = \sum_{i=1}^{n} F_i\, \underline{r}'_i = \sum_{i=1}^{n} F_i\, \underline{r}_i + \sum_{i=1}^{n} F_i\, \underline{O'O} = \underline{r}_S \sum_{i=1}^{n} F_i + \underline{O'O} \sum_{i=1}^{n} F_i \;,$$

also der Beziehung

$$\underline{\mathbf{r}}'_{S'} = \underline{\mathbf{r}}_S + \underline{\mathbf{O'O}} \quad .$$

Da aber für den Ortsvektor $\underline{\mathbf{r}}'_S$ die gleiche Beziehung, d. h. $\underline{\mathbf{r}}'_S = \underline{\mathbf{r}}_S + \underline{\mathbf{O'O}}$, gilt, fallen S' und S zusammen. Die relative Lage des Kräftemittelpunktes bezüglich K ist demzufolge von der Wahl des Koordinatensystems unabhängig.

7.2 Linien- und flächenverteilte Kräfte, Flächenmittelpunkt

Bei kontinuierlichen parallelen Kräfteverteilungen müssen die Summen in (7.6) durch entsprechende Integrale über die Komponenten der Kraftdichte (siehe Abschnitt 4.4) ersetzt werden.

a) ***Linienverteilung***

Man betrachte zunächst eine Linienverteilung an einem Geradenstück AB (Fig. 7.2). Die Kraftdichte sei $\underline{\mathbf{q}} = q\,\underline{\mathbf{e}}$, wobei q der Wert einer beliebigen integrierbaren Funktion q(x) im Intervall $x \in [0, L]$ sein kann. Die Resultierende wird aus der „Summe" der infinitesimalen Kraftvektoren $d\underline{\mathbf{F}} = q\,dx\,\underline{\mathbf{e}}$ als

$$\underline{\mathbf{R}} = \int_0^L d\underline{\mathbf{F}} = \left(\int_0^L q\,dx \right) \underline{\mathbf{e}} \tag{7.7}$$

berechnet. Das Moment bezüglich A ist

$$\underline{\mathbf{M}}_A = \int_0^L d\underline{\mathbf{M}}_A = \int_0^L \underline{\mathbf{r}} \times d\underline{\mathbf{F}} = \int_0^L (x\,\underline{\mathbf{e}}_x \times q\,dx\,\underline{\mathbf{e}}) = -\left(\int_0^L x\,q\,dx \right) \sin\alpha\,\underline{\mathbf{e}}_z \,. \tag{7.8}$$

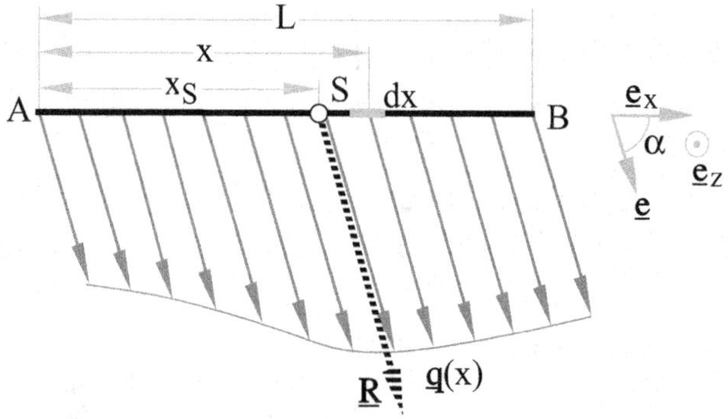

Fig. 7.2: Kräfteverteilung an einem Geradenstück

Der Kräftemittelpunkt ergibt sich wie bei (7.4) aus

$$\underline{\mathbf{AS}} \times \underline{\mathbf{R}} = \underline{\mathbf{M}}_A \quad \forall\, \underline{\mathbf{e}} \quad . \tag{7.9}$$

Hieraus folgt

$$x_S = \frac{\int_0^L x\, q\, dx}{\int_0^L q\, dx} \quad . \tag{7.10}$$

Man beachte die Analogie mit (7.5).

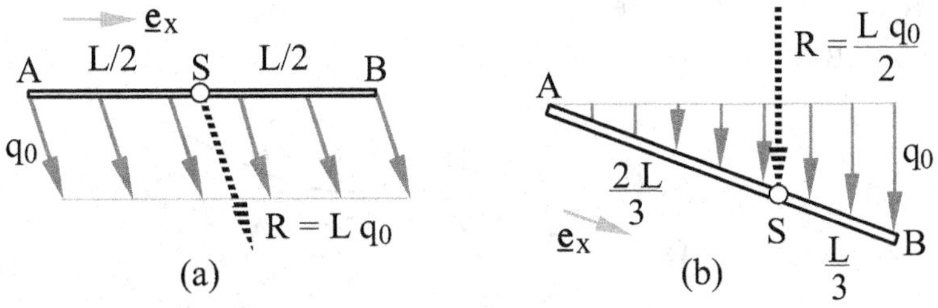

Fig. 7.3: Uniforme Verteilung (a) und Dreieckverteilung (b) an einem Geradenstück

Die Kräfteverteilung heißt **uniform** (auch **homogen** oder **gleichförmig**), falls $q(x) = q_0$ = konstant ist. Die Formel (7.10) ergibt (Fig. 7.3a)

$$x_S = \frac{L}{2} \quad .$$

Die Resultierende beträgt $|\underline{\mathbf{R}}| =: R = L\, q_0$.

Für eine **Dreieckverteilung**, wie sie bei einer Schneelast auf einem Dach vorkommen kann, gilt der Ausdruck

$$q(x) = \frac{x}{L}\, q_0$$

für den Betrag der Kraftdichte, wobei $q_0 := q(L)$ ist. Die Formel (7.10) ergibt (Fig. 7.3b)

$$x_S = \frac{2\,L}{3} \quad .$$

Die Resultierende beträgt $R = L\, q_0 / 2$.

b) ***Flächenverteilung***

Bei einer parallelen Kräfteverteilung an einem Flächenstück BCDE, das beliebig gekrümmt sein kann, wird die Richtung der Flächenkraftdichte $\underline{s} = s\, \underline{e}$ durch den Einheitsvektor $\underline{e}$ charakterisiert (Fig. 7.4). Die skalare Größe s kann der Funktionswert einer beliebigen integrierbaren Funktion s(x, y, z) der Koordinaten des jeweiligen Angriffspunktes der Flächenkraftdichte sein. In Abhängigkeit des Ortsvektors $\underline{\mathbf{r}}$ dieses Angriffspunktes kann die gleiche Funktion als $s(\underline{\mathbf{r}})$ dargestellt werden. Die Resultierende ergibt sich aus der „Summe" der infinitesimalen Kräfte $d\underline{\mathbf{F}} = s\,\underline{\mathbf{e}}\,dA$, wobei dA der Flächeninhalt der infinitesimalen Fläche um den jeweiligen Angriffspunkt ist. Für die Resultierende folgt

$$\underline{\mathbf{R}} = \iint d\underline{\mathbf{F}} = \left[\iint s(\underline{\mathbf{r}})\,dA\right]\underline{\mathbf{e}} \tag{7.11}$$

mit einer doppelten Integration über den Bereich BCDE, das zu einem **Flächenintegral** $\iint \ldots$ führt. Wir schreiben (7.11) auch in der kompakteren Form

$$\underline{\mathbf{R}} = \left[\int_{BCDE} s(\underline{\mathbf{r}})\,dA\right]\underline{\mathbf{e}} \quad . \tag{7.12}$$

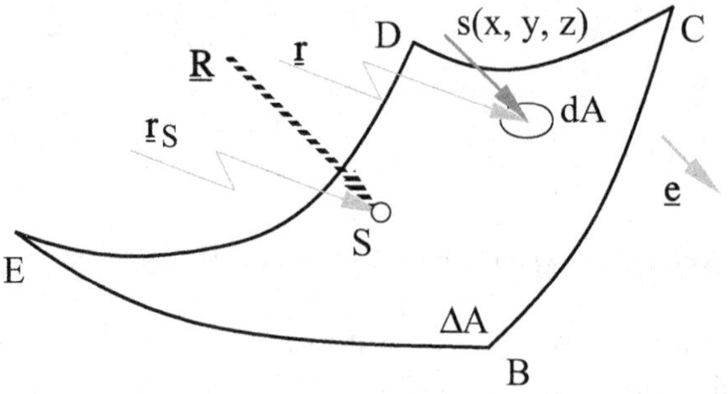

Fig. 7.4: Flächenverteilung und Kräftemittelpunkt

Das Moment bezüglich O lässt sich wieder aus der „Momentensumme" der infinitesimalen Kräfte zu

$$\begin{aligned}\underline{\mathbf{M}}_O &= \int_{BCDE} d\underline{\mathbf{M}}_O = \int_{BCDE} \underline{\mathbf{r}} \times d\underline{\mathbf{F}} = \int_{BCDE} \underline{\mathbf{r}} \times s(\underline{\mathbf{r}})\,dA\,\underline{\mathbf{e}} \\ &= \left[\int_{BCDE} \underline{\mathbf{r}}\,s(\underline{\mathbf{r}})\,dA\right] \times \underline{\mathbf{e}}\end{aligned} \tag{7.13}$$

berechnen. Man beachte, dass hier der Integrand unter dem Flächenintegral ein Vektor ist, so dass die Integration durch komponentenweise Zerlegung erfolgen muss. Der Ortsvektor $\underline{\mathbf{r}}_S$ des Kräftemittelpunktes S ergibt sich aus (7.9) als

$$\boxed{\underline{\mathbf{r}}_S := \frac{\int_{BCDE} \underline{\mathbf{r}}\,s\,dA}{\int_{BCDE} s\,dA}} \quad . \tag{7.14}$$

Ist die Kräfteverteilung uniform mit

$$s = s_0 = \text{konstant} \quad ,$$

so fällt der Kräftemittelpunkt S mit dem **Flächenmittelpunkt** C zusammen, der manchmal auch **Schwerpunkt der Fläche** genannt wird. Der entsprechende Ortsvektor $\underline{r}_C$ ergibt sich aus (7.14) nach Elimination der Konstante s_0 als

$$\boxed{\underline{r}_C := \frac{1}{\Delta A} \int_{BCDE} \underline{r} \, dA \quad ,} \tag{7.15}$$

wobei ΔA der Flächeninhalt von BCDE ist.

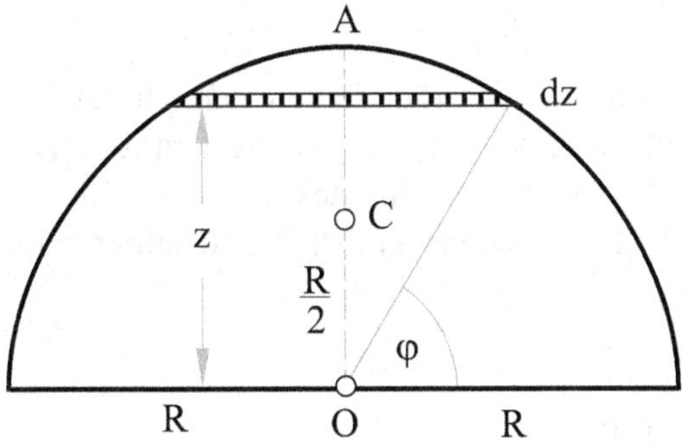

Fig. 7.5: Flächenmittelpunkt einer Halbkugelfläche

Bei der Halbkugelfläche von Fig. 7.5 befinden sich die Flächenmittelpunkte der infinitesimalen Flächenschnitte der Dicke dz auf der z-Achse. Die z-Koordinate des Flächenmittelpunktes C der Halbkugelfläche lässt sich gemäß (7.15) aus

$$z_C = \frac{1}{\Delta A} \int_{\Delta A} z \, dA$$

berechnen, wobei hier ΔA sowohl für den Flächeninhalt als auch für den Integrationsbereich verwendet wurde. Es sind $z = R \sin \varphi$, $ds = R \, d\varphi$, $dA = 2 \pi (R \cos \varphi) \, ds = 2 \pi R^2 \cos \varphi \, d\varphi$, so dass

$$\Delta A = \int_{\Delta A} dA = 2 \pi R^2 \int_0^{\pi/2} \cos\varphi \, d\varphi = 2 \pi R^2 \quad ,$$

$$\int_{\Delta A} z \, dA = 2 \pi R^3 \int_0^{\pi/2} \sin\varphi \cos\varphi \, d\varphi = \pi R^3$$

und

$$z_C = \frac{R}{2}$$

ist.

Man beachte, dass der Flächenmittelpunkt einer gekrümmten Fläche im Allgemeinen außerhalb der Fläche liegt.

7.3 Raumkräfte, Schwerpunkt, Massenmittelpunkt

a) ***Kräftemittelpunkt bei raumverteilten Kräften***

Bei kontinuierlich verteilten parallelen Fernkräften (z. B. Gravitationskräfte in der Nähe der Erdoberfläche, parallele elektromagnetische Kräfte) geht man von der Raumkraftdichte $\underline{\mathbf{f}} = \mathrm{f}\,\underline{\mathbf{e}}$ aus (siehe Abschnitt 4.4) und berechnet die Resultierende mit Hilfe eines Raumintegrals als

$$\underline{\mathbf{R}} = \left[\iiint \mathrm{f}\, \mathrm{dV}\right]\underline{\mathbf{e}} = \left[\int_K \mathrm{f}\, \mathrm{dV}\right]\underline{\mathbf{e}} \quad , \tag{7.16}$$

wobei sich die Integration über den räumlichen Bereich des betrachteten Körpers K mit dem Volumeninhalt ΔV erstreckt. Die skalare Kraftdichte f ist im Allgemeinen von den Koordinaten des jeweiligen Punktes abhängig. Eine uniforme Raumkraftverteilung liegt vor, falls $\mathrm{f} = \mathrm{f}_0 =$ konstant ist. Die Resultierende (7.16) ist dann

$$\underline{\mathbf{R}} = \mathrm{f}_0\, \Delta V\, \underline{\mathbf{e}} \quad .$$

Mit dem Moment

$$\underline{\mathbf{M}}_O = \left[\int_K \underline{\mathbf{r}}\, \mathrm{f}\, \mathrm{dV}\right] \times \underline{\mathbf{e}} \tag{7.17}$$

lässt sich der Ortsvektor des Kräftemittelpunktes wie in den Abschnitten 7.1 und 7.2 aus (7.9) bestimmen. Das Resultat lautet

$$\boxed{\underline{\mathbf{r}}_S := \frac{\int_K \underline{\mathbf{r}}\, \mathrm{f}\, \mathrm{dV}}{\int_K \mathrm{f}\, \mathrm{dV}} \quad .} \tag{7.18}$$

b) ***Schwerpunkt***

Der Begriff des Kräftemittelpunktes von parallelen Raumkräfteverteilungen findet eine wichtige Anwendung bei der **Gravitationskraft** in der Nähe der Erdoberfläche für Körper mit kleinen Abmessungen im Vergleich zum Erdradius (kurz auch **Gewicht** genannt). Unter den zwei soeben erwähnten Bedingungen bilden in der Tat die auf einen Körper K wirkenden verteilten Gewichtskräfte eine gleich gerichtete Kräftegruppe. Die skalare Raumkraftdichte f wird bei Gewichtskräften mit γ bezeichnet und **spezifisches Gewicht** genannt (siehe auch Abschnitt 4.4). Die Resultierende der verteilten Gewichtskräfte beträgt dann allgemein

$$G = \int_K \mathrm{dG} = \int_K \gamma(x,y,z)\, \mathrm{dV} \tag{7.19}$$

und heißt **Gesamtgewicht** des Körpers.

Der Kräftemittelpunkt der verteilten Gewichtskräfte an einem Körper heißt **Schwerpunkt**. Sein Ortsvektor ist

$$\underline{r}_S = \frac{1}{G}\int_K \underline{r}\, dG = \frac{1}{G}\int_K \underline{r}\, \gamma\, dV \,, \tag{7.20}$$

und seine kartesischen Koordinaten betragen demzufolge

$$x_S = \frac{1}{G}\int_K x\, \gamma\, dV \quad , \quad y_S = \frac{1}{G}\int_K y\, \gamma\, dV \quad , \quad z_S = \frac{1}{G}\int_K z\, \gamma\, dV \ . \tag{7.21}$$

Der Schwerpunkt ist gemäß Definition des Kräftemittelpunktes der Angriffspunkt der resultierenden Gewichtskraft an einem Körper K unabhängig von der „Richtung" des Gewichtes bezüglich des Körpers. Solange K in der Nähe der Erdoberfläche bleibt, ändert sich also bei Starrkörperbewegungen von K die relative Lage des Schwerpunktes bezüglich K nicht.

Diese Aussage lässt sich mit Hilfe von (7.20) oder (7.21) verhältnismäßig leicht beweisen. Am elegantesten ist der Beweis mit orthogonalen Drehmatrizen. Hier verzichten wir darauf, Einzelheiten dieses Beweises aufzuführen.

Wie jeder Kräftemittelpunkt braucht auch der Schwerpunkt nicht innerhalb des Körpers K zu liegen. So fällt zum Beispiel der Schwerpunkt einer Hohlkugel aus homogenem (γ = konst.) Material mit ihrem Zentrum zusammen und liegt also nicht auf einem materiellen Punkt dieser hohlen Kugel.

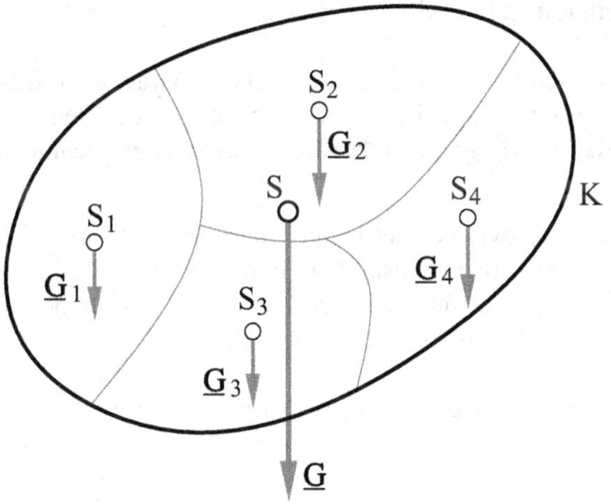

Fig. 7.6: Teilgewichte, Teilschwerpunkte, Gesamtgewicht und Gesamtschwerpunkt

Bei einem Körper K (Fig. 7.6), der sich aus n Teilkörpern K_i mit den Teilgewichtsbeträgen G_i und den Teilschwerpunkten S_i mit den Ortsvektoren $\underline{r}_i$ zusammensetzt, ist

$$G = \sum_{i=1}^{n} G_i$$

und

$$\frac{1}{G}\int_K \underline{\mathbf{r}}\,\gamma\,dV = \frac{1}{G}\sum_{i=1}^{n}\int_{K_i} \underline{\mathbf{r}}\,\gamma\,dV = \frac{1}{G}\sum_{i=1}^{n} G_i\,\underline{\mathbf{r}}_i \quad . \tag{7.22}$$

Die kartesischen Koordinaten des Schwerpunktes sind also in diesem Fall durch

$$x_S = \frac{1}{G}\sum_{i=1}^{n} G_i\,x_i \quad , \quad y_S = \frac{1}{G}\sum_{i=1}^{n} G_i\,y_i \quad , \quad z_S = \frac{1}{G}\sum_{i=1}^{n} G_i\,z_i \tag{7.23}$$

gegeben und können auch dadurch berechnet werden, dass man die Gewichte der Teilkörper in ihren Schwerpunkten zusammenfasst und Momentenbedingungen formuliert.

c) ***Massenmittelpunkt***

In Band 3 wird im Zusammenhang mit der Bewegung eines materiellen Systems der Begriff **spezifische Masse** ρ eingeführt. Diese ist ein Proportionalitätsfaktor zwischen der Beschleunigung $\underline{\mathbf{a}}$ (zeitliche Ableitung des Geschwindigkeitsvektors) eines materiellen Punktes M und einer fiktiven *Raumkraftdichte*, der **Trägheitskraftdichte** $\underline{\mathbf{f}}_T$, welche den Einfluss der Bewegung in der allgemeinen Form des *Prinzips der virtuellen Leistungen* berücksichtigt. Die spezifische Masse ρ, oft auch **Dichte** genannt, hat die Dimension $[\rho] = [\mathrm{M\,L^{-3}}]$.

Bei einem genügend kleinen Körper (die auf ihn wirkende Gravitationskraft kann als parallele, ortsunabhängige Kräftegruppe modelliert werden) ergibt sich der Betrag des spezifischen Gewichts γ aus der spezifischen Masse ρ und dem Betrag der Erdbeschleunigung g:

$$\gamma = \rho\,g \quad .$$

Genau genommen muss man zwischen der in der Trägheitskraftdichte auftretenden spezifischen *trägen* Masse und der bei der Gravitationskraft auftretenden spezifischen *schweren* Masse unterscheiden. Einstein (1879-1955) hat aber die Gleichheit dieser Massen postuliert und zu einer der Grundlagen der Allgemeinen Relativitätstheorie gemacht.

Die infinitesimale Masse dm eines infinitesimalen Volumenelementes dV um den Punkt P ist

$$dm = \rho\,dV \quad . \tag{7.24}$$

Die Gesamtmasse m eines Körpers K erhält man durch Integration als

$$\int_K dm = \int_K \rho\,dV = \iiint \rho\,dV \quad , \tag{7.25}$$

wobei die spezifische Masse der Funktionswert einer ortsabhängigen Funktion $\rho(x, y, z)$ ist. In Analogie mit dem Ortsvektor $\underline{\mathbf{r}}_S$ des Schwerpunktes S definiert man den Ortsvektor $\underline{\mathbf{r}}_C$ des **Massenmittelpunktes** C von K gemäß

$$\boxed{\underline{\mathbf{r}}_C := \frac{1}{m}\int_K \underline{\mathbf{r}}\,dm \quad .} \tag{7.26}$$

Diese Formel kann auch in den dazu äquivalenten Formen

$$\underline{\mathbf{r}}_C := \frac{1}{m}\int_K \underline{\mathbf{r}}\,\rho\,dV = \frac{1}{m}\iiint \underline{\mathbf{r}}\,\rho\,dV \tag{7.27}$$

geschrieben werden. Bei den meisten Körpern in der Nähe der Erdoberfläche, die nicht geographische Ausmaße haben (d. h., deren Abmessungen viel kleiner sind als der Erdradius), fallen Schwerpunkt S und Massenmittelpunkt C zusammen. Bei größeren Körpern und in der Astronomie muss auch berücksichtigt werden, dass das Gravitationsfeld nicht aus parallel verteilten Kräften besteht, dass also der Begriff Kräftemittelpunkt, der zum Schwerpunkt führt, entfällt. Der Massenmittelpunkt existiert gemäß (7.27) trotzdem, denn er ist nicht aus einer Momentenbedingung sondern aus einer *Mittelungsüberlegung* entstanden.

Ist die spezifische Masse ρ im ganzen Gebiet des Körpers K gleichmäßig verteilt, d. h. gilt $\rho = \rho_0$ = konstant, so wird der Körper als **homogen** bezeichnet. Man kann dann ρ_0 aus den Integralen herausziehen und erhält für die Gesamtmasse $m = \rho_0 V$ und für den Ortsvektor des Massenmittelpunktes

$$\underline{\mathbf{r}}_C := \frac{1}{V}\int_K \underline{\mathbf{r}}\,dV \quad , \tag{7.28}$$

wobei V der Volumeninhalt des Körpers K ist.

Aufgaben

1. Man bestimme den Kräftemittelpunkt der im quadratischen Rahmen von Fig. 7.7 gegebenen parallelen Kräftegruppe.
2. Man ermittle den Massenmittelpunkt eines homogenen Kreisbogens vom Radius R und vom halben Öffnungswinkel α, ferner den Flächenmittelpunkt des entsprechenden Kreissegmentes sowie denjenigen des entsprechenden Kreissektors. Man spezialisiere die Ergebnisse für den Halbkreisbogen sowie für die Halbkreisfläche und vergleiche die Resultate.
3. Man ermittle den Flächenmittelpunkt des Mantels eines geraden Kreiskegels mit dem Grundkreisradius R und der Höhe h.
4. Man ermittle den Massenmittelpunkt einer homogenen Halbkugel vom Radius R.
5. Man ermittle den Schwerpunkt eines homogenen Rotationsparaboloids mit dem Grundkreisradius R und der Höhe h.
6. Eine dünne, homogene Platte konstanter Dicke hat die Form eines Ellipsenquadranten mit den in Fig. 7.8 eingetragenen Seiten. Man ermittle ihren Schwerpunkt.

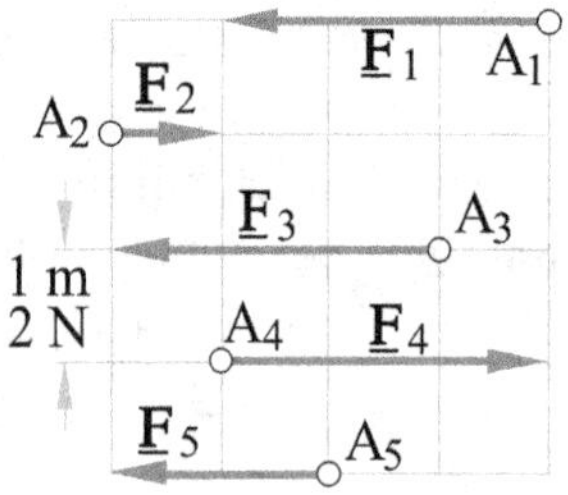

Fig. 7.7

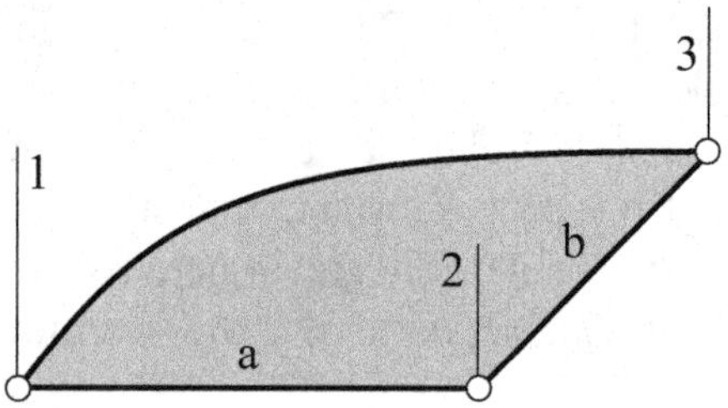

Fig. 7.8

8 Ruhelage und Gleichgewicht

Im vorliegenden Kapitel werden kausale Zusammenhänge zwischen dem kinematischen Zustand *Ruhe* eines materiellen Systems und der Eigenschaft *Gleichgewicht* der auf das System wirkenden Kräfte aufgestellt und diskutiert.

8.1 Definitionen

DEFINITION (1): Ein materielles System S ist in **Ruhe**, falls die Geschwindigkeiten

$$\underline{v}_M = \underline{0} \;, \quad \forall\, M \in S \tag{8.1}$$

sind.

Das System S ist in **momentaner Ruhe,** falls die Bedingung (8.1) zum betrachteten Zeitpunkt t_0 erfüllt ist.

DEFINITION (2): Die **Ruhelage** eines materiellen Systems wird durch folgende Eigenschaft charakterisiert: Sobald ein materielles System in einer Ruhelage zu einem beliebigen Zeitpunkt in Ruhe ist, bleibt es für alle Zeiten in dieser Lage in Ruhe (sofern sich die am System angreifenden Kräfte und seine Lagerung nicht ändern).

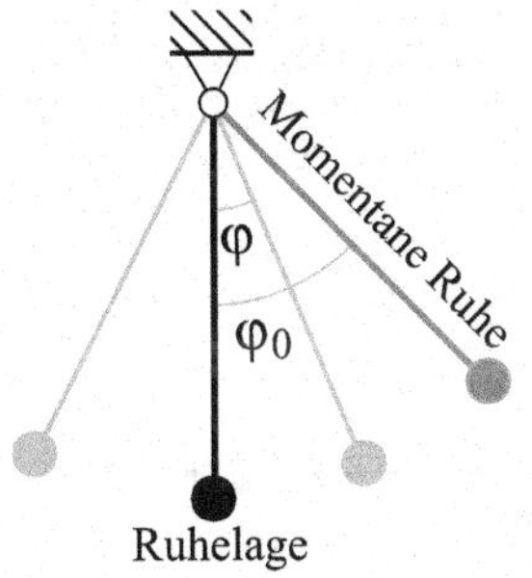

Fig. 8.1: Momentane Ruhe und Ruhelage eines Pendels

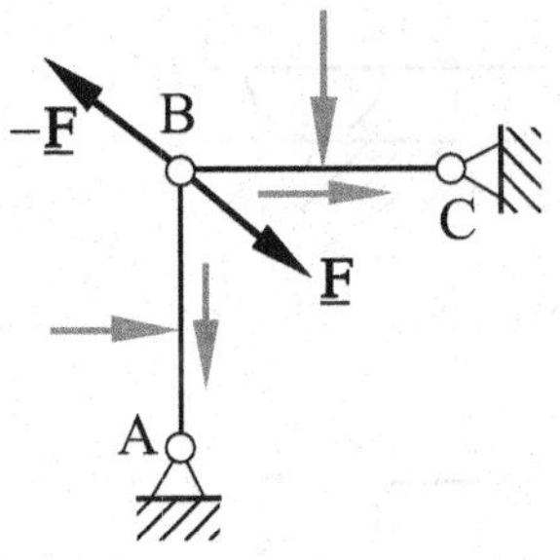

Fig. 8.2: Materielles System aus zwei mit einem Gelenk B verbundenen Stäben

Ein Pendel (Fig. 8.1) ist in momentaner Ruhe beim Winkel φ_0 des größten Ausschlages. Seine Ruhelage ist aber die vertikale Lage mit $\varphi = 0$.

Für die Ruhelage wird oft auch der Ausdruck **Gleichgewichtslage** verwendet. Den Grund dazu liefert der in Abschnitt 8.4 besprochene Hauptsatz.
Materielle Systeme sind oft **Bindungen** unterworfen. Diese schränken die Bewegungsmöglichkeiten des Systems ein.

In Systemen aus starren oder deformierbaren Körpern sind Bindungen mit Kräften oder Momenten (Kräftepaaren) verknüpft, welche **Bindungskräfte** bzw. **Bindungsmomente** heißen. Jeder Komponente der Bindungskräfte und –momente, im Folgenden kurz **Bindungskomponente** genannt, entspricht eine (linear unabhängige) Gleichung zwischen den Bewegungszuständen der verbundenen Körper.

DEFINITION (3): Einschränkungen der Bewegungsfreiheit von Bestandteilen (d. h. von einzelnen materiellen Punkten oder Punktmengen) des materiellen Systems S *relativ* zueinander heißen **innere Bindungen**. Die zugehörigen Bindungskräfte sind **innere Bindungskräfte**.

In einem materiellen System, bestehend aus zwei mit einem Gelenk B verbundenen Stäben, ist das Gelenk eine innere Bindung (Fig. 8.2). Falls es reibungsfrei ist, so bewirkt der Stab AB auf BC die Gelenkkraft {B | F}; umgekehrt bewirkt BC auf AB in B die entgegengesetzte Reaktion $\{B \mid -\underline{\mathbf{F}}\}$. Da der gemeinsame Angriffspunkt B der beiden Kräfte notwendigerweise innerhalb des betrachteten Systems von zwei Stäben liegt, sind {B | F} und $\{B \mid -\underline{\mathbf{F}}\}$ innere Bindungskräfte..

DEFINITION (4): Einschränkungen der Bewegungsfreiheit von Randpunkten eines materiellen Systems heißen **äußere Bindungen**. Die zugehörigen Bindungskräfte sind **äußere Bindungskräfte**.

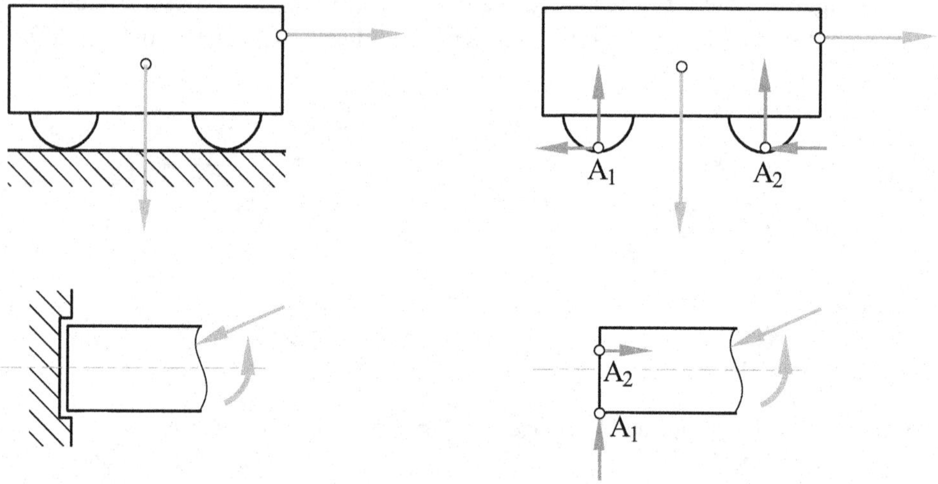

Fig. 8.3: Links Lager als äußere Bindungen, rechts die äußeren Bindungskräfte

Bei einem Gegenstand auf einer Unterlage entstehen an den Berührungspunkten mit der Unterlage *äußere Bindungen.* Die Unterlage übt auf den Gegenstand die zugehörigen äußeren Bindungskräfte, die **Auflagerkräfte**, aus. Die Angriffspunkte sind die materiellen Berührungspunkte des Gegenstandes (Fig. 8.3).

Die Quer- und Längslager bzw. die Kugellager einer rotierenden Welle stellen ebenfalls *äußere Bindungen* des Systems *Welle* dar. Die zugehörigen (äußeren) Bindungskräfte sind die Lager-

kräfte. Deren Angriffspunkte sind die materiellen Berührungspunkte der Welle mit dem Lager bzw. mit den Kugeln.
Zur Verdeutlichung sind in Fig. 8.3 links die Systeme mit den äußeren Bindungen skizziert, während rechts die äußeren Bindungen durch die Bindungskräfte ersetzt sind.

DEFINITION (5): Ein **virtueller Bewegungszustand** besteht aus einer Menge von willkürlich wählbaren, *gedachten* Geschwindigkeiten der materiellen Punkte eines Systems. Der virtuelle Bewegungszustand braucht mit der *wirklichen Bewegung* des materiellen Systems in keiner Beziehung zu stehen (Fig. 8.4). Virtuelle Geschwindigkeiten werden mit einer Tilde bezeichnet (z. B. $\underline{\tilde{v}}$).

DEFINITION (6): Ein **zulässiger virtueller Bewegungszustand eines materiellen Systems** ist eine Verteilung von gedachten Geschwindigkeiten, die mit den inneren und äußeren Bindungen des Systems verträglich sind, sonst aber beliebig wählbar bleiben.

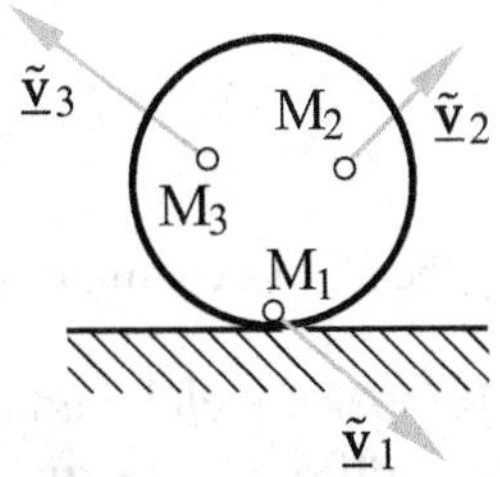

Fig. 8.4: Virtueller Bewegungszustand eines Gegenstands

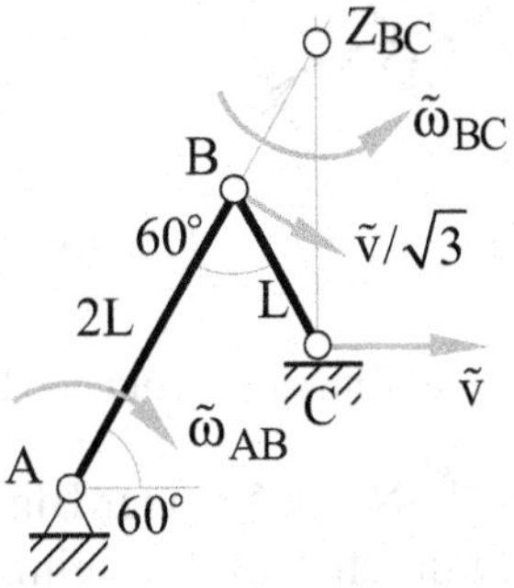

Fig. 8.5: Beispiel für einen zulässigen Bewegungszustand

Ist die Unterlage in Fig. 8.4 starr, so kann die virtuelle Geschwindigkeit $\underline{\tilde{v}}_1$ des Berührungspunktes M_1 nur dann Bestandteil eines *zulässigen* virtuellen Bewegungszustandes des Rades sein, wenn sie in der Tangentialebene liegt. Andere virtuelle Geschwindigkeiten $\underline{\tilde{v}}_1$ sind entweder durch die Unterlage verhindert, oder sie führen zum Abheben, wodurch die Bindung gelöst würde. Ist der Gegenstand selbst auch starr, so müssen die Geschwindigkeiten des zulässigen virtuellen Bewegungszustandes dem *Satz der projizierten Geschwindigkeiten* (Abschnitt 3.1) genügen.
Am ebenen System von Fig. 8.5 sollen die Stäbe AB, BC starr sein. Ist die virtuelle Geschwindigkeit in C durch den horizontalen Vektor $\underline{\tilde{v}}_C$ mit dem Betrag $\tilde{v}$ gegeben, so lässt sich der *zulässige virtuelle Bewegungszustand* des Systems in der gegebenen Lage eindeutig bestimmen: Der Stab AB muss um eine Achse durch das Gelenk in A mit der Rotationsgeschwindigkeit $\underline{\tilde{\omega}}_{AB}$ vom Betrag $\tilde{v}/(2L\sqrt{3})$ und der Stab BC momentan um eine Achse durch das Momentanzentrum Z_{BC} mit der Rotationsgeschwindigkeit $\underline{\tilde{\omega}}_{BC}$ vom Betrag $\tilde{v}/(L\sqrt{3})$ rotieren.

DEFINITION (7): Eine Bindung heißt **einseitig**, wenn sie durch eine (wirkliche) Bewegung gelöst (aufgehoben) werden kann, sonst heißt sie **vollständig**.

Für einen starren Gegenstand auf einer starren Unterlage (Fig. 8.4) stellt diese eine einseitige äußere Bindung dar, denn der Gegenstand kann durch eine Translation von der Unterlage getrennt und damit die zugehörige Bindung gelöst werden (abheben). Die der einseitigen Bindung entsprechende Bindungskraft $\{M \mid \underline{\mathbf{R}}\}$ am Gegenstand ist bezüglich der tangentialen Berührungsebene gegen die „freie" Raumhälfte gerichtet (Fig. 8.6a). Man beachte, dass ein *zulässiger* virtueller Bewegungszustand (siehe Definition (6)) die einseitige Bindung nicht lösen darf.
Ein starrer Zylinder stellt für einen starren Kolben eine vollständige äußere Bindung dar (Fig. 8.6b), denn diese kann durch die einzig mögliche Bewegung des Kolbens (in axialer Richtung) nicht gelöst werden.
Der Leser möge einige Beispiele aus Natur und Technik für einseitige und vollständige innere Bindungen finden.

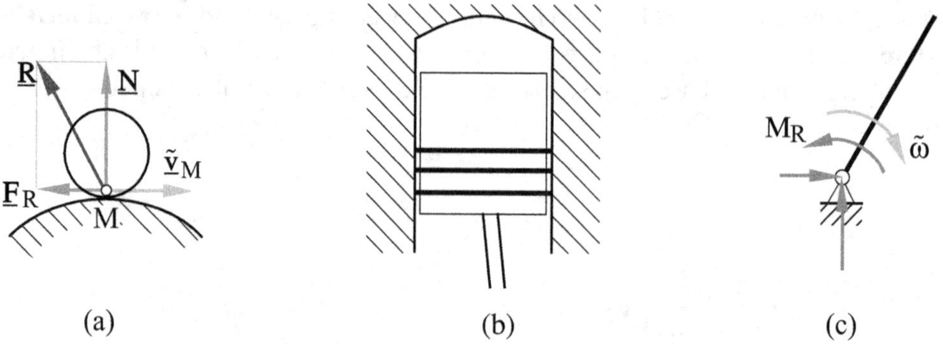

Fig. 8.6: a) Einseitige Bindung, b) vollständige Bindung, c) ebenes System mit Gelenk

DEFINITION (8): In einer Bindung zwischen starren Körpern, welche unnachgiebig und nicht durch Antrieb beeinflusst ist, heißen Bindungskräfte parallel zu zulässigen virtuellen Geschwindigkeiten in der Bindung **Reibungskräfte**. Bindungsmomente parallel zu zulässigen virtuellen Rotationsgeschwindigkeiten heißen **Reibungsmomente**. Eine unnachgiebige Bindung zwischen starren Körpern heißt **reibungsfrei**, falls in ihr alle Reibungskräfte und –momente verschwinden.

In Fig. 8.6a ist die am starren Gegenstand angreifende, in der Berührungstangentialebene liegende Kraftkomponente $\underline{\mathbf{F}}_R$ parallel zur zulässigen virtuellen Translationsgeschwindigkeit $\tilde{\underline{\mathbf{v}}}_M$ und deshalb eine Reibungskraft. Die Berührung ist genau dann reibungsfrei, wenn die Wirkungslinie der Bindungskraft $\{M \mid \underline{\mathbf{R}}\}$ in Richtung der Normalen zur Tangentialebene liegt.
Das Gelenk im ebenen System von Fig. 8.6c übt auf den Stab eine Kraft mit zwei unbekannten Komponenten und eventuell ein Moment M_R aus. Die virtuelle Rotation $\tilde{\omega}$ um das Gelenk ist zulässig, M_R also ein Reibungsmoment. Virtuelle Translationen in Richtung der Kraftkomponenten hingegen sind unzulässig, die entsprechenden Kraftkomponenten also keine Reibungskräfte.

8.2 Berechnung von virtuellen Leistungen

Analog zur Definition (5.1) kann für einen *virtuellen* Bewegungszustand die **virtuelle Leistung** $\tilde{\mathcal{P}}$ einer Kraft $\underline{\mathbf{F}}$ berechnet werden, deren Angriffspunkt sich mit der virtuellen Geschwindigkeit $\underline{\tilde{\mathbf{v}}}_M$ bewegt:

$$\tilde{\mathcal{P}} := \underline{\mathbf{F}} \cdot \underline{\tilde{\mathbf{v}}}_M \quad .$$

Die **virtuelle Gesamtleistung** einer Kräftegruppe ist die Summe der virtuellen Leistungen der Einzelkräfte (siehe (5.10)).

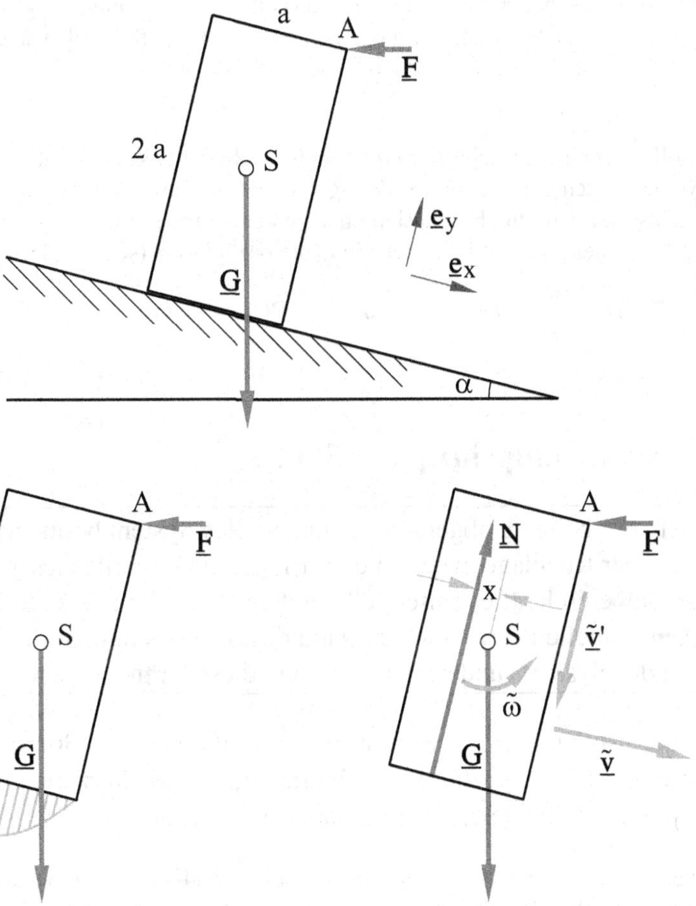

Fig. 8.7: Gegenstand auf schiefer reibungsfreier Ebene: links unten ist die unbekannt verteilte Normalkraft am System eingezeichnet, rechts die statisch äquivalente Einzelkraft $\underline{\mathbf{N}}$ sowie die gewählten virtuellen Starrkörperbewegungszustände

Beispiel: Man betrachte einen starren, homogenen, quaderförmigen Gegenstand mit Gewichtskraft $\underline{\mathbf{G}}$ vom Betrag G auf einer starren ebenen Unterlage mit Neigungswinkel α (Fig. 8.7). Die Berührung sei reibungsfrei (siehe Abschnitt 8.1). Deshalb wirkt auf den Quader eine zur Unter-

lage normale, gleich gerichtete Flächenkräfteverteilung, die sich gemäß Abschnitt 7.2 auf eine Einzelkraft $\underline{\mathbf{N}}$ vom Betrag N reduzieren lässt. Die Wirkungslinie der Kraft $\underline{\mathbf{N}}$ habe im eben modellierten System den Abstand x vom Quadermittelpunkt. Um den Quader im Gleichgewicht zu halten, greift zudem noch die horizontale Kraft $\{A \mid \underline{\mathbf{F}}\}$ vom Betrag F an. Im Hinblick auf den nächsten Abschnitt soll nun die virtuelle Gesamtleistung bei drei speziell gewählten virtuellen Starrkörperbewegungszuständen des Quaders berechnet werden.
Eine virtuelle *Translation parallel zur Unterlage* mit der Translationsgeschwindigkeit $\underline{\tilde{\mathbf{v}}}$ (vom Betrag $\tilde{v}$) ist ein *zulässiger* virtueller Bewegungszustand. Zu seiner virtuellen Gesamtleistung tragen nur die Gewichtskraft und die Kraft $\underline{\mathbf{F}}$ bei. Es wird also

$$\tilde{\mathcal{P}}(\tilde{v}) = \tilde{v}\,G \sin\alpha - \tilde{v}\,F\cos\alpha \quad . \tag{8.2}$$

Eine *Translation senkrecht zur Unterlage* mit Translationsgeschwindigkeit $\underline{\tilde{\mathbf{v}}}'$ (Schnelligkeit $\tilde{v}'$) ist zwar *unzulässig*, aber trotzdem ein möglicher virtueller Starrkörperbewegungszustand. Hier leisten alle Kräfte einen Beitrag zur virtuellen Gesamtleistung:

$$\tilde{\mathcal{P}}(\tilde{v}') = \tilde{v}'\,G\cos\alpha + \tilde{v}'\,F\sin\alpha - \tilde{v}'\,N \quad . \tag{8.3}$$

Schließlich soll noch eine virtuelle *Rotation* um den Schwerpunkt S (Rotationsschnelligkeit $\tilde{\omega}$) betrachtet werden. Auch dies ist ein *unzulässiger* virtueller Bewegungszustand. Die Wirkungslinie der Gewichtskraft geht durch S, deshalb hat sie keine virtuelle Leistung. Die Leistungen der Kräfte $\underline{\mathbf{F}}$ und $\underline{\mathbf{N}}$ ergeben sich mit Hilfe der Momente bezüglich S (siehe (5.7)) zu

$$\tilde{\mathcal{P}}(\underline{\mathbf{F}}) = \left(-\frac{a}{2}\sin\alpha + a\cos\alpha\right)\tilde{\omega}\,F \quad , \quad \tilde{\mathcal{P}}(\underline{\mathbf{N}}) = -x\,\tilde{\omega}\,N \quad . \tag{8.4}$$

8.3 Das Grundprinzip der Statik

> POSTULAT: Ein beliebig abgegrenztes materielles System befindet sich dann und nur dann in einer Ruhelage, wenn in dieser Lage die virtuelle Gesamtleistung aller inneren und äußeren Kräfte, einschließlich der inneren und äußeren Bindungskräfte, bei *jedem* virtuellen Bewegungszustand des Systems null ist (und wenn die Eigenschaften des Systems und seiner Lagerung diese Kräfte zulassen).

Dieses Postulat ist der statische Spezialfall eines allgemeinen Grundaxioms der Mechanik, des **Prinzips der virtuellen Leistungen**, das wir kurz als PdvL bezeichnen (dynamische Verallgemeinerung, siehe Band 3).

Das PdvL wurde stillschweigend von Jakob Bernoulli (1654-1705) zur Behandlung der Bewegung eines physikalischen Pendels angewendet und von J. L. Lagrange (1736-1813) 1788 explizit und in aller Schärfe formuliert. Wie jedes Postulat wird es ohne Beweis angenommen. Als physikalisches Postulat wird es durch seine experimentell überprüfbaren Folgerungen implizit bestätigt.

Aus dem PdvL lassen sich die inneren und äußeren Kräfte in einer Ruhelage berechnen. Es kann aber nicht sicherstellen, dass die für eine Ruhelage nötigen Kräfte im gegebenen System tatsächlich möglich sind. Dieser Nachweis muss z. B. durch eine Diskussion der Festigkeit (siehe Band 2) und von Zusatzbedingungen in Lagerbindungen geführt werden. Als Zusatzbedingung kann u. a. die richtige Richtung der Normalkraft in einer einseitigen Bindung (siehe Abschnitte 8.1 und 9.2), die Standfestigkeit (siehe Abschnitt 9.1) oder die Haftreibung (siehe Abschnitt 12.2) auftreten. Bei der direkten Anwendung des PdvL wählt man spezielle virtuelle Bewegungszustände und leitet mit ihrer Hilfe aus $\tilde{\mathcal{P}} = 0$ notwendige Bedingungen für die Ruhelage her. Insbesondere lassen sich damit, je nach Problemstellung, die Ruhelage selbst und die Bindungskräfte bestimmen.

Beispiel: Im Beispiel des Quaders von Fig. 8.7 seien der Winkel α und der Betrag G des Gewichtes bekannt. Es sollen der Betrag F der horizontalen Kraft sowie der Betrag N und die Wirkungslinie (also der Abstand x) der Kraft $\underline{\mathbf{N}}$ bestimmt werden.
Gemäß dem PdvL muss die virtuelle Gesamtleistung z. B. bei einer virtuellen Translation parallel zur Unterlage verschwinden. Mit dem obigen Resultat (8.2) ergibt sich

$$\tilde{\mathcal{P}}(\tilde{v}) = \tilde{v}\, G \sin\alpha - \tilde{v}\, F \cos\alpha = 0 \quad .$$

Weil die Gleichung für jedes $\tilde{v}$ gelten muss, folgt daraus der gesuchte Betrag der Kraft $\underline{\mathbf{F}}$:

$$F = G \tan\alpha \quad . \tag{8.5}$$

Analog dazu liefert die virtuelle Translation senkrecht zur Unterlage gemäß (8.3) die Gleichung

$$\tilde{\mathcal{P}}(\tilde{v}') = \tilde{v}'\, G \cos\alpha + \tilde{v}'\, F \sin\alpha - \tilde{v}'\, N = 0$$

und damit das Resultat

$$N = G / \cos\alpha \quad . \tag{8.6}$$

Aus der virtuellen Rotation um S ergibt sich mit Hilfe von (8.4) auch noch die letzte Unbekannte x:

$$\tilde{\mathcal{P}}(\underline{\mathbf{F}}) + \tilde{\mathcal{P}}(\underline{\mathbf{N}}) = \left(-\frac{a}{2} \sin\alpha + a \cos\alpha \right) \tilde{\omega}\, F - x\, \tilde{\omega}\, N = 0 \quad , \quad \forall\, \tilde{\omega} \quad ,$$

also

$$x = a \sin\alpha \left(\cos\alpha - \frac{1}{2} \sin\alpha \right) \quad . \tag{8.7}$$

Wählt man für ein beliebiges materielles System eine allgemeine Starrkörperbewegung als virtuellen Bewegungszustand, so lassen sich für eine Ruhelage notwendige Bedingungen herleiten, welche den Gegenstand des *Hauptsatzes der Statik* bilden.

8.4 Hauptsatz der Statik

THEOREM: Alle *äußeren* Kräfte, einschließlich der äußeren Bindungskräfte, welche auf ein materielles System in einer **Ruhelage** wirken, müssen *notwendigerweise* im **Gleichgewicht** sein.

Die Gleichgewichtsbedingungen (siehe auch (6.19))

$$\underline{\mathbf{R}}^{(a)} = \underline{0} \quad , \quad \underline{\mathbf{M}}_O{}^{(a)} = \underline{0} \tag{8.8}$$

für die Kräftegruppe der *äußeren* Kräfte (einschließlich der äußeren Bindungskräfte) sind also *notwendige Bedingungen*, welche in einer *Ruhelage* eines beliebigen (auch deformierbaren) materiellen Systems mit frei wählbarer Abgrenzung erfüllt sein müssen.

Die *Ruhelage* wird deshalb oft auch **Gleichgewichtslage** genannt.

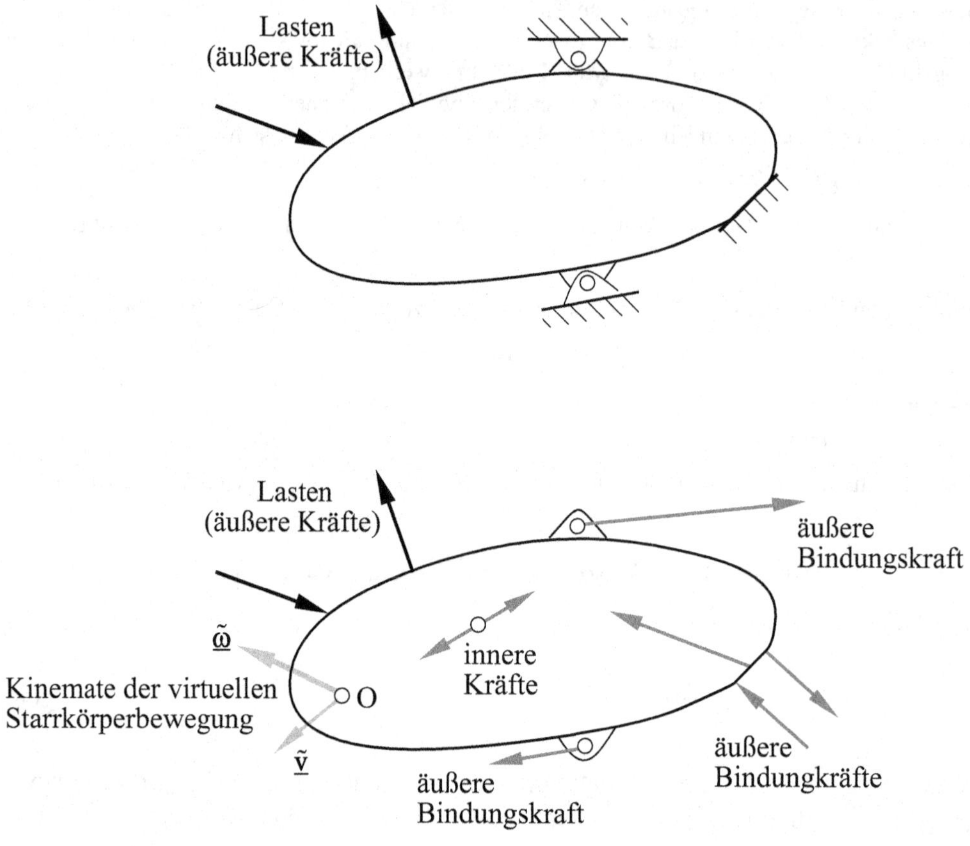

Fig. 8.8: Zum Beweis des Hauptsatzes der Statik: ein beliebiges, im Allgemeinen deformierbares System mit beliebigen Bindungen und beliebigen Lasten, oben mit den Bindungen, unten (nach der Systemabgrenzung) mit den Bindungskräften

Der *Beweis* des Theorems beruht auf dem PdvL. Man erteile dem materiellen System mit beliebiger Abgrenzung, das sich in einer Ruhelage befindet, eine beliebige momentane Starrkörperbewegung (Fig. 8.8). Gemäß PdvL muss bei dieser virtuellen Bewegung, welche die äußeren Bindungen durchaus verletzen darf, die Gesamtleistung aller inneren und äußeren Kräfte am materiellen System verschwinden. Die inneren Kräfte, einschließlich der inneren Bindungskräfte, bilden gemäß Reaktionsprinzip eine Nullgruppe, da in der Kräftegruppe der inneren Kräfte am materiellen System mit jeder inneren Kraft auch ihre Reaktion enthalten ist. Die Resultierende und das Moment der Kräftegruppe der inneren Kräfte erfüllen also die Gleichungen $\underline{\mathbf{R}}^{(i)} = \underline{\mathbf{0}}$, $\underline{\mathbf{M}}_O{}^{(i)} = \underline{\mathbf{0}}$. Nach (5.17) ergeben demzufolge die inneren Kräfte keinen Beitrag zur virtuellen Gesamtleistung, solange die willkürlich wählbare virtuelle Bewegung, wie im Rahmen der vorliegenden Beweisführung, eine Starrkörperbewegung ist. Mit den Bezeichnungen $\underline{\mathbf{R}}^{(a)}$ und $\underline{\mathbf{M}}_O{}^{(a)}$ für die Resultierende und das Moment der äußeren Kräfte bezüglich eines beliebigen Bezugspunktes O beträgt dann die virtuelle Gesamtleistung am materiellen System

$$\tilde{\mathcal{P}} = \underline{\tilde{\mathbf{v}}}_O \cdot \underline{\mathbf{R}}^{(a)} + \underline{\tilde{\boldsymbol{\omega}}} \cdot \underline{\mathbf{M}}_O{}^{(a)} \quad , \tag{8.9}$$

wobei $\{\underline{\tilde{\mathbf{v}}}_O, \underline{\tilde{\boldsymbol{\omega}}}\}$ die willkürlich wählbare Kinemate in O der momentanen virtuellen Starrkörperbewegung ist. Gemäß der Hypothese des zu beweisenden Theorems, ist das materielle System in einer Ruhelage, so dass das PdvL

$$\tilde{\mathcal{P}} = 0 \quad , \quad \forall \{\underline{\tilde{\mathbf{v}}}_O, \underline{\tilde{\boldsymbol{\omega}}}\} \tag{8.10}$$

verlangt. Aus (8.9) und (8.10) ergibt sich dann notwendigerweise (8.8).

Beispiel: Statt durch direkte Anwendung des PdvL kann das Beispiel von Fig. 8.7 mit Hilfe des Hauptsatzes der Statik gelöst werden. Da hier ein ebenes Problem vorliegt, ergeben die Gleichungen (8.8) zwei skalare *Komponentenbedingungen* ($\underline{\mathbf{R}}^{(a)} = \underline{\mathbf{0}}$) und eine skalare *Momentenbedingung* ($\underline{\mathbf{M}}_O{}^{(a)} = \underline{\mathbf{0}}$). Die Kraftvektoren der äußeren Kräfte sind hier $\underline{\mathbf{G}}$, $\underline{\mathbf{F}}$ und $\underline{\mathbf{N}}$. Unbekannt sind dabei die Beträge F von $\underline{\mathbf{F}}$ und N von $\underline{\mathbf{N}}$ sowie der Abstand x vom Schwerpunkt zur Wirkungslinie der resultierenden Normalkraft. Die Kraftvektoren lassen sich am besten parallel und senkrecht zur schiefen Ebene zerlegen; damit erreicht man, dass die Unbekannte N nur in einer der beiden Komponentenbedingungen auftritt. Mit dem Einheitsvektor $\underline{\mathbf{e}}_x$ parallel zur schiefen Ebene und dem Einheitsvektor $\underline{\mathbf{e}}_y$ senkrecht dazu lassen sich die Kraftvektoren als

$$\underline{\mathbf{F}} = -F \cos\alpha\, \underline{\mathbf{e}}_x - F \sin\alpha\, \underline{\mathbf{e}}_y \quad , \quad \underline{\mathbf{G}} = G \sin\alpha\, \underline{\mathbf{e}}_x - G \cos\alpha\, \underline{\mathbf{e}}_y \quad , \quad \underline{\mathbf{N}} = N\, \underline{\mathbf{e}}_y$$

darstellen. Da der Richtungssinn der Kräfte bei der Zerlegung bereits berücksichtigt worden ist, müssen die Unbekannten F und N den Ungleichungen

$$F \geq 0 \quad , \quad N \geq 0$$

genügen. Die aus $\underline{\mathbf{R}}^{(a)} = \underline{\mathbf{0}}$ folgenden Komponentenbedingungen sind

$$-F \cos\alpha + G \sin\alpha = 0 \quad , \quad -F \sin\alpha - G \cos\alpha + N = 0 \quad .$$

Die einzige skalare nicht triviale Momentenbedingung ergibt

$$a\, F \cos\alpha - \frac{a}{2} F \sin\alpha - x\, N = 0 \quad .$$

Aus diesen drei Gleichungen folgen wieder die Resultate (8.5), (8.6), (8.7), welche wir schon bei der direkten Anwendung des PdvL erhalten haben:

$$F = G \tan\alpha \quad , \quad N = \frac{G}{\cos\alpha} \quad , \quad x = a \sin\alpha \left(\cos\alpha - \frac{1}{2} \sin\alpha \right) \quad .$$

BEMERKUNG (1): Man beachte, dass die Gleichgewichtsbedingungen (8.8) nur notwendige Bedingungen für bleibende Ruhe sind und im Allgemeinen zur vollständigen Charakterisierung der Ruhelage nicht ausreichen. Ein deformierbares materielles System braucht trotz Erfüllung von (8.8) nicht in Ruhe zu bleiben.

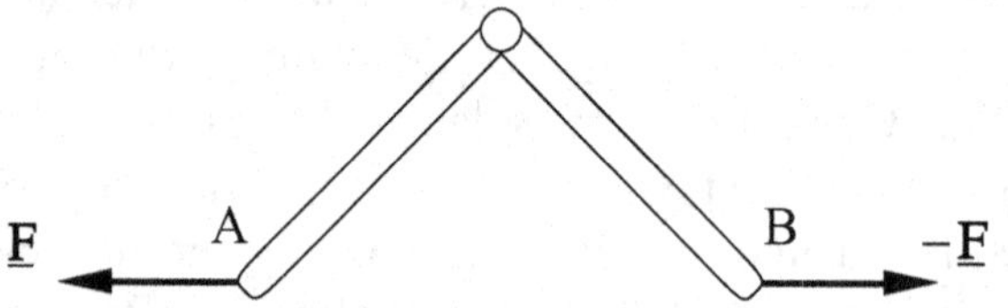

Fig. 8.9: Keine Ruhelage trotz Gleichgewicht der äußeren Kräfte

An den zwei in reibungsfrei gelenkig verbundenen und reibungsfrei horizontal liegenden starren Stäben von Fig. 8.9 sind die einzigen horizontalen äußeren Kräfte {A | $\underline{\mathbf{F}}$} und {B | −$\underline{\mathbf{F}}$} im Gleichgewicht. Die Bedingungen (8.8) sind trivialerweise erfüllt. Trotzdem befindet sich das System wegen der Drehfreiheit am Gelenk keineswegs in einer Ruhelage.

Im Grenzfall, wenn die Gleichgewichtsbedingungen (8.8) für jeden infinitesimalen Bestandteil eines beliebigen deformierbaren materiellen Systems formuliert werden, entstehen *Differentialgleichungen des Gleichgewichts*. Diese Gleichungen, die zugehörigen *Randbedingungen*, die durch die Bindungen entstehenden *kinematischen Beziehungen* und die Bedingungen für die zugehörigen inneren (*Stoffgleichungen*) und äußeren Bindungskräfte ergeben einen vollständigen Satz von notwendigen und hinreichenden Bedingungen für etwaige Ruhelagen eines deformierbaren Körpers (siehe Band 2).
Daraus kann man im Grenzübergang auf starre Körper schließen, dass für einen *einzelnen starren* Körper die Gleichgewichtsbedingungen (8.8), zusammen mit etwaigen Bedingungen in den äußeren Bindungen (z. B. Richtung der Normalkraft in einer einseitigen Bindung, Standfestigkeit, Haftreibungsgesetz; siehe Abschnitt 8.3), auch *hinreichend* für das Vorliegen einer Ruhelage sind.
Besteht das materielle System aus starren, miteinander verbundenen Bestandteilen, so ergeben also die Gesamtheit der Gleichgewichtsbedingungen (8.8) für die äußeren Kräfte an jedem einzelnen starren Bestandteil sowie etwaige Bedingungen, welche die Bindungen charakterisieren, einen vollständigen Satz von hinreichenden Bedingungen für eine Ruhelage.

Formuliert man die Gleichgewichtsbedingungen für jeden Stab des Systems von Fig. 8.9 einzeln, so erkennt man sofort, dass die Momentenbedingung für den getrennten Stab nicht erfüllt werden kann, da an jedem Stab ein Kräftepaar mit Moment $\neq 0$ wirkt. Die Gleichgewichtsbedingungen für jeden einzelnen Stab ergeben für ein System von zwei starren Stäben einen vollständigen Satz von hinreichenden Bedingungen (insgesamt 12 skalare Gleichungen für räumliche Kräftegruppen oder 6 Gleichungen für ebene Kräftegruppen) für eine etwaige Ruhelage, falls im Zusammenhang mit den Bindungen keine weiteren Bedingungen gestellt werden müssen.

BEMERKUNG (2): Aus der verallgemeinerten Formulierung des PdvL für bewegte materielle Systeme (siehe Band 3) folgt, dass sich die Kinemate eines starren Körpers bezüglich seines Massenmittelpunktes genau dann nicht verändert, wenn die Gleichgewichtsbedingungen (8.8) erfüllt sind. Diese Situation liegt bei einer gleichförmigen Translationsbewegung und bei einer gleichförmigen Rotation um eine Achse durch den Massenmittelpunkt vor, sowie bei allen Überlagerungen dieser Bewegungszustände.

9 Lagerbindungen und Lagerkräfte

Im Folgenden werden einige der wichtigsten Bindungen der technischen Praxis zwar in vereinfachter, idealisierter Darstellung, aber doch möglichst wirklichkeitsnah erläutert.

9.1 Ebene Unterlagen, Standfestigkeit

Ein starrer Körper auf ebener Unterlage (Fig. 9.1) heißt **standfest**, wenn er nicht kippt. Er ist über eine **Berührungsfläche** mit der Unterlage in Kontakt und erfährt in jedem mit ihr gemeinsamen *infinitesimalen* Flächenelement dA eine infinitesimale Normalkraft $d\underline{\mathbf{N}}$ und eine infinitesimale Reibungskraft $d\underline{\mathbf{F}}_R$, welche zusammen den Einfluss der Unterlage auf den Körper beschreiben und eine Kräftegruppe von flächenverteilten Kräften bilden. Die infinitesimalen Reibungskräfte $d\underline{\mathbf{F}}_R$ erschweren oder verhindern das Gleiten des Körpers auf der Unterlage und werden in Kapitel 12 diskutiert. Die infinitesimalen Normalkräfte $d\underline{\mathbf{N}}$ bilden eine Kräftegruppe von flächenverteilten, gleich gerichteten Kräften mit Angriffspunkten innerhalb der Berührungsfläche. Sie entsprechen den Bindungskräften einer einseitigen Bindung (siehe Abschnitt 8.1). Ihr Moment bezüglich eines beliebigen Punktes der ebenen Unterlage ist senkrecht zu jeder dieser infinitesimalen Kräfte. Das Gesamtmoment ist also senkrecht zur Resultierenden der Kräftegruppe. Gemäß den Ausführungen der Abschnitte 6.5 und 7.2 lässt sich diese Kräftegruppe statisch äquivalent auf eine Einzelkraft, nämlich auf eine resultierende **Normalkraft** mit Kraftvektor $\underline{\mathbf{N}}$, reduzieren. Der Angriffspunkt P dieser Einzelkraft, also der Kräftemittelpunkt, ist vorerst unbekannt. Er muss aber innerhalb der kleinsten konvexen, die Berührungsfläche enthaltenden Fläche liegen. Man nennt diese Fläche die **Standfläche** des Körpers; sie ist in Fig. 9.1 schraffiert dargestellt. Solange die Gleichgewichtsbedingungen eine resultierende Normalkraft liefern, die innerhalb der Standfläche angreift und gegen den Körper gerichtet ist, bleibt der Körper *standfest*.

Zum Beweis der Aussage über den Angriffspunkt P der resultierenden Normalkraft $\{P \mid \underline{\mathbf{N}}\}$ beachte man zunächst, dass die Momente der $d\underline{\mathbf{N}}$ bezüglich einer beliebigen Tangente zur Grenzkurve der Standfläche (Momente bezüglich einer Achse, siehe Abschnitt 6.2) denselben Richtungssinn oder dasselbe Vorzeichen besitzen. Das Moment der resultierenden Einzelkraft $\{P \mid \underline{\mathbf{N}}\}$ bezüglich der erwähnten Tangenten muss wegen der statischen Äquivalenz ebenfalls dieses Vorzeichen aufweisen. Demgemäß liegt der Angriffspunkt P auf derselben Seite jeder dieser Tangenten wie die Berührungspunkte, die Angriffspunkte der infinitesimalen Kraftvektoren $d\underline{\mathbf{N}}$ sind. Also muss P innerhalb der Standfläche liegen. Ergibt die Auflösung der Gleichgewichtsbedingungen einen Angriffspunkt außerhalb der Standfläche, so bedeutet der Widerspruch, dass die entsprechende Berührung nicht zustande kommt, der Körper kann dann in der entsprechenden Lage nicht in Ruhe bleiben, er ist also nicht *standfest*.

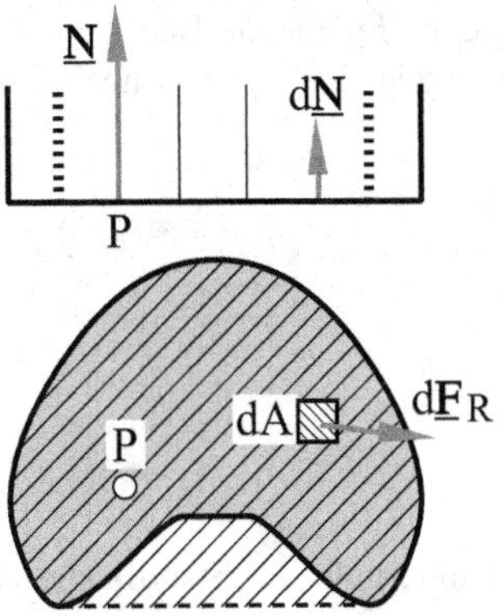

Fig. 9.1: Berührungsfläche (grau) und Standfläche (schraffiert)

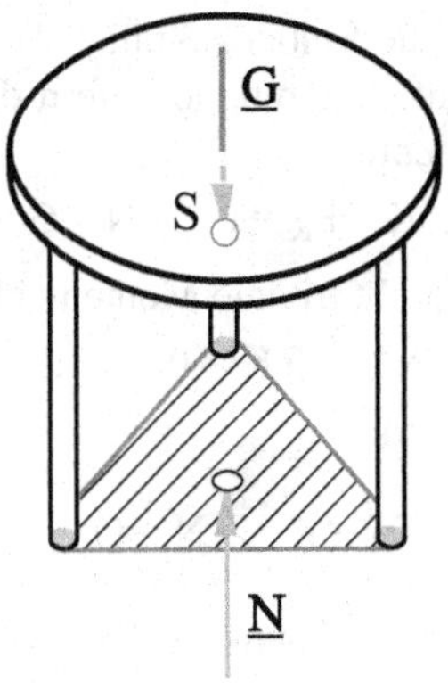

Fig. 9.2: Dreibeiniger Tisch unter Eigengewicht

Nimmt man an, dass die drei Beine eines durch sein Eigengewicht belasteten Tisches (Fig. 9.2) die horizontale Unterlage an drei als Punkte idealisierten Stellen berühren, so ist die Standfläche das durch diese drei Punkte gegebene Dreieck. Die einzigen äußeren Kräfte am aus Tisch und Beinen bestehenden System sind die resultierende Gewichtskraft $\{S \mid \underline{\mathbf{G}}\}$ im Schwerpunkt und die resultierende Normalkraft $\{P \mid \underline{\mathbf{N}}\}$ im Kräftemittelpunkt P der auf die Beine wirkenden Normalkräfte. Diese beiden Kräfte müssen zur Gewährleistung des Gleichgewichtes dieselbe Wirkungslinie haben. Der Tisch ist also standfest, solange sein Schwerpunkt S vertikal über der Standfläche liegt.

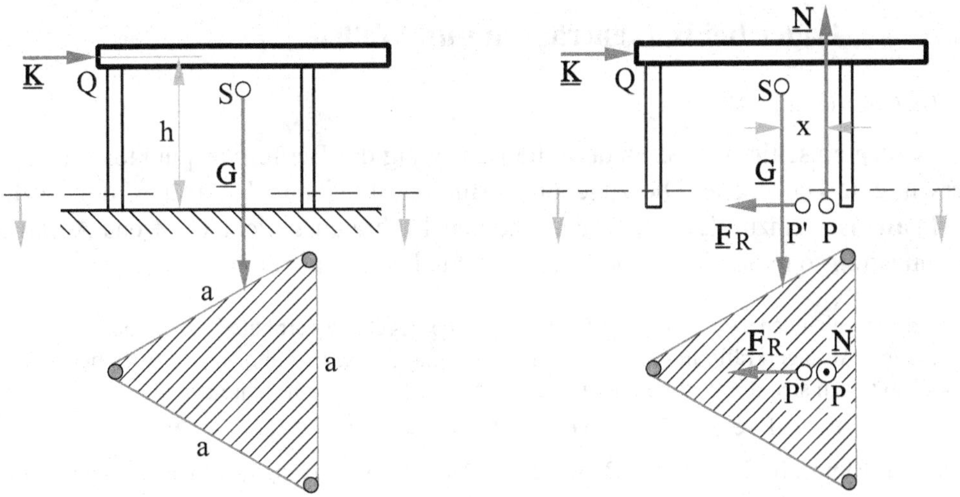

Fig. 9.3: Beispiel eines dreibeinigen Tisches mit zusätzlicher horizontaler Last: links das System mit den Lagern, rechts die Lagerkräfte

In Fig. 9.3 ist ein dreibeiniger Tisch dargestellt, der auf einer rauen Horizontalebene ruht und neben dem Eigengewicht $\{S \mid \underline{\mathbf{G}}\}$ auch dem Einfluss der horizontalen Kraft $\{Q \mid \underline{\mathbf{K}}\}$ ausgesetzt ist. Die ebene Unterlage liefert zwei resultierende äußere Bindungskräfte, die Normalkraft $\{P \mid \underline{\mathbf{N}}\}$ und die Reibungskraft $\{P' \mid \underline{\mathbf{F}}_R\}$. Schreibt man G, K, N, F_R für die Beträge der entsprechenden Kraftvektoren, so liefern die Komponentenbedingungen ($\underline{\mathbf{R}}^{(a)} = \underline{\mathbf{0}}$) in horizontaler und vertikaler Richtung

$$K - F_R = 0 \quad , \quad N - G = 0 \quad .$$

Die einzige nicht triviale Momentenbedingung lautet

$$x\,N - h\,K = 0 \quad .$$

Man erhält also

$$F_R = K \quad , \quad N = G \quad , \quad x = \frac{K}{G}\,h \quad .$$

Damit der Angriffspunkt P der resultierenden Normalkraft innerhalb der Standfläche zu liegen kommt, muss

$$-\frac{\sqrt{3}}{3}\,a \le x \le \frac{\sqrt{3}}{6}\,a$$

sein. Hieraus und unter der Voraussetzung K > 0 ergibt sich folgende Ungleichung als Bedingung für bleibende Ruhe:

$$K \le \frac{\sqrt{3}}{6}\,\frac{a}{h}\,G \quad .$$

Wäre der Betrag K größer, so würde der Tisch kippen. Eine weitere Bedingung ergibt sich aus dem *Haftreibungsgesetz*, das in Kapitel 12 erörtert wird.

9.2 Lager bei Balkenträgern und Wellen

a) ***Auflager*** (Fig. 9.4)

Sie wirken einseitig und verhindern die Bewegung der Berührungspunkte eines Trägers in eine Halbebene. Die zugehörige Bindungskraft auf den Träger, die **Auflagerkraft**, ist demzufolge gegen den anderen Halbraum gerichtet. Ist das Auflager reibungsfrei, so muss die Stützkraft normal zur Trägerachse sein.

Am starren, ruhenden Träger der Fig. 9.4 seien $\underline{\mathbf{F}}_1$, $\underline{\mathbf{F}}_2$ gegebene vertikale Lastvektoren und $\underline{\mathbf{A}}$, $\underline{\mathbf{B}}$ unbekannte Auflagerkräfte in den reibungsfreien Auflagern A, B. Führt man den Einheitsvektor $\underline{\mathbf{e}}_y$ ein, so lassen sich die Vektoren der insgesamt vier äußeren Kräfte schreiben als

$$\underline{\mathbf{F}}_1 = -F_1\,\underline{\mathbf{e}}_y \quad , \quad \underline{\mathbf{F}}_2 = -F_2\,\underline{\mathbf{e}}_y \quad , \quad \underline{\mathbf{A}} = A_y\,\underline{\mathbf{e}}_y \quad , \quad \underline{\mathbf{B}} = B_y\,\underline{\mathbf{e}}_y \quad ,$$

wobei F_1, F_2 positiv sind und A_y, B_y wegen der einseitigen Bindung nicht negativ sein dürfen, also

$$A_y \ge 0 \quad , \quad B_y \ge 0$$

gelten muss. Die Momentenbedingung bezüglich A ergibt

$$L\,B_y - \frac{L}{2}\,F_1 - 3\,\frac{L}{2}\,F_2 = 0 \quad ,$$

woraus unmittelbar

$$B_y = \frac{1}{2}(F_1 + 3\,F_2)$$

folgt. B_y ist sicher positiv, falls F_1 und F_2 positiv sind. Die andere Unbekannte A_y erhält man entweder aus einer weiteren Momentenbedingung bezüglich B oder aus der einzigen nicht trivialen Komponentenbedingung

$$A_y + B_y - (F_1 + F_2) = 0$$

als

$$A_y = \frac{1}{2}(F_1 - F_2) \quad .$$

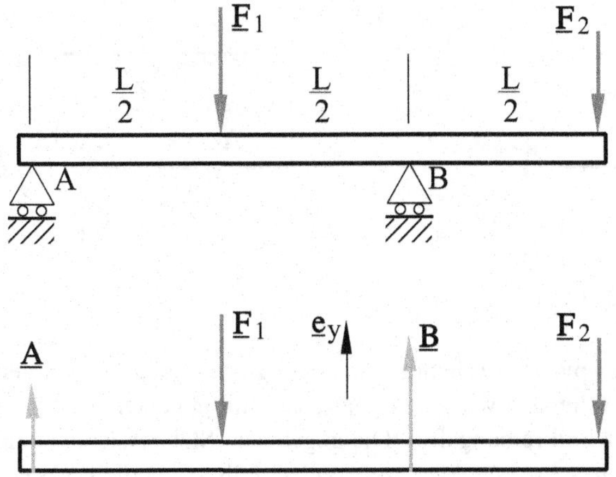

Fig. 9.4: Balkenträger mit Auflagern: oben mit den Lagern, unten mit den Lagerkräften

Die von der einseitigen Auflagerbindung folgende Bedingung $A_y \geq 0$ führt dann auf die Ungleichung

$$F_1 \geq F_2 \quad .$$

Ist der Lastbetrag F_2 größer, so bleibt der Träger in der gegebenen Lage nicht in Ruhe und hebt in A sofort ab.

b) ***Kurze Querlager*** (Fig. 9.5)

Sie verhindern die Quertranslation senkrecht zur Trägerachse eines ganzen Querschnitts eines Trägers oder einer drehenden Welle, lassen jedoch eine Längstranslation, Kipprotationen um Achsen senkrecht zur Trägerachse und, bei kreisförmigen Querschnitten, Eigenrotationen um die Trägerachse zu. Technisch lassen sie sich durch schmale Ringlager (Fig. 9.5a) oder durch Kugellager (Fig. 9.5b) realisieren.
Ist das Lager reibungsfrei, so besteht die Lagerkraft im Allgemeinen, den zwei Richtungen der verhinderten Quertranslationen entsprechend, aus zwei Komponenten

senkrecht zur Trägerachse. Der Richtungssinn der zwei Komponenten stellt sich je nach der Belastung ein. (Gemäß Fig. 4.2, Seite 67, beschriften wir in der Skizze direkt die Lagerkraft-Komponenten als skalare Größen.)

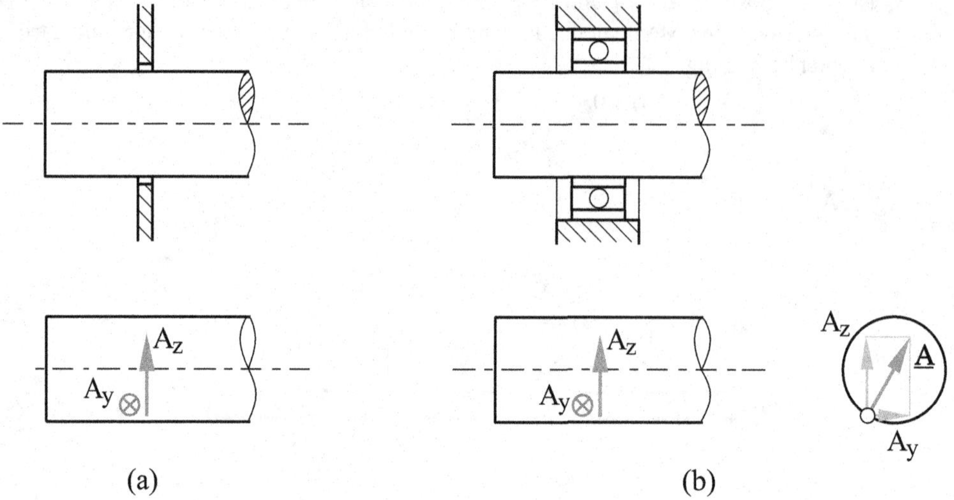

Fig. 9.5: Kurze Querlager

Man betrachte als Beispiel das ruhende, aus zwei zusammengeschweißten Stäben bestehende System in Fig. 9.6. Im Punkt A wirke ein Kräftepaar mit gegebenem Moment $\underline{\mathbf{M}}$. Die Querlager in B und C seien kurz und reibungsfrei. Die gegebenen Stabgewichte sind betragsmäßig gleich und in den zugehörigen Schwerpunkten eingetragen. Führt man die Basis $\underline{\mathbf{e}}_x$, $\underline{\mathbf{e}}_y$, $\underline{\mathbf{e}}_z$ ein, so lassen sich die bekannten Größen vektoriell als

$$\underline{\mathbf{G}} = -G\,\underline{\mathbf{e}}_y \quad , \quad \underline{\mathbf{M}} = -M\,\underline{\mathbf{e}}_y$$

und die unbekannten Vektoren der Lagerkräfte als

$$\underline{\mathbf{B}} = B_y\,\underline{\mathbf{e}}_y + B_z\,\underline{\mathbf{e}}_z \quad , \quad \underline{\mathbf{C}} = C_y\,\underline{\mathbf{e}}_y + C_z\,\underline{\mathbf{e}}_z$$

darstellen. Den 4 skalaren Unbekannten können folgende 2 Komponentenbedingungen

$$B_y + C_y - 2\,G = 0 \quad , \quad B_z + C_z = 0$$

und 2 Momentenbedingungen bezüglich B

$$-M - 4\,a\,C_z = 0 \quad , \quad -a\,G - 2\,a\,G + 4\,a\,C_y = 0$$

gegenübergestellt werden. Die anderen Gleichgewichtsbedingungen sind trivial (0 = 0). Die Resultate lauten

$$C_y = \frac{3}{4}G \quad , \quad C_z = -\frac{M}{4\,a} \quad , \quad B_y = \frac{5}{4}G \quad , \quad B_z = \frac{M}{4\,a} \quad .$$

Das negative Vorzeichen in C_z deutet darauf hin, dass die in Fig. 9.6 in der positiven $\underline{\mathbf{e}}_z$-Richtung eingetragene Kraftkomponente $\underline{\mathbf{C}}_z := C_z\,\underline{\mathbf{e}}_z$ in Wirklichkeit in der negativen Richtung wirkt.

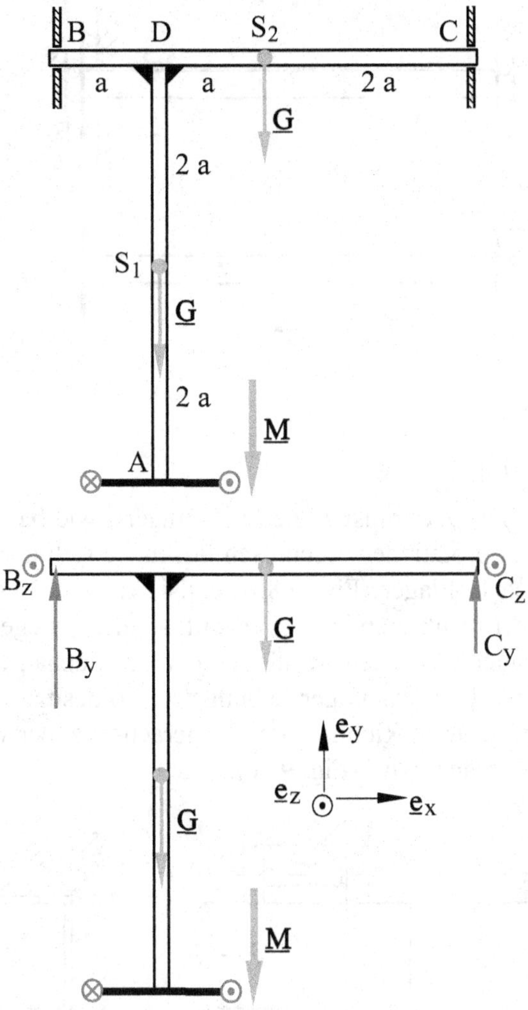

Fig. 9.6: Beispiel mit kurzen Querlagern

c) **Längslager** (Fig. 9.7)

Sie verhindern die Verschiebung des Trägers in Richtung seiner Achse. Das Längslager kann einseitig (entsprechender Kraftvektor $\underline{\mathbf{A}} = A\,\underline{\mathbf{e}}_x$ mit $A \geq 0$) oder wie in B zweiseitig sein.

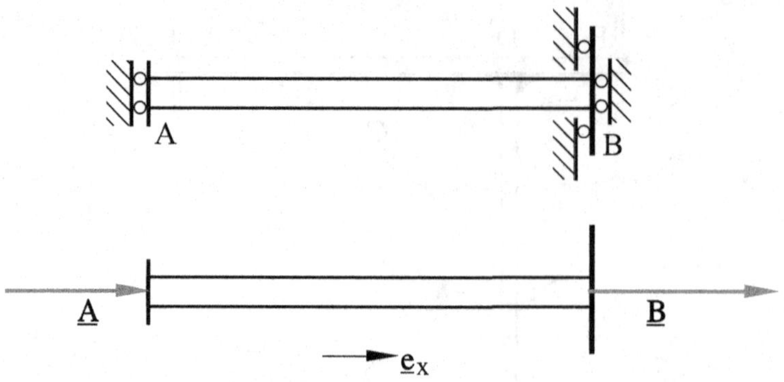

Fig. 9.7: Längslager

d) ***Lange Querlager*** (Fig. 9.8)

Sie verhindern nicht nur Quertranslationen des Trägers, wie bei den kurzen Querlagern, sondern auch Kipprotationen. Technisch lassen sie sich durch breite Gleitlager (Fig. 9.8a) oder durch Rolllager (Fig. 9.8b) realisieren. Die **Lagerdyname** besteht hier nicht nur aus einer resultierenden Lagerkraft, sondern, wegen der Verhinderung der Kipprotationen, auch aus einem resultierenden Kräftepaar, das durch sein Moment charakterisiert wird. Ist das Lager reibungsfrei, so besitzt die resultierende Lagerkraft keine Komponente in Richtung der Trägerachse, außer wenn das Querlager durch ein Längslager ergänzt wird (Fig. 9.8c).

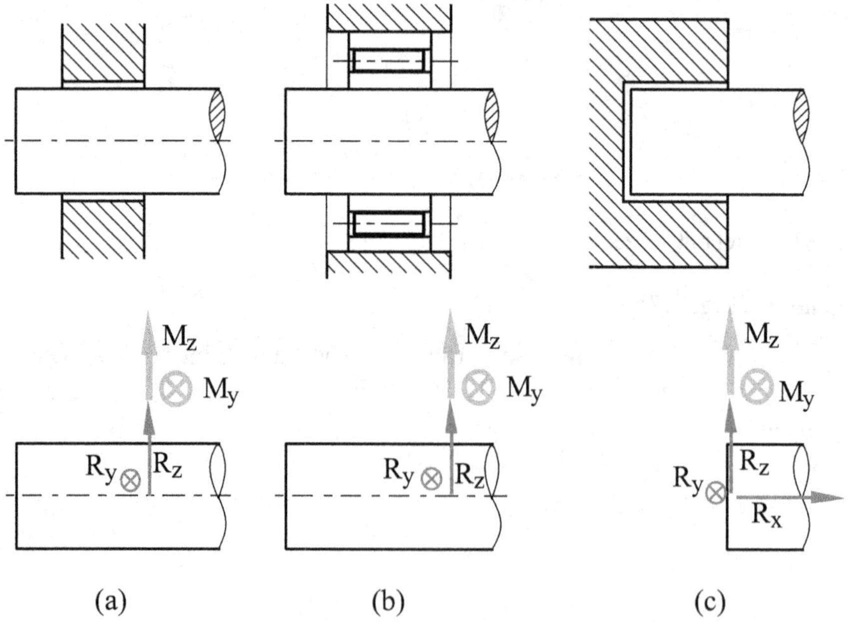

Fig. 9.8: Lange Querlager

e) ***Starre Einspannung*** (Fig. 9.9)

Eine starre Einspannung verhindert alle Bewegungen des Trägerquerschnittes. Die entsprechende Lagerdyname besteht also aus einer resultierenden Kraft, der **Einspannkraft**, und einem Moment, dem **Einspannmoment**, welches das zugehörige resultierende Kräftepaar charakterisiert. Einspannkraftvektor $\underline{\mathbf{A}}$ und Einspannmoment $\underline{\mathbf{M}}_O$ können im Allgemeinen sowohl Quer- als auch Längskomponenten besitzen. In einem ebenen Problem (siehe Fig. 9.10) ergibt die Einspanndyname drei Unbekannte (zwei Kraftkomponenten und eine Momentkomponente), in einem räumlichen Problem im Allgemeinen sechs (je drei Kraft- und Momentenkomponenten).

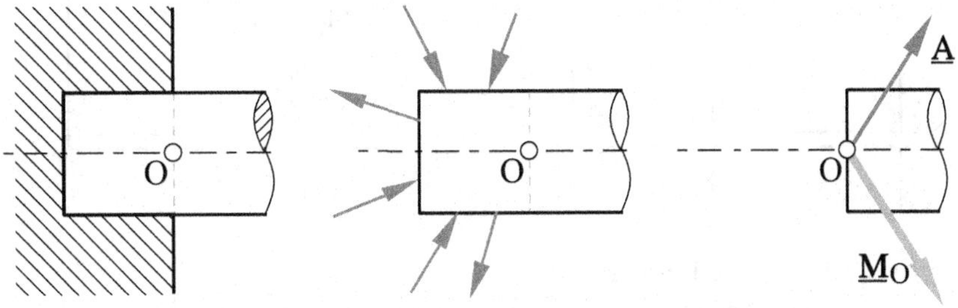

Fig. 9.9: Einspannung: links die Bindung, in der Mitte die im Allgemeinen unbekannt verteilten Bindungskräfte, rechts die dazu statisch äquivalente Dyname in O

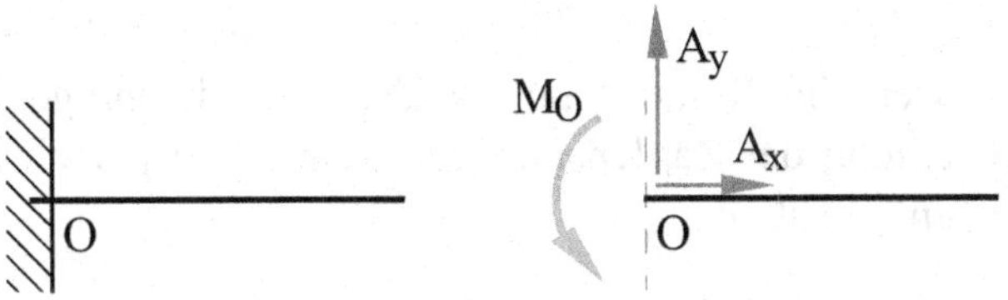

Fig. 9.10: Ebenes Problem mit Einspannung

Am Beispiel der Fig. 9.11 seien die zwei horizontalen starren Träger der Länge L in B zusammengeschweißt und durch ihr Eigengewicht belastet. Die Einspanndyname in A besteht aus dem Einspannkraftvektor

$$\underline{\mathbf{A}} = A_x\,\underline{\mathbf{e}}_x + A_y\,\underline{\mathbf{e}}_y + A_z\,\underline{\mathbf{e}}_z$$

und dem Einspannmoment

$$\underline{\mathbf{M}} = M_x\,\underline{\mathbf{e}}_x + M_y\,\underline{\mathbf{e}}_y + M_z\,\underline{\mathbf{e}}_z \quad .$$

Die Komponentenbedingungen für die äußeren Kräfte ergeben

$$A_x = A_y = 0 \quad , \quad A_z - 2\,G = 0$$

und die Momentenbedingungen

$$M_x - \frac{L}{2}G = 0 \quad , \quad M_y + \frac{L}{2}G + L\,G = 0 \quad , \quad M_z = 0 \quad ,$$

so dass sich der Einspannkraftvektor als

$$\underline{\mathbf{A}} = 2\, G\, \underline{\mathbf{e}}_z$$

ergibt, und das Einspannmoment

$$\underline{\mathbf{M}} = \frac{L}{2} G\, \underline{\mathbf{e}}_x - 3 \frac{L}{2} G\, \underline{\mathbf{e}}_y$$

ist.

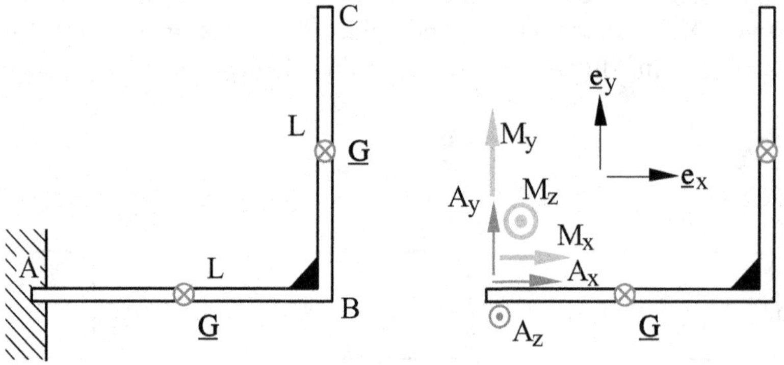

Fig. 9.11: Beispiel für starre Einspannung

f) ***Gelenke*** (Fig. 9.12)

Kugelgelenke verhindern im Idealfall alle 3 Verschiebungskomponenten des Trägerendes, lassen aber sämtliche Rotationsbewegungen um das Gelenk, also *Kreiselungen*, zu.

Zylindergelenke lassen eine Rotation um die Zapfenachse und gegebenenfalls eine Verschiebung in Richtung der Zapfenachse zu, verhindern jedoch im Idealfall alle anderen Bewegungsmöglichkeiten.

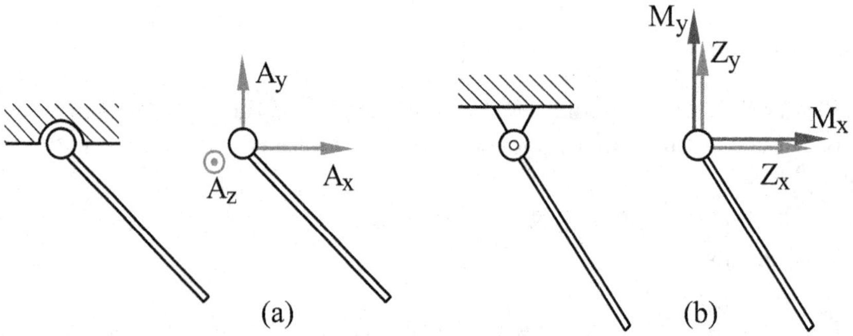

Fig. 9.12: Kugel- und Zylindergelenke (reibungsfrei)

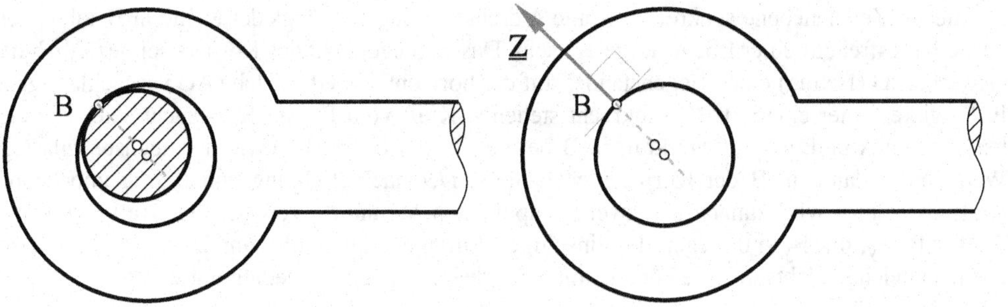

Fig. 9.13: Zapfen und Bohrung im Gelenk (reibungsfrei)

Bei einem *ebenen* System, mit der Kräfteebene senkrecht zur Zapfenachse eines Zylindergelenkes (Fig. 9.12b), übt das Lager auf den Träger nur eine resultierende Kraft und kein Moment aus, es ist also $M_x = 0$, $M_y = 0$. Zeichnet man das Spiel zwischen Zapfen und Bohrung übertrieben, wie in Fig. 9.13, so erkennt man, dass die Berührungsstelle B zwischen Zapfen und Bohrung vorerst unbekannt ist; indessen muss bei einem reibungsfreien Gelenk die Gelenkkraft mit dem Vektor $\underline{Z}$ längs der gemeinsamen Normalen durch den Berührungspunkt wirken. Also geht in diesem Fall die Wirkungslinie der **Zapfenkraft** durch die Gelenkmitte; ihr Betrag und ihre Richtung kann aber erst nach Lösung der entsprechenden Gleichgewichtsaufgabe ermittelt werden.

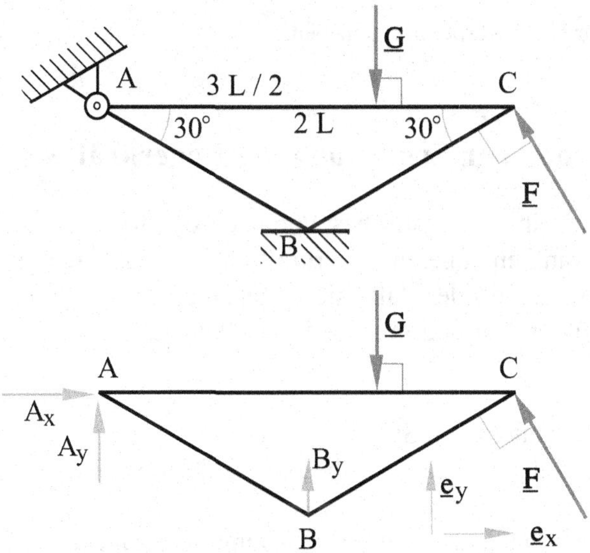

Fig. 9.14: Ebenes System mit Zylindergelenk

Als Beispiel betrachte man einen ruhenden prismatischen Körper, dessen dreieckiger Querschnitt in Fig. 9.14 gezeichnet ist. Der Körper sei mittels eines reibungsfreien Zylindergelenkes um die zur Zeichenebene senkrechte Kante A drehbar gelagert. Längs der Kante in B soll er ferner reibungsfrei auf einer Ebene aufgelegt sein. Das Eigengewicht des Körpers sei bezüglich des Gewichtes G (Betrag) eines Gegenstandes auf der horizontalen Oberfläche AC vernachlässigbar. In C wirke ferner eine auf BC senkrecht stehende Kraft vom Betrag F. Gesucht seien die Gelenkkraft in A und die Auflagerkraft in B bei gegebenen G und F sowie der höchste zulässige Wert von F, damit in B der Körper nicht abhebt. Der nach Richtung und Betrag unbekannte Kraftvektor in A wird zunächst in zwei Komponenten A_x und A_y zerlegt. Der Kraftvektor in B ist $\underline{\mathbf{B}} = B_y\, \underline{e}_y$, mit $B_y \geq 0$ wegen des einseitigen Auflagers. Die Unbekannten A_x, A_y, B_y dieser ebenen Gleichgewichtsaufgabe können mit Hilfe der Komponentenbedingungen

$$A_x - \frac{1}{2}\,F = 0 \quad , \quad A_y + B_y - G + \frac{\sqrt{3}}{2}\,F = 0$$

und der Momentenbedingung bezüglich A

$$L\,B_y - \frac{3}{2}\,L\,G + \sqrt{3}\,L\,F = 0$$

ermittelt werden. Man bekommt

$$B_y = \frac{3}{2}\,G - F\,\sqrt{3} \quad , \quad A_x = \frac{1}{2}\,F \quad , \quad A_y = \frac{1}{2}\,(F\,\sqrt{3} - G) \quad .$$

Die Komponente A_y wird je nach Größe von F in positiver oder negativer y-Richtung wirken, dies ist bei einem Gelenk durchaus zulässig. Der Kraftvektor B darf jedoch nur in positiver y-Richtung liegen. Also muss die Bedingung

$$F \leq \frac{\sqrt{3}}{2}\,G$$

erfüllt sein, sonst würde der Körper in B abheben.

9.3 Vorgehen zur Ermittlung der Lagerkräfte

Im Folgenden wird ein systematisches Vorgehen empfohlen, welches sich zur Ermittlung der unbekannten äußeren Lagerkräfte in der Ruhelage gut eignet. Auch etwaige unbekannte Lasten oder, falls sie unbekannt ist, die Ruhelage selbst lassen sich nach diesem Vorgehen und mit Hilfe der Gleichgewichtsbedingungen (8.8) bestimmen.

(a) Abgrenzung des materiellen Systems,
(b) Einführung der äußeren Kräfte, insbesondere der Lasten und der äußeren Lagerkräfte,
(c) Wahl einer zweckmäßigen Basis $\underline{e}_x$, $\underline{e}_y$, $\underline{e}_z$ mit dem zugehörigen Koordinatensystem $\{x, y, z\}$ zur komponentenweisen Darstellung der Kraftvektoren,
(d) Ermittlung der statischen Bestimmtheit bzw. Unbestimmtheit des Systems durch Abzählen und Vergleich der Anzahl von skalaren Gleichungen und Unbekannten, sowie durch Lösen von Bindungen (siehe Bemerkung (4), Abschnitt 9.4),

(e) komponentenweise Formulierung der skalaren Gleichgewichtsbedingungen in der Ruhelage,
(f) gegebenenfalls Trennung des Systems in Teilsysteme und Durchführung der Schritte (a) bis (e) für die Teilsysteme (siehe Dreigelenkbogen in Bemerkung (4), Abschnitt 9.4),
(g) Ermittlung der Unbekannten,
(h) Diskussion der Resultate.

Dieses Vorgehen wurde für alle in Abschnitt 9.2 gelösten Beispiele stillschweigend angewendet. Die Diskussion der Resultate enthält insbesondere die Auswertung etwaiger Bedingungen, welche von den äußeren Bindungen auferlegt werden und auf Gültigkeitsgrenzen dieser Resultate führen, zum Beispiel wegen Abheben, Gleiten (siehe Kapitel 12) oder Kippen.
Im Folgenden werden manchmal einzelne dieser Schritte ohne explizite Erwähnung durchgeführt. Zum Beispiel ist Schritt (a) bei einem Träger mit gegebener Form wie in Fig. 9.4 oder Fig. 9.14 unproblematisch. Auch Schritt (c) lässt sich in vielen Problemen stillschweigend ausführen, indem die Kraftvektoren nicht als solche, sondern mit Hilfe ihrer Komponenten in einer passend gewählten Basis charakterisiert werden. In den Anwendungsbeispielen der folgenden Kapitel werden wir oft von solchen Abkürzungsmöglichkeiten Gebrauch machen.

9.4 Bemerkungen

BEMERKUNG (1): **Lagerkräfte und Lagerreaktionen**

Lagerkräfte, d. h. durch lagerartige Bindungen entstehende Bindungskräfte, werden in der Umgangssprache oft auch als **Lagerreaktionen** bezeichnet. Diese Benennung kann zur Verwechslung mit dem Begriff **Reaktion** gemäß dem Reaktionsprinzip von Abschnitt 4.2 Anlass geben und sollte deswegen nach Möglichkeit vermieden werden, denn die Lagerkräfte sind nicht direkt die Reaktionen der auf den Träger wirkenden Lasten. Sie stellen den *Respons* der außerhalb des materiellen Systems liegenden Berührungspunkte der Lager auf die Einwirkung durch die gelagerten Trägerquerschnitte dar. Die Reaktionen zu den Lasten, die definitionsgemäß äußere Kräfte sind, befinden sich mit ihren Angriffspunkten außerhalb des materiellen Systems, da dieses nur aus dem Träger selbst besteht.

Am Beispiel der Fig. 9.11 sind das Einspannmoment $\underline{\mathbf{M}}$ und die Einspannkraft mit dem Vektor $\underline{\mathbf{A}}$ nicht die Reaktionen der beiden Stabgewichte (= Gravitationskräfte), denn gemäß Reaktionsprinzip wirken die Gewichtsreaktionen sinngemäß im Erdmittelpunkt, ihre Wirkungslinien sind gleich und ihre Vektoranteile umgekehrt gleich jenen der Stabgewichte.

BEMERKUNG (2): **Wahl der Basis, Wahl des Bezugspunktes**

Die Wahl der Basis $\underline{e}_x$, $\underline{e}_y$, $\underline{e}_z$ und vor allem des Bezugspunktes zur Formulierung der Momentenbedingungen kann unter Umständen die Lösung wesentlich erleichtern. In der Regel sollte der Bezugspunkt an dem Ort gewählt werden, wo sich möglichst viele Wirkungslinien von unbekannten Kräften treffen. Damit erscheint in den Momentenbedingungen die kleinstmögliche Anzahl von Unbekannten.

In der Aufgabe von Fig. 9.14 ist A ein günstiger Bezugspunkt zur Formulierung der Momentenbedingung, da in dieser nur B_y als Unbekannte erscheint. Der Punkt B dagegen ist weniger günstig, da die Momentenbedingung beide Unbekannten A_x, A_y enthalten würde.

BEMERKUNG (3): **Momentenbedingungen bezüglich mehrerer Bezugspunkte**

Vor allem bei ebenen Problemen, manchmal aber auch bei Problemen mit räumlichen Kräftegruppen, ist es gelegentlich nützlich, bei der Formulierung der Gleichgewichtsbedingungen als Ersatz für eine oder mehrere der Komponentenbedingungen eine entsprechende Mehrzahl von Momentenbedingungen bezüglich verschiedener Punkte aufzustellen. In einem ebenen System könnte zum Beispiel nach einer ersten Momentenbedingung bezüglich eines passend gewählten Bezugspunktes O_1 eine der Komponentenbedingungen durch eine zweite Momentenbedingung bezüglich eines günstig liegenden Bezugspunktes O_2 ersetzt werden. Die zweite Komponentenbedingung formuliert man dann längs einer Achse, die nicht senkrecht auf der Verbindungsstrecke O_1O_2 steht. Die somit entstehenden 3 Gleichungen sind für das Gleichgewicht der vorliegenden Kräftegruppe von äußeren Kräften sicher *notwendig*. Sie sind auch *hinreichend*, denn nachdem die Momente bezüglich O_1 und O_2 verschwinden, lässt sich die Kräftegruppe höchstens auf eine Einzelkraft mit Wirkungslinie längs O_1O_2 reduzieren (siehe (6.15)). Da aber die anschließend formulierte Komponentenbedingung dafür sorgt, dass auch diese Kraft verschwindet, muss die Kräftegruppe im Gleichgewicht sein. Ebenso einfach zeigt man, dass die Momentenbedingungen bezüglich dreier nicht auf einer Geraden liegender Punkte O_1, O_2, O_3 für das Gleichgewicht einer ebenen Kräftegruppe notwendig und hinreichend sind (der Leser möge diesen einfachen Beweis selbst erarbeiten).

Beim schiefen Balkenträger der Fig. 9.15, der in A reibungsfrei gelenkig gelagert, in B reibungsfrei aufgelegt und durch sein Eigengewicht in seinem Schwerpunkt belastet ist, können zwei Momentenbedingungen bezüglich A und B formuliert werden, um direkt die unbekannten Komponenten A_y und B_y der Lagerkräfte zu ermitteln, nämlich

$$L\,B_y - s\,G\cos\alpha = 0 \quad , \quad -L\,A_y + (L-s)\,G\cos\alpha = 0 \quad .$$

Die Komponentenbedingung längs der Trägerachse ergibt dann direkt die verbleibende Unbekannte A_x als

$$A_x = G\sin\alpha \quad .$$

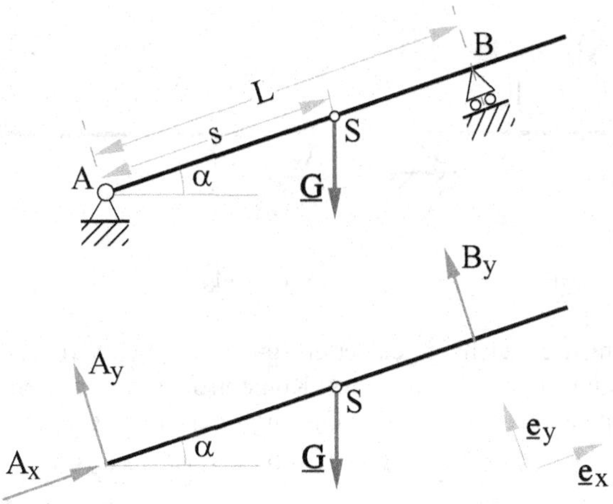

Fig. 9.15: Schiefer Balkenträger

Wichtig: Man beachte, dass man bei ebenen Problemen keinesfalls mehr als drei unabhängige Gleichgewichtsbedingungen für die äußeren Kräfte an einem gegebenen Träger formulieren kann. Diese garantieren nämlich, dass die resultierende Dyname verschwindet, und damit ist jede weitere Gleichgewichtsbedingung von selbst erfüllt (sofern sich keine Rechenfehler eingeschlichen haben).
In räumlichen Problemen lassen sich drei Komponenten- und drei Momentenbedingungen beispielsweise durch 6 Momentenbedingungen bezüglich 6 räumlich liegender Achsen ersetzen (siehe Aufgabe 2 am Ende dieses Kapitels). Auch in diesem Fall können für einen gegebenen Träger nicht mehr als 6 linear unabhängige Gleichgewichtsbedingungen formuliert werden.

BEMERKUNG (4): **Statisch unbestimmte Probleme**

Man bezeichnet ein Gleichgewichtsproblem mit n Unbekannten, für welche sich nur $m < n$ (linear unabhängige) Gleichungen aufstellen lassen, als $(n-m)$-**fach statisch unbestimmt**; im Fall $m = n$ heißt das Problem **statisch bestimmt**. Die statische Bestimmtheit oder Unbestimmtheit ergibt sich auch aus einer physikalischen Überlegung: Bei einem statisch unbestimmten System können Bindungen gelöst werden, und das System bleibt immer noch unbeweglich. Ein statisch bestimmtes System hingegen wird durch Lösen einer Bindungskomponente zu einem (beweglichen) Mechanismus. In Abschnitt 10.3 werden diese Begriffe genauer erläutert, einschließlich möglicher Ausnahmefälle. Statisch unbestimmte Probleme lassen sich nur durch Berücksichtigung der *Verformung* lösen (siehe Band 2).

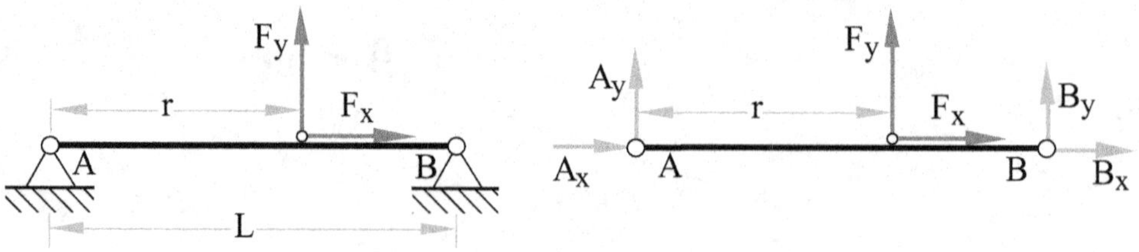

Fig. 9.16: Statisch unbestimmtes Problem: zwei Gelenke

Beim beidseitig reibungsfrei gelenkig gelagerten Balken der Fig. 9.16 treten zwei Gelenkkräfte mit unbekannten Richtungen auf, die in je zwei Komponenten zerlegt werden können und damit vier skalare Unbekannte ergeben. Da die drei Gleichgewichtsbedingungen

$$A_x + B_x + F_x = 0 \quad , \quad A_y + B_y + F_y = 0 \quad , \quad L\,B_y + r\,F_y = 0$$

zu ihrer Bestimmung (insbesondere zur Ermittlung von A_x und B_x) nicht ausreichen, ist das Problem *einfach statisch unbestimmt*.

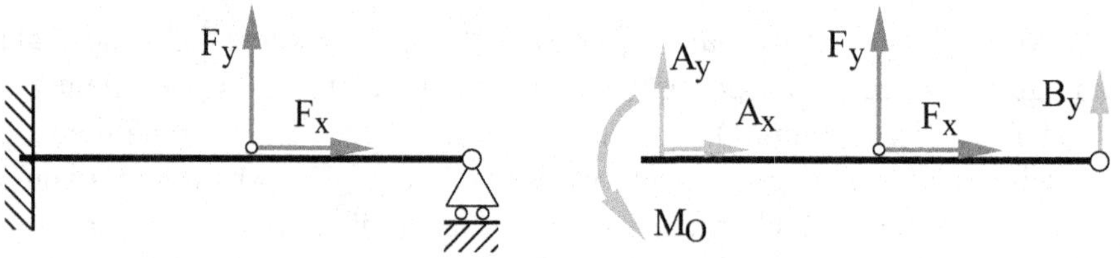

Fig. 9.17: Statisch unbestimmtes Problem: Einspannung und Auflager

Auch der Balken von Fig. 9.17, der einseitig eingespannt und am anderen Ende reibungsfrei aufgelegt ist, ergibt ein *einfach statisch unbestimmtes Problem.* Bei ebener Belastung ist ein einseitig eingespannter, am anderen Ende reibungsfrei gelenkig gelagerter Balken zweifach, ein beidseitig eingespannter Balken dreifach statisch unbestimmt.

Liegt ein System von mehreren Trägern vor, so muss man bei der Formulierung der Diagnose *statisch unbestimmt* vorsichtig sein. Vielfach kommt es vor, dass das System zwar statisch bestimmt ist, diese Eigenschaft jedoch erst nach der Zerlegung in einzelne Bestandteile klar ersichtlich wird (siehe dazu Kapitel 10 und 11).

Die äußeren Lagerkräfte des Dreigelenkbogens von Fig. 9.18 ergeben vier skalare Unbekannte und lassen sich daher mit den 3 Gleichgewichtsbedingungen am ganzen System nicht ermitteln. Zerlegt man aber den Bogen in seine beiden Einzelträger, dann treten unter Berücksichtigung der Kraftkomponenten im Zwischenlager sechs Unbekannte auf. Diese können aber mit den Gleichgewichtsbedingungen für jeden Einzelträger, also mit zweimal drei Gleichungen, vollständig bestimmt werden. In der Tat sind die Gleichgewichtsbedingungen für den horizontalen Träger (je zwei Momentenbedingungen mit geschickt gewählten Bezugspunkten und eine Komponentenbedingung in Richtung der Verbindungsgeraden der Bezugspunkte)

$$L\,C_y - \frac{L}{2}\,F_1 = 0 \quad , \quad -L\,A_y + \frac{L}{2}\,F_1 = 0 \quad , \quad A_x + C_x = 0 \quad ,$$

und jene für den vertikalen Träger

$$h\,B_x - \frac{h}{2}\,F_2 = 0 \quad , \quad h\,C_x + \frac{h}{2}\,F_2 = 0 \quad , \quad B_y - C_y = 0 \quad .$$

Hieraus folgen die Resultate

$$A_x = B_x = -C_x = \frac{F_2}{2} \quad , \quad A_y = B_y = C_y = \frac{F_1}{2} \quad .$$

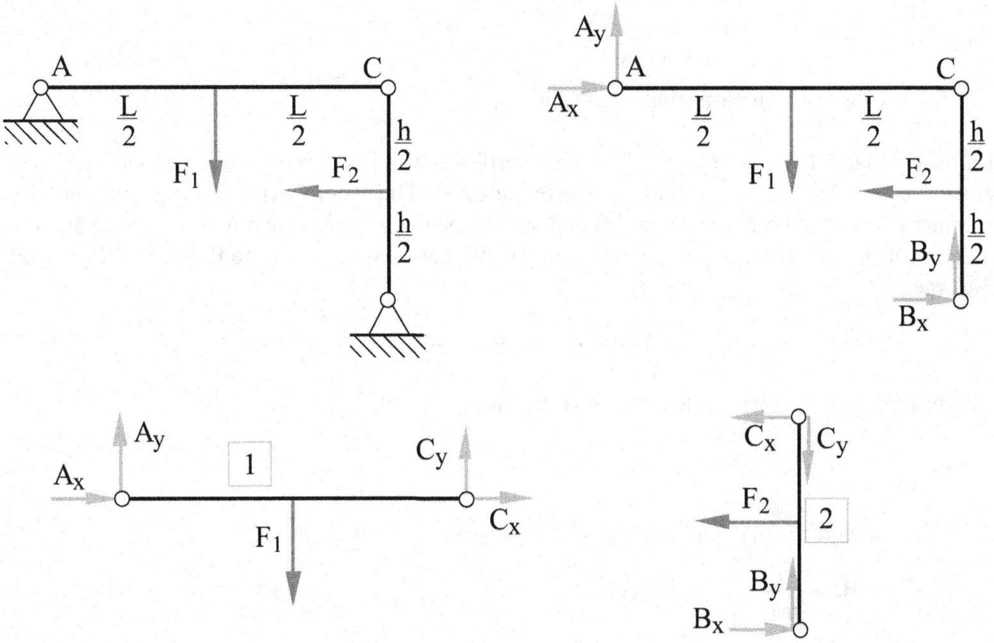

Fig. 9.18: Dreigelenkbogen: rechts oben als Gesamtsystem, unten in die Einzelträger aufgetrennt

BEMERKUNG (5): **Ermittlung von Ruhelagen**

Die Gleichgewichtsbedingungen können nicht nur zur Ermittlung von Lagerkräften, sondern mitunter auch zur Bestimmung der Ruhelagen selbst dienen.

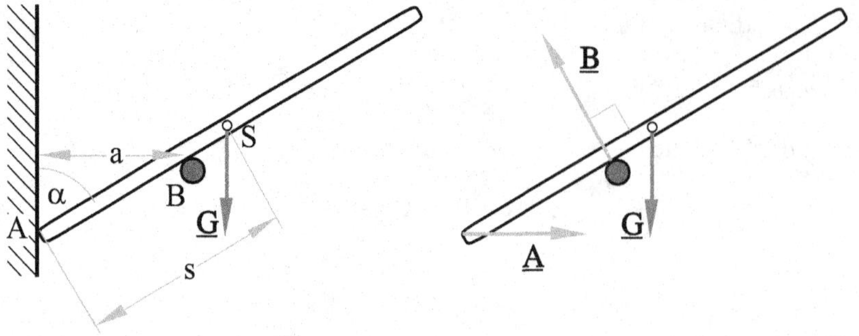

Fig. 9.19: Beispiel zur Ermittlung der Ruhelage

Ein Stab (Fig. 9.19) werde in A gegen eine vertikale Wand gestützt (aufgelegt) und in B über einen Nagel gelegt. Beide Auflager seien reibungsfrei. Die Komponentenbedingungen in horizontaler und vertikaler Richtung und die Momentenbedingung bezüglich A sind notwendige Bedingungen für die durch den noch unbekannten Winkel α charakterisierte Ruhelage des Stabes. Sie ergeben

$$A - B\cos\alpha = 0 \quad , \quad B\sin\alpha - G = 0 \quad , \quad \frac{a}{\sin\alpha}\,B - s\,G\sin\alpha = 0 \quad .$$

Eliminiert man B aus den beiden letzten Beziehungen, so erhält man mit

$$\sin\alpha = \left(\frac{a}{s}\right)^{1/3}$$

die *Ruhelage* und aus den beiden ersten Gleichungen die Lagerkraftbeträge

$$B = \frac{G}{\sin\alpha} \quad , \quad A = G\cot\alpha \quad .$$

BEMERKUNG (6): **Elastische Lagerung**

Bei den bisher erwähnten Lagerungsarten wie Auflager, Querlager, Einspannung, Gelenke haben wir angenommen, dass einzelne Verschiebungs- oder Drehungskomponenten des gelagerten Trägerteils vollständig verhindert seien. Die bisher erwähnten Lager werden deshalb **feste Lager** genannt. In Wirklichkeit sind jedoch sowohl der Träger als auch der Stützkörper deformierbar, so dass feste Lager einer Idealisierung entsprechen, bei der die Nachgiebigkeit des Lagers vernachlässigt wird. In einzelnen Anwendungen könnte aber diese Nachgiebigkeit eine wichtige Rolle spielen. In solchen Fällen werden die bisher erwähnten Lager durch **lineare Federn** ergänzt, welche die Lagerelastizität charakterisieren.

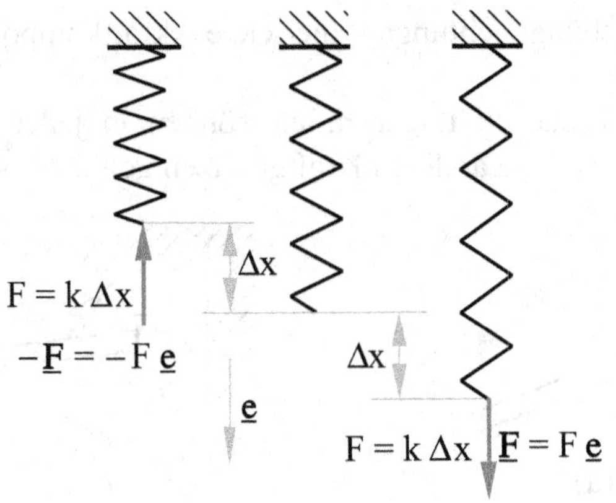

Fig. 9.20: Zug- und Druckfeder

Die Steifigkeit einer linearen Druck- und Zugfeder wird durch eine **Federkonstante** k mit der Dimension [Kraft / Länge] gegeben. Die zur Deformation der Feder (Fig. 9.20) nötige **Federkraft** ergibt sich aus der Längenänderung Δx gemäß

$$\underline{F} = F\,\underline{e} \quad , \quad F = k\,\Delta x \quad ,$$

wobei $\underline{e}$ in der Zugrichtung liegt.

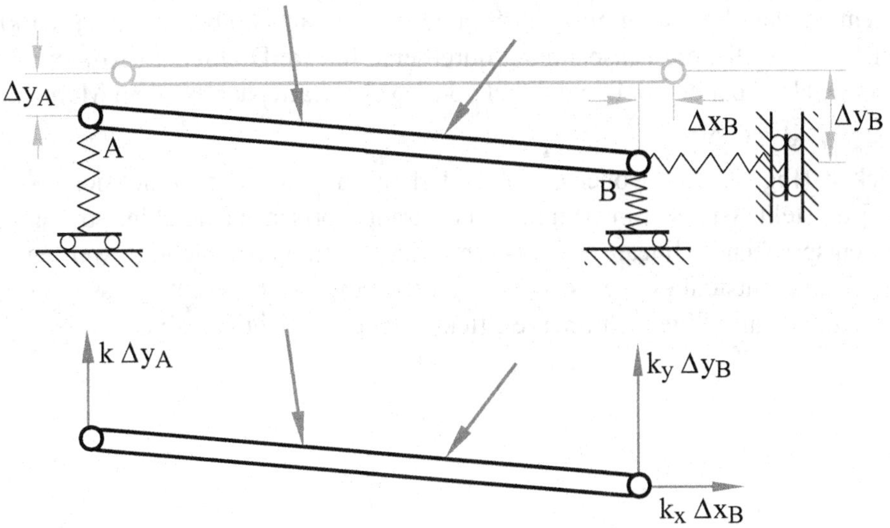

Fig. 9.21: Elastisch nachgiebige Lager

An einem **elastischen** Auflager A mit der Federkonstante k entsteht demgemäß die Auflagerkraft mit der Komponente $A_y = k\,\Delta y_A$, wenn Δy_A die sich in der Ruhelage einstellende Lagerverschiebung darstellt (Fig. 9.21). Analog dazu entstehen in einem **elastisch verschiebbaren Zylindergelenk** B mit den Federkonstanten k_x, k_y für die

zugehörigen Verschiebungsrichtungen die Gelenkkraftkomponenten $B_x = k_x \Delta x_B$, $B_y = k_y \Delta y_B$.
Zusätzlich zu den elastischen Lagerkräften können in jeder Richtung auch Reibungskräfte auftreten, welche anderen Kraftgesetzen genügen (siehe Kapitel 12).

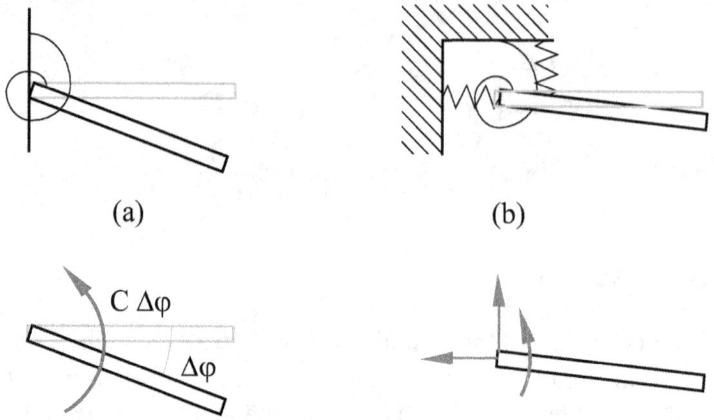

Fig. 9.22: Torsionsfeder, drehnachgiebige (a) und elastische Einspannung (b)

Auch Einspannungen können mit einer gewissen Drehnachgiebigkeit versehen sein. In einem solchen Fall kann man, im Sinne eines einfachen aber durchaus wirklichkeitsnahen Modells, die Einspannung durch eine lineare Drehfeder (**Torsionsfeder**) ersetzen, welche bei einem Drehwinkel von $\Delta\varphi$ ein Kräftepaar mit dem Moment

$$M = C\,\Delta\varphi$$

entwickelt (Fig. 9.22a), wobei C die Federkonstante mit der Dimension [Kraft × Länge] darstellt. Ist die Einspannung auch translatorisch nachgiebig, so kann dies durch entsprechende lineare Druck- und Zugfedern berücksichtigt werden (Fig. 9.22b). Damit entsteht eine **elastische Einspannung**. Man beachte, dass bei großen Deformationen allfällige nichtlineare Effekte zu berücksichtigen sind.

Aufgaben

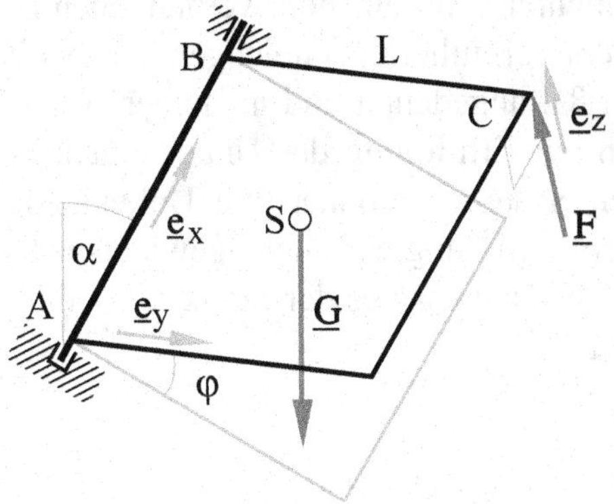

Fig. 9.23

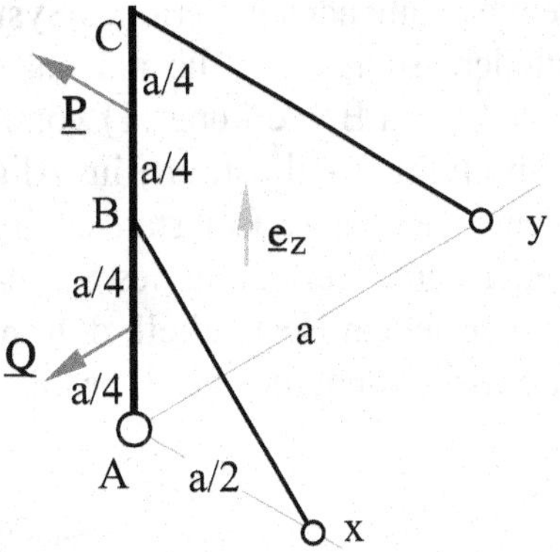

Fig. 9.24

1. Die homogene Platte von Aufgabe 6, Kapitel 7 habe ein Gewicht vom Betrag G und sei gemäß Fig. 7.8 (Seite 116) an gewichtslosen, parallelen Seilen aufgehängt. Man bestimme die Seilkräfte in der horizontalen Ruhelage.
2. Man beweise, dass für das Gleichgewicht einer räumlichen Kräftegruppe die Momentenbedingungen bezüglich der Kanten eines beliebigen Tetraeders notwendig und hinreichend sind.
3. Eine Quadratplatte (Fig. 9.23) mit Schwerpunkt in ihrer Mitte ist um die Achse AB drehbar, welche bezüglich der Vertikalen um α geneigt ist. Die Lager in A und B sind kurz und reibungsfrei; A ist als Längs- und Querlager, B als Querlager ausgebildet. Man ermittle die in der Ecke C normal zur Platte angreifende Kraft mit Betrag F, welche die Platte um den Winkel φ aus der Vertikalebene herausdreht. Ferner bestimme man die in Komponenten längs x, y, z zerlegten Lagerkräfte in A und B.
4. Ein vertikaler Stab (Fig. 9.24), dessen Länge a ist und dessen Gewicht $|\underline{G}| =: G = 10$ N beträgt, ist am unteren Ende in einem reibungsfreien Kugelgelenk gelagert und durch zwei gewichtslose Drähte gehalten. Seine Belastung besteht aus zwei Kräften mit Beträgen $|\underline{P}| =: P = 50$ N und $|\underline{Q}| =: Q = 40$ N, welche den x- bzw. y-Richtungen parallel sind. Man ermittle sämtliche Lagerkräfte, einschließlich der Drahtkräfte.

10 Statik der Systeme

Besteht ein ruhendes materielles System aus mehreren miteinander verbundenen Bestandteilen, so reichen die am ganzen System formulierten Gleichgewichtsbedingungen, wie in Bemerkung (1) von Abschnitt 8.4 angedeutet und in Bemerkung (4) von Abschnitt 9.4 illustriert, im Allgemeinen zur Ermittlung der Unbekannten des Problems nicht aus. Bei statisch bestimmten Systemen können die Unbekannten entweder durch Zerlegung des Systems und Formulierung der Gleichgewichtsbedingungen an jedem Bestandteil, d. h. mit Hilfe des Hauptsatzes der Statik, oder durch direkte Anwendung des PdvL bestimmt werden.

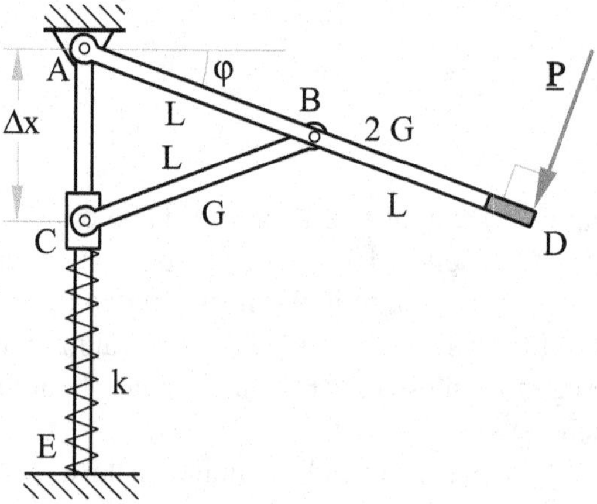

Fig. 10.1: Mechanismus mit Feder

Beide Methoden werden im Folgenden am Mechanismus der Fig. 10.1 illustriert. Der homogene Stab AD (Länge 2 L, Gewicht 2 G) ist im Gelenk A reibungsfrei gelagert und in seiner Mitte, im reibungsfreien Gelenk B, mit dem homogenen Stab BC (Länge L, Gewicht G) verbunden. In C ist ein reibungsfrei verschiebbarer Kolben von vernachlässigbarem Gewicht mit einer linearen Druckfeder in Berührung, welche bei $\varphi = 0$ ungespannt wäre, sich jedoch wegen der Stabgewichte und der zusätzlichen Last $\{D \mid \underline{P}\}$ um einen Abstand $\Delta x := 2\,L \sin\varphi$ verkürzt und auf den Kolben die Federkraft vom Betrag

$$F = k\,\Delta x \tag{10.1}$$

ausübt. Die Federkonstante k ist hierbei als bekannt vorauszusetzen. Gesucht ist bei gegebenen Werten G, L und k eine Beziehung zwischen P und φ in der Ruhelage.

10.1 Behandlung mit dem Hauptsatz

Will man das Vorgehen von Abschnitt 9.3 auf das vorliegende Problem anwenden, so muss man das System abgrenzen und die äußeren Kräfte einführen. Man betrachte vorerst die drei Gegenstände Kolben, Stab AD, Stab BC als ein einziges materielles System (Fig. 10.2).

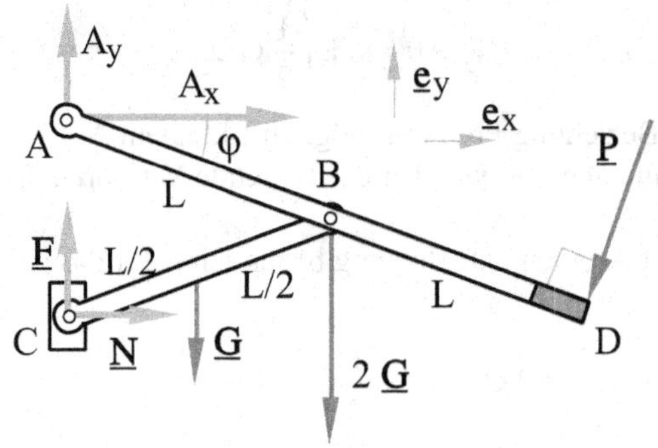

Fig. 10.2: Äußere Kräfte am System von Fig. 10.1

Die beiden Gewichte, die Kraft {D | $\underline{P}$} (d. h. die Lasten), die Gelenkkraft in A mit ihren beiden Komponenten A_x, A_y und die am Kolben angreifende Federkraft {C | $\underline{F}$} sowie die von der reibungsfreien Führung ausgeübte Normalkraft {C | $\underline{N}$} (d. h. die äußeren Bindungskräfte) sind die äußeren Kräfte am System. Die Unbekannten des Problems sind A_x, A_y, N und die gesuchte Beziehung P(φ). Die drei skalaren Gleichgewichtsbedingungen dieses ebenen Problems reichen zur Bestimmung der vier Unbekannten nicht aus. Dennoch ist das Problem nicht statisch unbestimmt, denn analog zum Beispiel der Fig. 9.18 kann das materielle System weiter zerlegt werden. Damit wird der Tatsache Rechnung getragen, dass die Stäbe in B nicht starr miteinander verschweißt, sondern durch ein Gelenk drehbar verbunden sind.

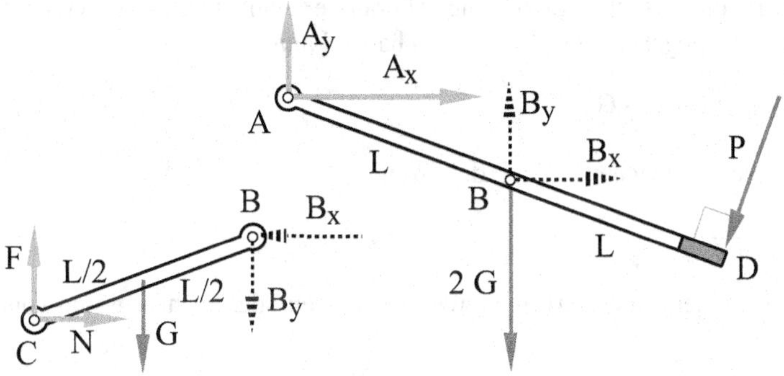

Fig. 10.3: Zerlegtes System

Zerlegt man das System in B, so entsteht in diesem Punkt eine weitere, auf den Stab AD wirkende äußere Gelenkkraft mit unbekannter Richtung. Damit bekommt man zwei zusätzliche unbekannte Komponenten B_x, B_y. Wegen des Reaktionsprinzips wirkt die Gelenkkraft in B auf den Stab BC in umgekehrter Richtung. Die Komponenten bezeichnet man wieder mit B_x, B_y, sie werden jedoch in der negativen x- bzw. y- Richtung eingetragen. Damit entstehen insgesamt 6 Unbekannte A_x, A_y, B_x, B_y, N, P(φ), für welche je 3 Gleichgewichtsbedingungen für jedes Teilsystem zur Verfügung stehen (Fig. 10.3), nämlich

$$A_x + B_x - P \sin\varphi = 0 \quad , \quad A_y + B_y - 2\,G - P \cos\varphi = 0 \quad ,$$

$$L\,(P + A_x \sin\varphi + A_y \cos\varphi) = 0 \quad , \qquad (10.2)$$

$$N - B_x = 0 \quad , \quad F - G - B_y = 0 \quad , \quad L\left(\frac{1}{2} G \cos\varphi - F \cos\varphi + N \sin\varphi\right) = 0 \quad .$$

Um jedoch die gesuchte Beziehung P(φ) mit möglichst kleinem Aufwand zu ermitteln, verzichten wir auf diese 6 Gleichungen und wenden das folgende Verfahren an, das schneller zum Ziel führt:
Man formuliere vorerst die Momentenbedingung bezüglich A für das ganze System der Fig. 10.2 in der Form

$$L\left(2 N \sin\varphi - 2 P - 2 G \cos\varphi - \frac{1}{2} G \cos\varphi\right) = 0 \quad .$$

Hieraus ergibt sich

$$N = \frac{5 G}{4 \tan\varphi} + \frac{P}{\sin\varphi} \quad . \tag{10.3}$$

Man stellt sodann die Momentenbedingung bezüglich B für den Stab CB auf, die schon in (10.2) formuliert wurde, nämlich

$$L\left(\frac{1}{2} G \cos\varphi - F \cos\varphi + N \sin\varphi\right) = 0 \quad ,$$

woraus man mit Hilfe von (10.1) und (10.3)

$$P = \left(2 k L \sin\varphi - \frac{7}{4} G\right) \cos\varphi \tag{10.4}$$

bekommt. Dies ist die gesuchte Beziehung. Hieraus erkennt man, dass der Kraftvektor $\underline{\mathbf{P}}$ nur dann den in Fig. 10.1 gegebenen Richtungssinn haben kann, wenn

$$2 k L \sin\varphi > \frac{7}{4} G \tag{10.5}$$

erfüllt ist. Bei einer zu „weichen“ Feder, d. h. wenn

$$k < \frac{7}{8} \frac{G}{L} \tag{10.6}$$

ist, kann (10.5) in keiner Lage φ erfüllt werden, es sei denn der Richtungssinn von $\underline{\mathbf{P}}$ wird umgekehrt.

Bei der Anwendung des Hauptsatzes der Statik auf ein statisch bestimmtes materielles System, welches aus mehreren miteinander durch Gelenke, Auflager, Feder oder andere Verbindungselemente verbundenen Teilen besteht, ist die Zerlegung in die einzelnen Teile unabdingbar. Nur durch diese Zerlegung, kommt die Information, die in den oben genannten inneren Bindungen steckt, in den Gleichgewichtsbedingungen zur Geltung. Allerdings kann die Auflösung der angestrebten Gleichungen wesentlich erleichtert werden, wenn gegebenenfalls eine zielgerechte Kombination von Momentenbedingungen am ganzen System und an den Teilkörpern gewählt wird.

10.2 Behandlung mit dem Prinzip der virtuellen Leistungen

Die direkte Anwendung des Prinzips der virtuellen Leistungen (PdvL) ermöglicht bei vielen *statisch bestimmten Problemen* eine Reduktion des Rechenaufwandes durch gezielte Auswahl von speziellen virtuellen Bewegungszuständen in der Ruhelage. Das allgemeine Lösungsverfahren kann etwa wie folgt beschrieben werden:

(a) Betrachtung des materiellen Systems in der Ruhelage ohne Zerlegung,
(b) Einführung der Lasten und gegebenenfalls der äußeren Bindungskräfte, sofern sie von Interesse sind,
(c) Einführung eines „zweckmäßigen" virtuellen Bewegungszustandes,
(d) Berechnung der virtuellen Gesamtleistung $\tilde{\mathcal{P}}$,
(e) Berechnung der Unbekannten aus $\tilde{\mathcal{P}} = 0$ gemäß PdvL in der Ruhelage.

Bei der „zweckmäßigen" Wahl des virtuellen Bewegungszustandes gemäß Schritt (c) sollte man sich allgemein an folgende Regeln halten:

(1) Zur Verknüpfung einer Ruhelage mit einem bestimmten Wert einer Last (z. B. beim Mechanismus der Fig. 10.1) wähle man am besten einen *zulässigen Bewegungszustand*, der definitionsgemäß mit allen Bindungen verträglich ist. Damit tragen die reibungsfreien Bindungskräfte, welche hier nicht interessieren, nichts (siehe Abschnitt 8.1) zur gesamten virtuellen Leistung bei.
(2) Zur Ermittlung einer inneren oder äußeren Bindungskraft wähle man einen virtuellen Bewegungszustand, der zwar *die zugehörige Bindung verletzt*, mit den übrigen Bindungen jedoch verträglich ist. Damit trägt die gesuchte innere oder äußere Kraft zur Gesamtleistung bei, und die übrigen uninteressanten reibungsfreien inneren und äußeren Kräfte bleiben aus der Rechnung ausgeschlossen, da die zugehörigen Bindungen nicht verletzt sind.

Am Beispiel der Fig. 10.1 kann der zulässige Bewegungszustand als ebene Bewegung vorerst durch die Rotationsgeschwindigkeit $\underline{\tilde{\omega}}$ von AD um A eingeführt werden (Fig. 10.4), wobei der Betrag $\tilde{\omega}$ willkürlich wählbar ist. Aus den Richtungen der Geschwindigkeiten in B und C ergibt sich das Momentanzentrum Z_{BC} ($\equiv$ D) für den Stab BC, der momentan um Z_{BC} mit der umgekehrten Rotationsgeschwindigkeit $-\underline{\tilde{\omega}}$ vom gleichen Betrag $\tilde{\omega}$ rotiert. Im Schwerpunkt S von BC interessiert nur die vertikale Komponente der Geschwindigkeit, welche aus $\tilde{\omega}$ und dem horizontalen Abstand $\overline{Z_{BC}S} = 3/2\, L \cos\varphi$ berechnet werden kann. Die Schnelligkeit in C beträgt $\tilde{v}_C = 2\, L\, \tilde{\omega} \cos\varphi$ und jene in D folgt als $\tilde{v}_D = 2\, L\, \tilde{\omega}$. Die reibungsfreien Bindungskräfte in A, B und C ergeben erwartungsgemäß keine Leistung. Nur die Beiträge der Gewichte in B und C, des Lastvektors $\underline{\mathbf{P}}$ in D und der Federkraft in C müssen berücksichtigt werden. Es folgt

$$\tilde{\mathcal{P}} = 2\, \tilde{\omega}\, L\, G \cos\varphi + \frac{3\, \tilde{\omega}\, L}{2}\, G \cos\varphi + 2\, \tilde{\omega}\, L\, P - 2\, \tilde{\omega}\, L\, F \cos\varphi = 0$$

für alle ω, d. h.

$$P = \left(F - \frac{7}{4} G \right) \cos\varphi$$

und mit (10.1) das Resultat (10.4).

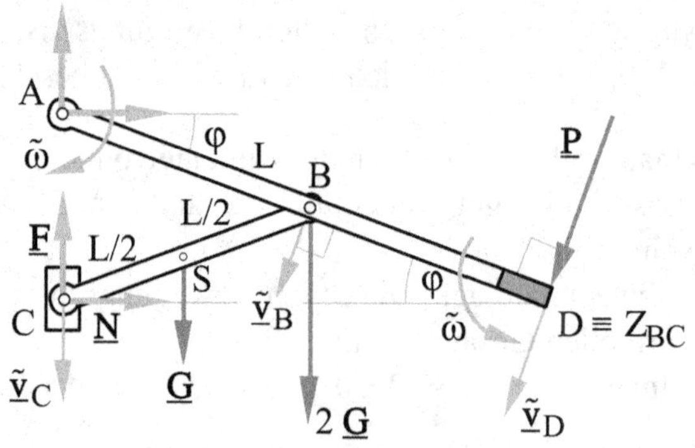

Fig. 10.4: Zulässiger virtueller Bewegungszustand

Will man den Betrag N der Bindungskraft, so muss die zugehörige Bindung verletzt und zum Beispiel das ganze System, einschließlich BC, starr um A rotiert werden. In C entsteht eine Geschwindigkeit in Richtung von $\underline{N}$ und der Betrag N erscheint im Ausdruck für die Gesamtleistung. Aus $\tilde{\mathcal{P}} = 0$ ergibt sich bis auf den unwesentlichen Faktor $\tilde{\omega}$ die Momentenbedingung, welche zum Resultat (10.3) geführt hat.

Fig. 10.5 zeigt als weiteres Beispiel einen so genannten **Differentialflaschenzug**, dessen (gewichtslos modellierte) Seile auf den Rollen haften und, soweit sie frei hängen, vertikal sein sollen. Als Last tritt zunächst die Kraft vom Betrag Q an der unteren Rolle auf, die auch das Gewicht der Rolle enthalten soll, ferner das Gewicht der oberen Spule mit dem Betrag G und die Kraft am freien Ende vom Betrag P. Als zulässigen virtuellen Bewegungszustand betrachten wir den wirklichen Bewegungszustand des Flaschenzugs, wenn das freie Seilende vertikal nach unten bewegt wird. Bei virtuellen Bewegungszuständen, welche wirklichen entsprechen, lassen wir zur Vereinfachung der Notation die Tilden weg und bezeichnen deshalb hier die Schnelligkeit des Seilendes mit v. Das Momentanzentrum der oberen Spule mit den Radien a und b liegt dann auf ihrer Achse. Hieraus ergeben sich die Schnelligkeiten, mit denen sich die beiden linken Seilstücke, soweit sie frei sind, translatorisch nach oben bzw. unten bewegen, zu v und $b\,v/a$. Da sich die entsprechenden Geschwindigkeitsvektoren unverändert auf die untere Rolle übertragen (die Seile sollen inextensibel und gespannt bleiben), liegt ihr Momentanzentrum Z auf ihrem horizontalen Durchmesser sowie vertikal unter der Achse der oberen Spule. Es hat, da der Durchmesser der Rolle $a + b$ ist, von ihrem Mittelpunkt den Abstand $c = (a - b)/2$. Da die Rolle die Rotationsschnelligkeit

$$\omega = \frac{1}{b}\frac{b}{a} v = \frac{v}{a}$$

besitzt, verschiebt sich der Angriffspunkt von Q mit der Schnelligkeit

$$w = \omega\, c = \frac{a - b}{2a} v$$

nach oben. Das Gewicht mit Betrag G ergibt keinen Beitrag zur virtuellen Leistung. Das PdvL, auf den betrachteten zulässigen virtuellen Bewegungszustand angewandt, ergibt also in der Ruhelage

$$\mathcal{P} = v\,P - \frac{a-b}{2\,a}\,v\,Q = 0$$

für alle v, oder

$$P = \frac{a-b}{2\,a}\,Q \ .$$

Der Kraftbetrag P kann also bei gegebenem Q durch entsprechende Wahl von a und b klein gehalten werden, und die Bezeichnung als Differentialflaschenzug wird danach ohne weiteres verständlich.

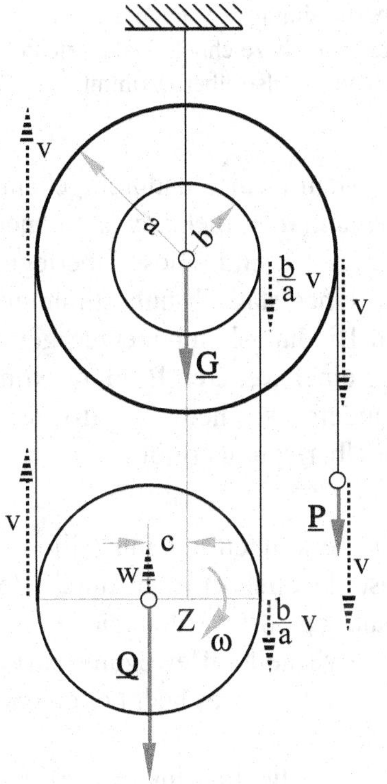

Fig. 10.5: Differentialflaschenzug

10.3 Statisch unbestimmte Systeme

Statisch unbestimmte ruhende Systeme können entweder direkt, durch eine statische Überlegung, oder indirekt, kinematisch, als solche erkannt werden. Bei der *statischen Überlegung* vergleicht man die Anzahl der unbekannten Größen n mit der Anzahl m der zur Verfügung stehenden linear unabhängigen Gleichgewichtsbedingungen, allenfalls nach Zerlegung des Systems zur expliziten Darstellung der zusätzlichen Informationen, welche innere Bindungen (Gelenke, Auflager, Federn, Seile etc.) zwischen den Bestandteilen des materiellen Systems enthalten. Ist für das Gesamtsystem und alle Teilsysteme $m = n$, so heißt das materielle System **statisch bestimmt**. Falls $m < n$ ist, reichen die aus dem Gleichgewicht der äußeren Kräfte hergeleiteten, linear unabhängigen Gleichungen zur Ermittlung der n Unbekannten nicht aus; das System ist dann **statisch unbestimmt**. Der Fall $m > n$ entspricht einem **statisch überbestimmten** System: einem Mechanismus, der (im Allgemeinen) nicht in Ruhe bleibt, weil die für eine Ruhelage notwendigen Gleichgewichtsbedingungen nicht erfüllt werden können.

Manchmal werden statisch überbestimmte Systeme auch als *verschieblich*, *statisch unterbestimmt* oder *kinematisch unbestimmt* bezeichnet. Dabei richtet man den Fokus statt auf die Gleichgewichtsbedingungen (zu viele, also überbestimmt) auf die Bindungen (zu wenige, also unterbestimmt).

Das statisch unbestimmte System ist also dadurch gekennzeichnet, dass es mehr äußere Bindungskraftkomponenten, d. h. mehr Zwänge, mehr kinematische Bindungen beinhaltet, als für Ruhe notwendig sind. Diese Überlegung führt zur *kinematischen Beurteilung* und Erkennung eines statisch unbestimmten Systems. Würde ein System nach Aufhebung von u Bindungskomponenten gerade noch unbeweglich bleiben und sich bei Aufhebung einer weiteren Bindungskomponente in einen beweglichen Mechanismus verwandeln, so heißt es u-fach statisch unbestimmt. Der Vergleich mit der statischen Überlegung ergibt

$$n - m = u \quad . \tag{10.7}$$

Statisch unbestimmte Probleme können nur mit Hilfe der Methoden der Mechanik deformierbarer Körper (Festigkeitslehre), d. h. durch Berücksichtigung der Deformation des Systems, vollständig gelöst werden (siehe Band 2).

Die Existenz eines zulässigen virtuellen Bewegungszustandes (mit nicht verschwindenden Geschwindigkeiten) zeigt, dass es sich bei einem System um einen (beweglichen) Mechanismus handelt.

Bei der Beurteilung der Unbeweglichkeit interessiert es vorerst nicht, ob eventuell durch die gegebene Belastung einseitige Bindungen gelöst oder Haftreibungsgesetze (siehe Kapitel 12) verletzt werden. Man lässt deshalb keine virtuellen Bewegungen parallel zu Reibungskräften oder –momenten zu. Ebenso werden deformierbare Elemente erstarrt und nachgiebige Verbindungen in Gedanken verfestigt.

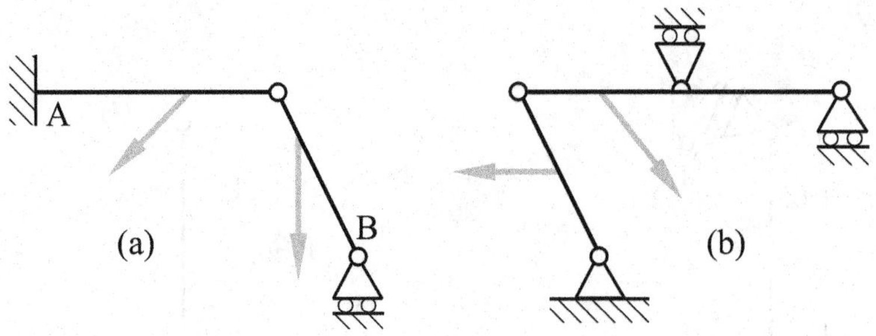

Fig. 10.6: Beispiele ebener, statisch bestimmter Strukturen

Die in der Fig. 10.6 angegebenen Beispiele entsprechen statisch bestimmten Systemen. Die Strukturen der Fig. 10.7 sind statisch unbestimmt.

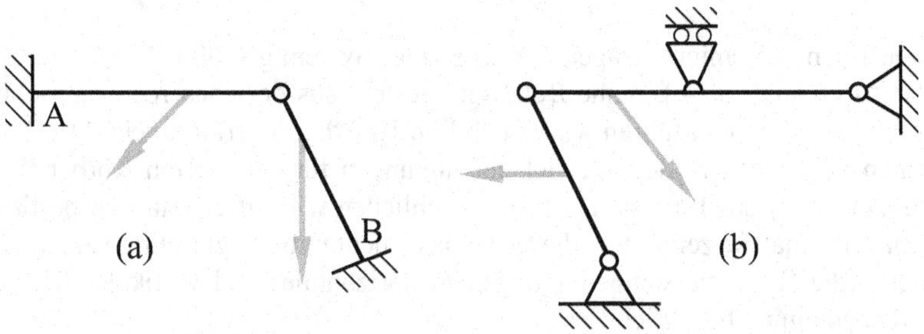

Fig. 10.7: Beispiele statisch unbestimmter Strukturen

Ersetzt man zum Beispiel in Fig. 10.6a die Einspannung in A durch ein festes Gelenk (Lösen der Bindungskomponente, welche die Drehung verhindert), so wird das System zu einem Mechanismus, denn das verschiebbare Lager in B kann eine horizontale Geschwindigkeit haben, welche ohne Verletzung des Satzes der projizierten Geschwindigkeiten auf eine zulässige Drehung des einen Stabes um A und des anderen um sein Momentanzentrum führt. Auch am System von Fig. 10.6b erhält man durch Aufhebung eines der beiden verschiebbaren Lager oder durch Umwandlung des Gelenkes in ein verschiebbares Lager (Lösen der Bindungskomponente, welche horizontale Translation verhindert) einen Mechanismus. Beide Systeme sind also statisch bestimmt. Am ebenen System von Fig. 10.7a müssen dagegen mindestens drei Bindungskomponenten gelöst werden (zum Beispiel durch Zulassen einer Drehung am linken sowie einer Drehung und einer Verschiebung am rechten Lager), damit das System zu einem Mechanismus wird. Es ist also in der Ebene 3 – 1 = 2fach statisch unbestimmt. Im Vergleich dazu ist das System von Fig. 10.7b nur einfach statisch unbestimmt.
Die Beurteilung der statischen Bestimmtheit allein aufgrund von Formel (10.7) kann zu Trugschlüssen führen, wenn die aus den Gleichgewichtsbedingungen gewonnenen Gleichungen linear abhängig oder nicht lösbar sind.

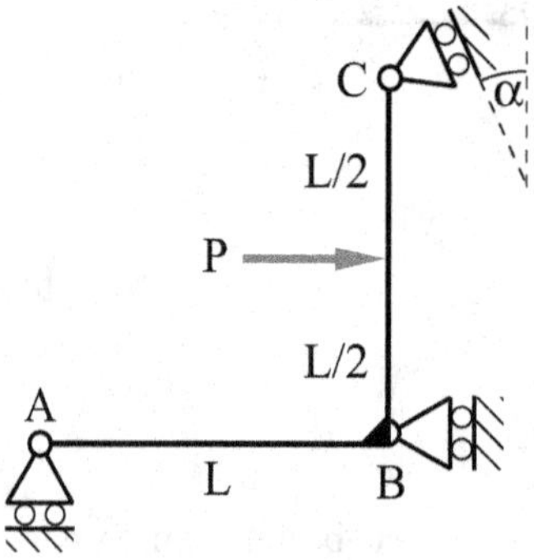

Fig. 10.8: L-förmiger Träger

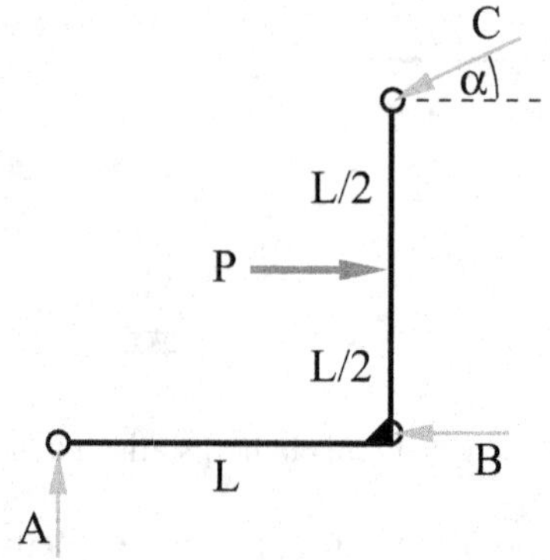

Fig. 10.9: Lagerkräfte am L-förmigen Träger

Wir betrachten einen L-förmigen Träger, der als ebenes System gemäß Fig. 10.8 durch drei Auflager gelagert ist ($0 \le \alpha \le \pi/4$). Seine Belastung besteht aus der nach rechts gerichteten Kraft vom Betrag $P > 0$. Am System führen wir gemäß Fig. 10.9 die Lagerkräfte ein. Das Abzählen der Unbekannten ($n = 3$) und der Gleichgewichtsbedingungen für den starren Körper in der Ebene ($m = 3$) liefert in (10.7) das Resultat $u = 0$. Also schließen wir auf ein statisch bestimmtes System. Eine genauere Analyse zeigt, dass dieser Schluss nicht unbedingt richtig ist.
Wir formulieren die Komponentenbedingungen in horizontaler und vertikaler Richtung sowie eine Momentenbedingung bezüglich C:

$$P - B - C\cos\alpha = 0 \quad , \quad A - C\sin\alpha = 0 \quad , \quad L\left(\frac{P}{2} - B - A\right) = 0 \, .$$

Die Auflösung nach den Unbekannten ergibt

$$A = \frac{P\sin\alpha}{2(\cos\alpha - \sin\alpha)} \quad , \quad B = \frac{P(\cos\alpha - 2\sin\alpha)}{2(\cos\alpha - \sin\alpha)} \quad , \quad C = \frac{P}{2(\cos\alpha - \sin\alpha)} \quad .$$

In allen drei Resultaten verschwindet der Nenner für $\sin\alpha = \cos\alpha$, also für $\alpha = \pi/4$. Bei diesem Winkel existiert keine Lösung der Gleichgewichtsbedingungen. Diese Tatsache zeigt sich auch in einer kinematischen Betrachtung: Für $\alpha = \pi/4$ ist eine momentane Rotation um den Punkt A zulässig und das System also ein Mechanismus.
Eine ähnliche Situation liegt beim Balken in Fig. 10.10 vor. Er ist links mit einem Gelenk und rechts, senkrecht zur Balkenachse, mit einem beidseitigen Auflager befestigt und durch eine vertikale Kraft P in der Mitte belastet. Die Komponentenbedingungen in horizontaler und vertikaler Richtung lauten

$$A - C = 0 \quad , \quad B - P = 0 \quad ,$$

die Momentenbedingung bezüglich des Gelenks

$$\frac{L}{2}P = 0 \quad .$$

Für $P \ne 0$ (und $L \ne 0$) ist also die Momentenbedingung immer verletzt, während die beiden Komponentenbedingungen für A und C kein eindeutiges Resultat liefern. Das System erfüllt zwar die Gleichung (10.7), ist aber bezüglich A und C statisch unbestimmt und gleichzeitig (infinitesimal) beweglich.

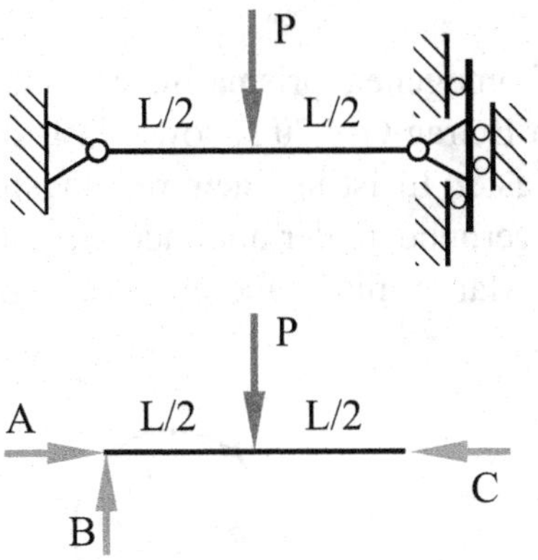

Fig. 10.10: Statisch unbestimmt und überbestimmt gelagerter Balken

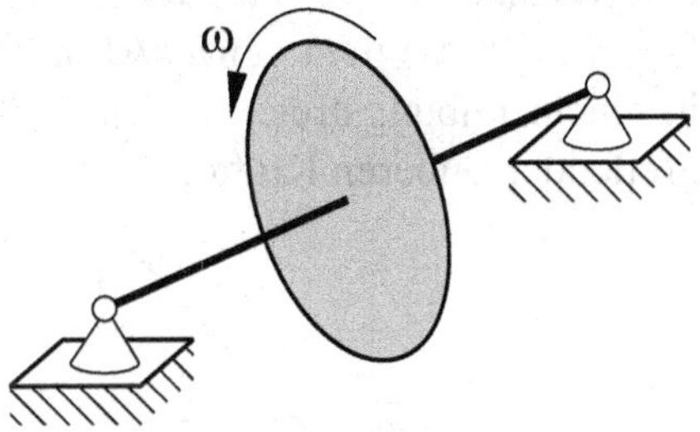

Fig. 10.11: Statisch unbestimmt gelagerter Rotor

Der Begriff der statischen Bestimmtheit verlangt die eindeutige Bestimmbarkeit der Lagerreaktionen für beliebige Lasten. Deshalb spielt es keine Rolle, dass die obigen Gleichgewichtsbedingungen für $P = 0$ durchaus Lösungen haben, nämlich $B = 0$ und beliebige A und C mit $A = C$.
Auch der Rotor von Fig. 10.11 ist gleichzeitig statisch unbestimmt und überbestimmt: Seine Achse ist in den Kugelgelenken drehbar gelagert, so dass der aus Achse und Rotor bestehende starre Körper beweglich ist. Andererseits lässt sich die Lagerkraftkomponente in Richtung der Rotorachse ohne Deformationsanalyse nicht bestimmen: In den Kugelgelenken müssen gesamthaft sechs Lagerkraftkomponenten an der Rotorachse eingeführt werden. Zu deren Bestimmung stehen aber nur fünf linear unabhängige Gleichungen zur Verfügung, weil die Lagerkräfte in einer Momentenbedingung bezüglich der Rotorachse nicht vorkommen.

Aufgaben

1. Ein in A gelenkig reibungsfrei gelagerter, homogener, prismatischer Stab AB (Fig. 10.12) ist durch sein Eigengewicht vom Betrag G = 70 N sowie in B durch eine vertikale Kraft vom Betrag F = 30 N belastet. Er ist in einem reibungsfreien Gelenk C mit einem *gewichtslosen* Stab CD verbunden, der am anderen Ende D in einem reibungsfreien Gelenk gelagert ist. Man ermittle alle am Stab AB angreifenden äußeren Kräfte.

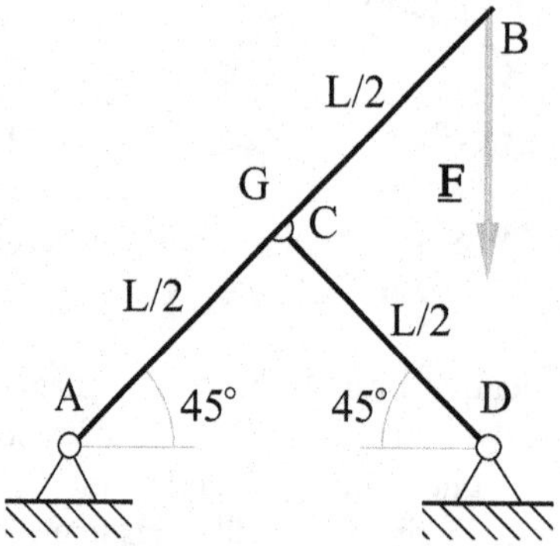

Fig. 10.12

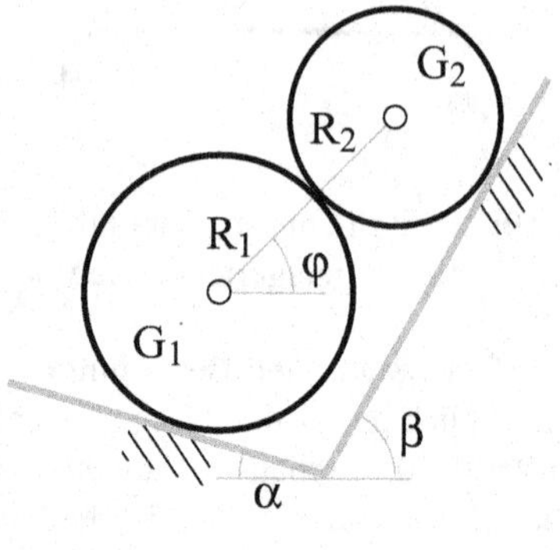

Fig. 10.13

2. Zwei homogene Kreiszylinder mit den Gewichten G_1, G_2 sind gegeneinander und gegen zwei schiefe Ebenen reibungsfrei abgestützt (Fig. 10.13). Man ermittle die Ruhelage sowie alle äußeren Kräfte an den einzelnen Zylindern.

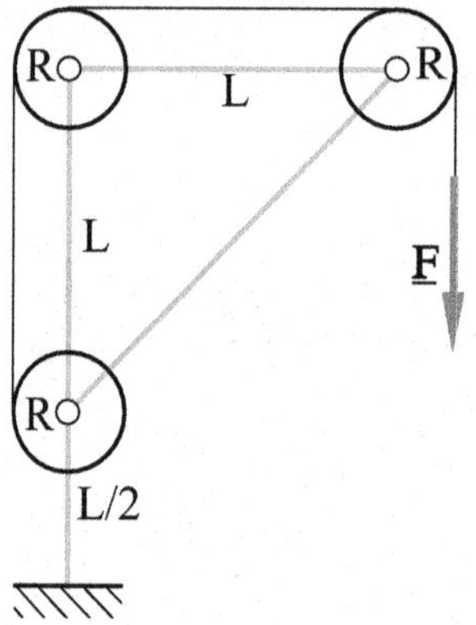

Fig. 10.14

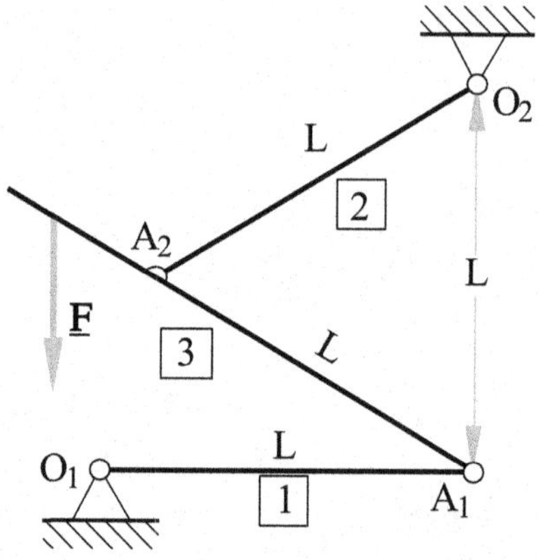

Fig. 10.15

3. Ein starrer, gewichtsloser Rahmen mit L = 1 m (Fig. 10.14) ist unten eingespannt und trägt drei gleich gebaute, gewichtslose Rollen vom Radius R = 20 cm, von denen die oberen reibungsfrei drehbar gelagert sind, während das Lager der unte-

ren blockiert ist. Ein gewichtsloses Seil, welches auf der unteren Rolle aufgespult ist, läuft über die oberen Rollen und trägt eine vertikale Last vom Betrag F = 600 N. Man ermittle die Einspannkraft und das Einspannmoment. Sodann zeichne man den (ganzen) Rahmen sowie die drei Rollen samt den an diesen Körpern angreifenden äußeren Kräften einzeln auf und ermittle diese Kräfte.

4. Drei *gewichtslose* Stäbe sind in reibungsfreien Gelenken zu dem in Fig. 10.15 abgebildeten, durch eine Kraft vom Betrag F belasteten System zusammengefügt. Man beantworte durch direkte Anwendung des PdvL folgende Frage: Wo muss am Stab 3 der Angriffspunkt der Last mit dem Kraftvektor $\underline{\mathbf{F}}$ liegen, damit die skizzierte Lage eine Ruhelage des Systems ist? Man ermittle anschließend die Kräfte in den Gelenken A_1, A_2, O_1 und O_2.

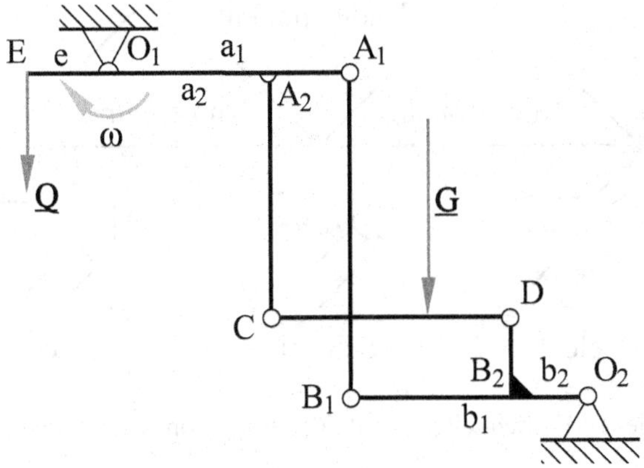

Fig. 10.16

5. Man betrachte einen zulässigen Bewegungszustand der in Fig. 10.16 gegebenen Brückenwaage und ermittle, von der virtuellen Rotationsschnelligkeit ω ausgehend, die virtuellen Geschwindigkeiten der Punkte A_1, A_2, B_1, B_2, C und D. Wie muss die Waage konstruiert sein, damit die Wägung von der Lage der Last mit dem Kraftvektor $\underline{\mathbf{G}}$ auf der Brücke CD unabhängig ist? Wie muss sie konstruiert sein, soll sie eine Dezimal- oder Zentesimalwaage sein (Verhältnis 10 bzw. 100 von Q zu G)?

11 Statisch bestimmte Fachwerke

Ein **Fachwerk** ist ein materielles System, das aus mehreren miteinander verbundenen Stabträgern besteht. Die Verbindungsstellen und die Lager der gelagerten Träger heißen **Knoten**. Diese können als Gelenke, durch Verschweißung oder durch kleinere, an den Stabträgern mit Nieten befestigte Plattenzusätze realisiert werden (Fig. 11.1). Im Sinne einer ersten Modellbildung werden im Folgenden in Bezug auf die einzelnen Stabträger, auf die Art ihrer Belastung und auf ihre Knotenverbindungen verschiedene vereinfachende Annahmen getroffen, die zum Begriff des *idealen Fachwerks* führen.

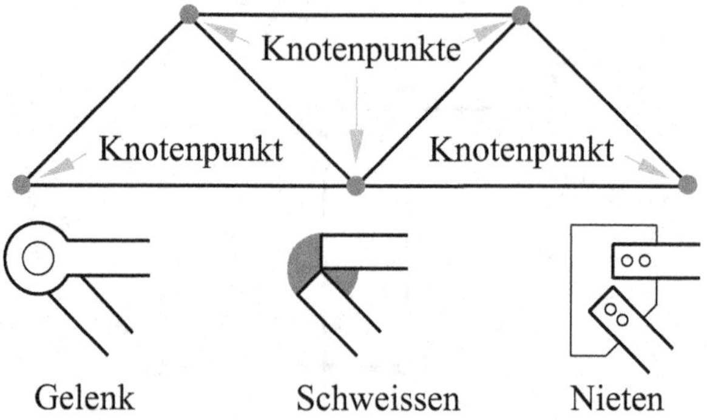

Fig. 11.1: Verschiedene Möglichkeiten zur Realisierung von Knoten in einem Fachwerk

11.1 Ideale Fachwerke, Pendelstützen

Unter einem **idealen Fachwerk** (Fig. 11.2) versteht man ein System von Stabträgern mit folgenden Eigenschaften:

(a) Alle Knoten sind bezüglich der Drehmöglichkeit der Stabträger relativ zueinander so weich, dass sie als *reibungsfreie Gelenke* aufgefasst werden können,

(b) alle *Stabträger* sind so leicht, dass sie als *gewichtslos* gelten können, d. h., die Stabgewichte dürfen im Vergleich zu den übrigen Lasten vernachlässigt werden,

(c) alle *Knoten* befinden sich an den *Stabenden*,

(d) alle *Lasten* greifen nur in den *Knoten* an, sie heißen deshalb **Knotenlasten**.

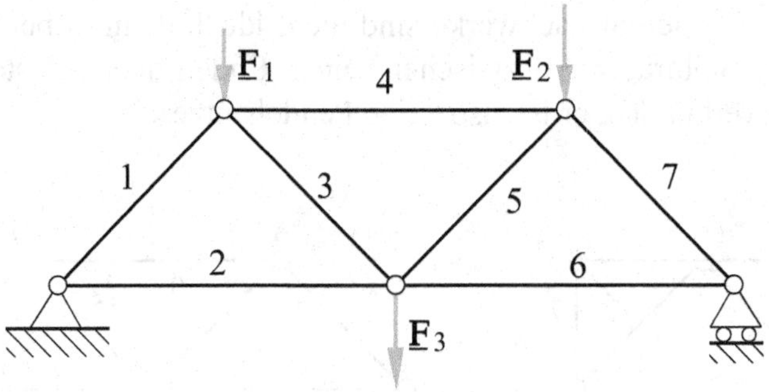

Fig. 11.2: Ebenes, ideales Fachwerk

Diese Voraussetzungen idealisieren die tatsächlichen Verhältnisse in den reellen Fachwerken ziemlich stark. Trotzdem haben die mit ihnen erhaltenen Resultate als erste Abschätzungen der Haupteinflüsse durchaus ihre Berechtigung.

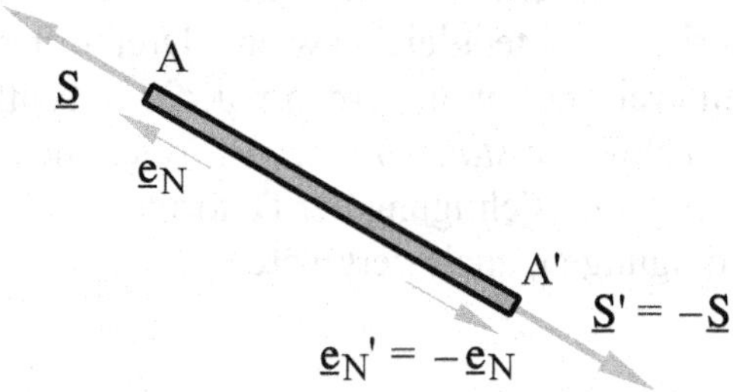

Fig. 11.3: Pendelstütze und Stabkräfte

Greift man einen beliebigen Stab aus einem idealen Fachwerk heraus, so folgt aus den drei erwähnten Voraussetzungen, dass er an den beiden Enden A, A' durch je eine Kraft $\{A \mid \underline{S}\}$, $\{A' \mid \underline{S}'\}$ belastet ist. In der Ruhelage müssen diese Kräfte im Gleichgewicht sein. Sie müssen also eine *Nullgruppe* bilden, so dass $\underline{S}' = -\underline{S}$ ist. Man nennt $\{A \mid \underline{S}\}$, $\{A' \mid -\underline{S}\}$ **Stabkräfte**. Sie belasten den Stab auf Zug oder Druck, je nachdem, ob sie in Richtung der äußeren Normalen zum Querschnitt zeigen oder entgegengesetzt dazu (Fig. 11.3). In A ist der Einheitsvektor in Richtung der äußeren Normalen zum Querschnitt $\underline{e}_N$ und in A' entsprechend $\underline{e}_N' = -\underline{e}_N$. Wir charakterisieren also beide Kräfte mit der einzigen skalaren Größe S, schreiben

$$\underline{S} = S\,\underline{e}_N \quad , \quad \underline{S}' = -\underline{S} = S\,\underline{e}_N' \tag{11.1}$$

und erkennen aus dem Vorzeichen von S, ob die Stabkraft eine Zugkraft mit $S > 0$ oder eine Druckkraft mit $S < 0$ ist.

Ein Stabträger, der Bestandteil eines idealen Fachwerkes ist, d. h., an beiden Enden reibungsfrei gelenkig gelagert, gewichtslos und nur an den beiden Enden durch Einzelkräfte belastet ist, heißt **Pendelstütze**. Ein ideales Fachwerk besteht demzufolge ausschließlich aus Pendelstützen.

Die in Fig. 11.4 skizzierten Fachwerke sind nicht ideal, denn in beiden Fällen wird zum Beispiel der Stabträger AB zwischen seinen Enden quer belastet oder mit den anderen Trägern verbunden, er ist also keine Pendelstütze.

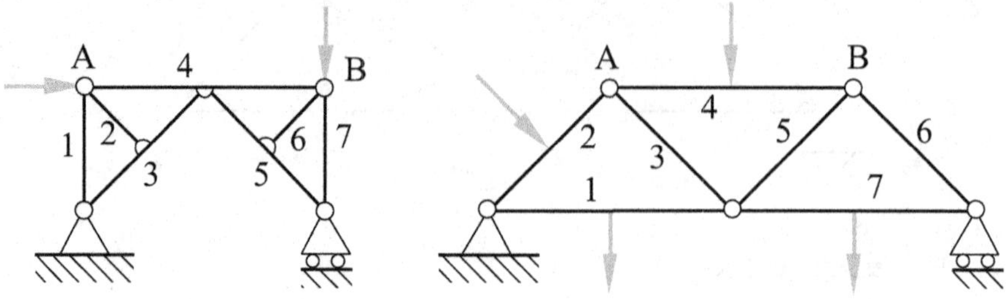

Fig. 11.4: Nichtideale Fachwerke

Zur Beurteilung der **Tragfähigkeit** eines ruhenden Fachwerkes ist die Ermittlung einzelner oder aller Stabkräfte unerlässlich. Hierzu seien drei verschiedene Verfahren eingeführt und illustriert: Knotengleichgewicht, Dreikräfteschnitt und Anwendung des PdvL. Bei allen drei Verfahren werden wir die wesentliche Voraussetzung treffen, dass die idealen Fachwerke *statisch bestimmt* seien, denn nur solche materielle Systeme können ohne Berücksichtigung der Deformationen, d. h. allein mit Hilfe der Gleichgewichtsbedingungen, analysiert werden.

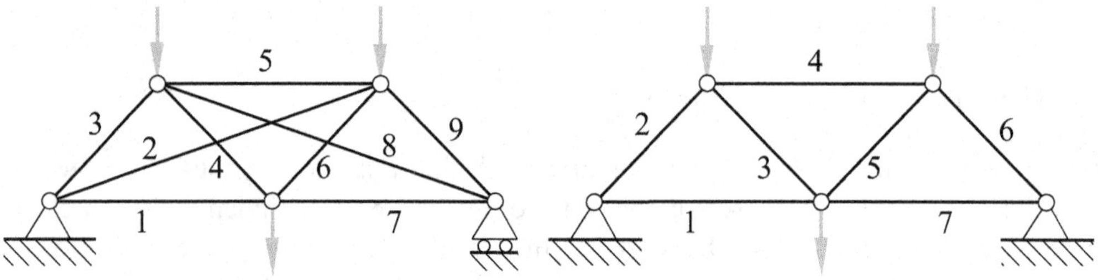

Fig. 11.5: Statisch unbestimmte ideale Fachwerke

Fig. 11.5 zeigt zwei Beispiele von statisch unbestimmten idealen Fachwerken, deren Studium die Kenntnisse der Theorie deformierbarer Körper (Festigkeitslehre) erfordert und die deshalb erst nach Behandlung des Stoffes von Band 2 analysiert werden können: das linke ist innerlich zweifach statisch unbestimmt und statisch bestimmt gelagert, das rechte ist innerlich statisch bestimmt und einfach statisch unbestimmt gelagert.

11.2 Knotengleichgewicht

Bei der Analyse eines statisch bestimmten idealen Fachwerkes nach dem Verfahren des **Knotengleichgewichts** werden im Rahmen eines ersten Schrittes, mit Hilfe von

Gleichgewichtsbedingungen am ganzen Fachwerk oder an zweckmäßig zerlegten Teilen, die Lagerkräfte ermittelt.

Als Beispiel betrachte man das ideale, ruhende, ebene Fachwerk von Fig. 11.6 mit 10 Stabträgern der gleichen Länge L und mit den beiden Knotenlasten vom Betrag F bzw. $F\sqrt{3}$. Die Lagerkräfte in den beiden festen reibungsfreien Gelenken A und B weisen je zwei unbekannte Komponenten auf. Die fünf ersten Stäbe 1 bis 5 lassen sich zu einem ersten Teilfachwerk und die Stäbe 6 bis 10 zu einem zweiten Teilfachwerk gruppieren, die unter sich im Knotenpunkt C verbunden sind. Diese Teilfachwerke bilden ein System, das in der Fachsprache als **Dreigelenkbogen** bezeichnet wird, denn sie sind in den beiden Gelenken A und B gelagert und im Gelenk C miteinander verbunden. Ein einfacher Dreigelenkbogen wurde schon in Abschnitt 9.4 im Zusammenhang mit dem Beispiel von Fig. 9.18 besprochen. Zur Ermittlung der Lagerkräfte gehen wir auch im vorliegenden Fall ähnlich vor. Aus der Momentenbedingung bezüglich B folgt die vertikale Komponente A_y zu

$$A_y = \frac{4}{3}\,F$$

und aus der Momentenbedingung bezüglich A oder der Komponentenbedingung in y-Richtung die vertikale Komponente B_y der Lagerkraft in B zu

$$B_y = -\frac{1}{3}\,F \quad .$$

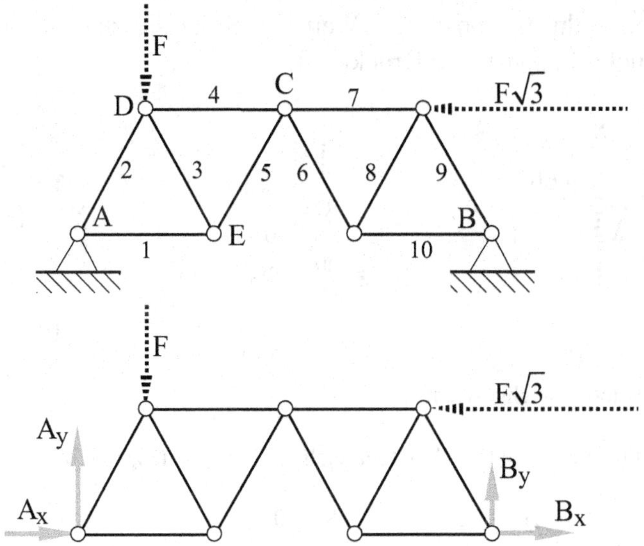

Fig. 11.6: Ideales, ebenes Fachwerk mit 10 zu einem Dreigelenkbogen zusammengesetzten Stabträgern

Die horizontalen Komponenten A_x, B_x lassen sich ohne Zerlegung in C nicht ermitteln. Zerlegt man das System in C und formuliert die Momentenbedingung bezüglich C am linken Teil des Fachwerkes mit den Stäben 1 bis 5, so braucht man die bei diesem Teilfachwerk als äußere Kraft auftretende Gelenkkraft in C nicht einzuführen, da ihr Beitrag zum Gesamtmoment bezüglich C verschwindet. Die genannte Momentenbedingung lautet also

$$L\left(F-\frac{3}{2}A_y+\frac{\sqrt{3}}{2}A_x\right)=0$$

und ergibt

$$A_x=\frac{2\sqrt{3}}{3}F\quad .$$

Aus der Komponentenbedingung in x-Richtung für das ganze Fachwerk (oder aus einer Momentenbedingung bezüglich B für den rechten Fachwerkteil) folgt dann

$$B_x=\frac{\sqrt{3}}{3}F\quad .$$

In einem zweiten Schritt werden die Stabkräfte nach dem Verfahren des *Knotengleichgewichts* ermittelt. Dabei trennt man die Stäbe von den Gelenken und führt an jedem Gelenk die darauf wirkenden Kräfte ein. An einem Lager wirken neben den im ersten Schritt ermittelten Lagerkräften auch die von den Stäben auf das Gelenk ausgeübten, gesuchten Stabkräfte. Diese werden grundsätzlich so eingetragen, dass ihre Reaktionen an den Stabträgern Zugkräfte sind. Die zugehörigen skalaren Unbekannten S_i (i = 1, ..., n) lassen sich dann mit je zwei Komponentenbedingungen für jedes Gelenk ermitteln. Bei positivem Wert von S_i ist die zugehörige Stabkraft tatsächlich eine Zugkraft, sonst eine Druckkraft.

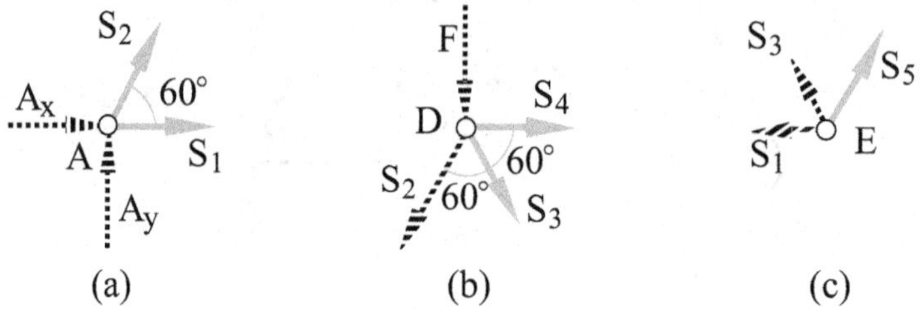

Fig. 11.7: Zum Knotengleichgewicht

Am Beispiel von Fig. 11.6 ergibt das Knotengleichgewicht in A (Fig. 11.7a)

$$A_x+S_1+\frac{1}{2}S_2=0\quad,\quad A_y+\frac{\sqrt{3}}{2}S_2=0\quad,$$

woraus mit Hilfe der bereits bekannten Werte für A_x und A_y die ersten beiden Stabkräfte als

$$S_1=-\frac{2\sqrt{3}}{9}F\quad,\quad S_2=-\frac{8\sqrt{3}}{9}F$$

folgen. Das Knotengleichgewicht in D ergibt (Fig. 11.7b)

$$\frac{1}{2}(-S_2+S_3)+S_4=0\quad,\quad -F-\frac{\sqrt{3}}{2}(S_2+S_3)=0$$

und mit Hilfe des bereits bekannten Wertes von S_2

$$S_3 = \frac{2\sqrt{3}}{9} F \quad , \quad S_4 = -\frac{5\sqrt{3}}{9} F \quad .$$

Schließlich führt das Knotengleichgewicht am Knotenpunkt E der Stäbe 1, 3, 5 auf (Fig. 11.7c)

$$-S_1 + \frac{1}{2}(S_5 - S_3) = 0 \quad , \quad \frac{\sqrt{3}}{2}(S_3 + S_5) = 0 \quad .$$

Aus der letzten Gleichung folgt mit dem bereits ermittelten Wert von S_3

$$S_5 = -\frac{2\sqrt{3}}{9} F \quad ,$$

während die erste Gleichung nur bekannte Werte enthält und zur Bestätigung der bisher erhaltenen Resultate eingesetzt wird.
Die übrigen 5 Stabkräfte können mit weiteren 4 Paaren von Knotengleichgewichtsbedingungen ermittelt werden. Diese liefern auch 3 weitere Bestätigungen der erhaltenen Resultate. Die Auflösung ergibt

$$S_6 = S_9 = S_{10} = \frac{2\sqrt{3}}{9} F \quad , \quad S_7 = -\frac{7\sqrt{3}}{9} F \quad , \quad S_8 = -\frac{2\sqrt{3}}{9} F \quad .$$

Die Stabkräfte in den Trägern 3, 6, 9, 10 sind also Zugkräfte, während alle anderen 6 Stäbe Druckkräfte übertragen.

Mit diesen Überlegungen können wir die Formel (10.7) für ideale Fachwerke weiter vereinfachen und eine notwendige Bedingung für statische Bestimmtheit herleiten. Wir betrachten vorerst ein *ebenes* ideales Fachwerk, welches aus s Stäben und k Knoten zusammengesetzt sei. Seine äußere Lagerung entspreche gesamthaft r Kraft- und Momentkomponenten. Weil jeder Stab eine Pendelstütze ist, also nur gerade eine unbekannte Stabkraft beinhaltet, erhalten wir die Gesamtzahl der Unbekannten als $n = s + r$. Für jeden Knoten können zwei Komponentenbedingungen formuliert werden, woraus sich die Gesamtzahl der linear unabhängigen Gleichungen zu $m = 2\,k$ ergibt. Also ist der Grad u der statischen Unbestimmtheit von *ebenen* idealen Fachwerken

$$u = s + r - 2\,k \quad . \tag{11.2}$$

Die Bedingung $u = 0$ ist *notwendig* für statische Bestimmtheit. Eine äußere Lagerung analog zu Fig. 10.8 mit $\alpha = \pi/4$ zeigt aber, dass sie *nicht hinreichend* sein kann.

Beim linken Fachwerk von Fig. 11.5 liegen $s = 9$ Stäbe mit $k = 5$ Knoten vor. Im Gelenk müssen zwei Lagerkraftkomponenten, im Auflager eine eingeführt werden: $r = 3$. Also ergibt (11.2)

$$u = 9 + 3 - 10 = 2 \quad ,$$

was auf zweifache statische Unbestimmtheit deutet.
Das rechte Fachwerk von Fig. 11.5 enthält $s = 7$ Stäbe mit $k = 5$ Knoten und $r = 4$ äußeren Lagerkraftkomponenten, also ist

$$u = 7 + 4 - 10 = 1 \quad .$$

Bei räumlichen Fachwerken (siehe Abschnitt 11.5) sind die gleichen Überlegungen gültig, nur erhalten wir hier drei Komponenten für jedes Knotengleichgewicht. Also gilt bei *räumlichen* idealen Fachwerken

$$u = s + r - 3\,k \quad . \tag{11.3}$$

11.3 Dreikräfteschnitt

Bei ruhenden, ebenen, idealen Fachwerken können einzelne Stabkräfte dank geschickt gewählten Systemabgrenzungen mit relativ kleinem Rechenaufwand berechnet werden. Dazu werden wieder in einem ersten Schritt die Lagerkräfte mit Hilfe der Gleichgewichtsbedingungen am ganzen Fachwerk, oder an ganzen Teilen des Fachwerkes (wie zum Beispiel beim Dreigelenkbogen) ermittelt. Anschließend versucht man, durch das Fachwerk einen Schnitt (Fig. 11.8) zu legen, der den Stab k mit der gesuchten Stabkraft S_k und weitere zwei Stäbe $k+1$, $k+2$ schneidet.

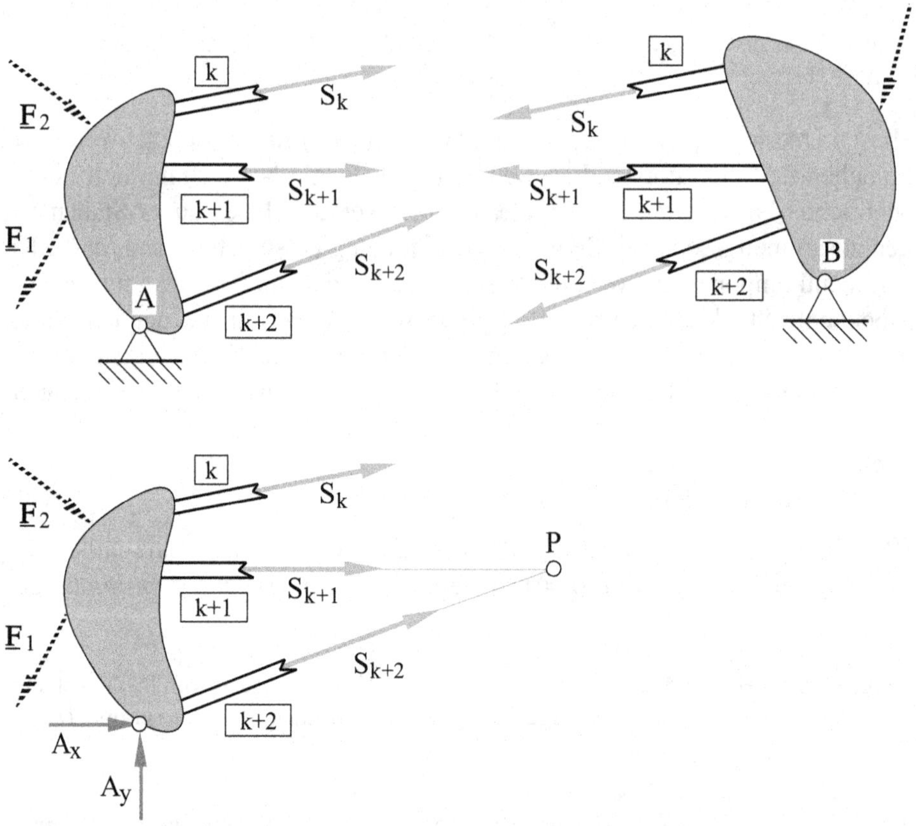

Fig. 11.8: Der Dreikräfteschnitt an einem ebenen idealen Fachwerk

Die Stabträger k, k+1, k+2 dürfen nicht vom gleichen Knotenpunkt ausgehen. Der erwähnte Schnitt zerlegt das Fachwerk in zwei Teile, von denen nur der eine Teil mit seinen äußeren Kräften, einschließlich der Lagerkräfte und der drei Stabkräfte S_k, S_{k+1}, S_{k+2} betrachtet wird. Formuliert man die Momentenbedingung bezüglich des Schnittpunktes P der beiden Stabachsen k+1, k+2, so entsteht eine Gleichung mit der einzigen Unbekannten S_k. Sind die Stäbe k+1, k+2 parallel, so ergibt eine Komponentenbedingung in der zu diesen parallelen Stabachsen senkrechten Richtung eine Gleichung mit der einzigen Unbekannten S_k.

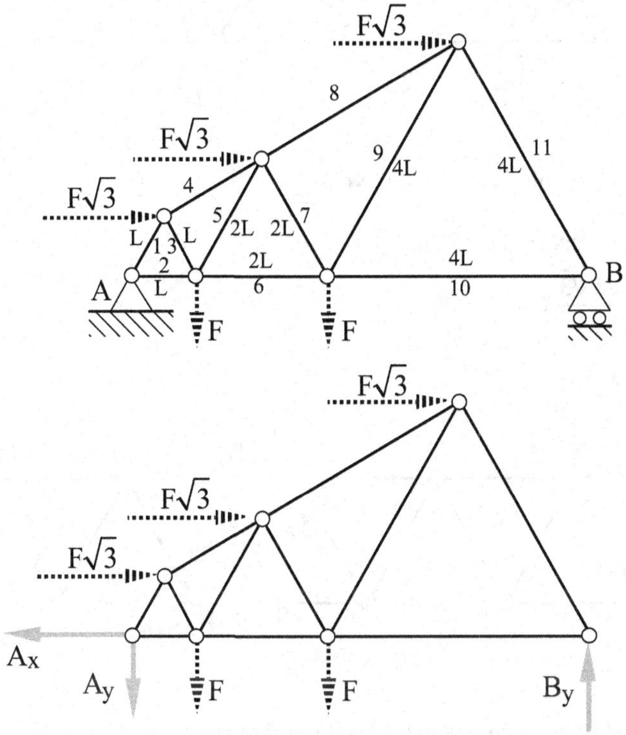

Fig. 11.9: Ein ebenes ideales Fachwerk zur Anwendung des Dreikräfteschnittes

Am ebenen idealen Fachwerk der Fig. 11.9 sei bei gegebenem F die Stabkraft im Stab mit der Nummer 5 gesucht. Wir bestimmen zunächst die Komponenten der Lagerkraft im Gelenk A. Aus der Momentenbedingung bezüglich B folgt die Vertikalkomponente

$$A_y = \frac{1}{14} F$$

und aus einer Komponentenbedingung die Horizontalkomponente

$$A_x = 3\sqrt{3}\,F \quad .$$

In einem zweiten Schritt wird der Dreikräfteschnitt durch die Stabträger 4, 5 und 6 betrachtet (Fig. 11.10). Die Momentenbedingung bezüglich des Schnittpunktes P der Stäbe 4 und 6 für den linken, abgetrennten Teil des Fachwerkes lautet

$$L\left(-A_y - 2\,F - \frac{3}{2}\,F + \sqrt{3}\,S_5\right) = 0 \quad .$$

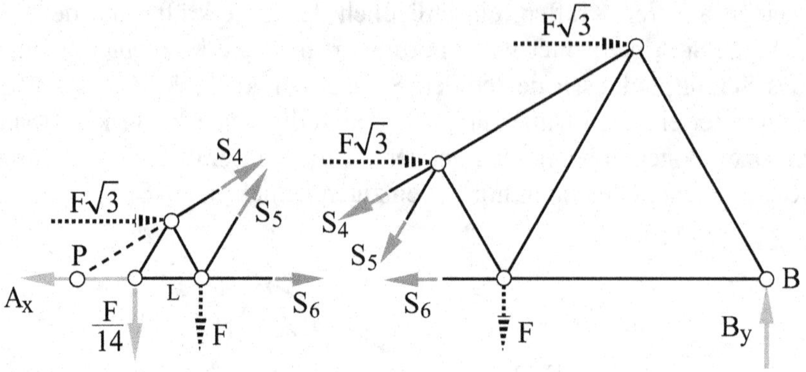

Fig. 11.10: Dreikräfteschnitt am Fachwerk von Fig. 11.9

Hieraus folgt die gesuchte Stabkraft zu

$$S_5 = \frac{25\sqrt{3}}{21}\,F \quad .$$

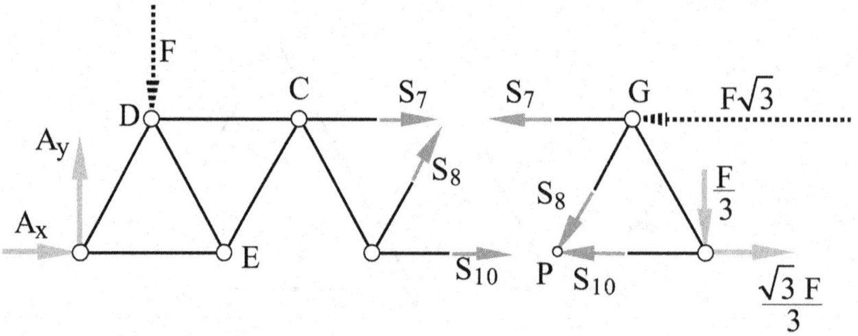

Fig. 11.11: Dreikräfteschnitt am Fachwerk von Fig. 11.6

Als weiteres Beispiel zur Anwendung des Dreikräfteschnittes betrachte man das Fachwerk von Fig. 11.6. Wir versuchen die Stabkräfte S_7, S_8 und S_{10} mit Hilfe eines Dreikräfteschnittes durch die entsprechenden Stabträger zu ermitteln (Fig. 11.11). Diesmal wird der rechte Teil des abgeschnittenen Systems betrachtet. Die Momentenbedingung bezüglich G, Schnittpunkt der Stäbe 7 und 8, ergibt

$$L\left(\frac{1}{2}\,B_y + \frac{\sqrt{3}}{2}\,B_x - \frac{\sqrt{3}}{2}\,S_{10}\right) = 0 \quad ,$$

woraus mit Hilfe der bekannten Ausdrücke für die Lagerkraftkomponenten B_x, B_y das bereits mit Knotengleichgewicht ermittelte Resultat

$$S_{10} = \frac{2\sqrt{3}}{9}\,F$$

folgt.
Die Stabkraft S_7 lässt sich aus der Momentenbedingung bezüglich des Schnittpunktes P der Stäbe 8 und 10 ermitteln. Man bekommt vorerst

$$L\left(B_y + \frac{3}{2}F + \frac{\sqrt{3}}{2}S_7\right) = 0 \quad ,$$

und durch Einsetzen von B_y und Auflösen

$$S_7 = -\frac{7\sqrt{3}}{9}F \quad .$$

Zur Ermittlung der Stabkraft S_8 lässt sich am rechten Teil keine Momentenbedingung bezüglich des Schnittpunktes der Stäbe 7 und 10 formulieren, denn diese sind parallel. In diesem Fall hilft aber die Komponentenbedingung in Richtung senkrecht zu den beiden erwähnten Stäben, d. h. in vertikaler Richtung. Es folgt einfach

$$B_y - \frac{\sqrt{3}}{2}S_8 = 0 \quad ,$$

d. h.

$$S_8 = -\frac{2\sqrt{3}}{9}F \quad .$$

11.4 Anwendung des Prinzips der virtuellen Leistungen

Sucht man an einem statisch bestimmten idealen Fachwerk nur die Stabkraft in einem einzigen Stab AB, so ergibt die direkte Anwendung des PdvL eine wirkungsvolle und lehrreiche Lösungsmethode. Bei der Wahl des virtuellen Bewegungszustandes sollte man darauf achten, dass er den Satz der projizierten Geschwindigkeiten am Stab AB verletzt und sonst mit allen übrigen inneren und äußeren Bindungen verträglich ist. Dann erscheinen bei reibungsfreien Bindungen im Ausdruck für die Gesamtleistung keine überflüssigen Unbekannten. Man bekommt eine Gleichung mit einer einzigen Unbekannten, nämlich der gesuchten Stabkraft.

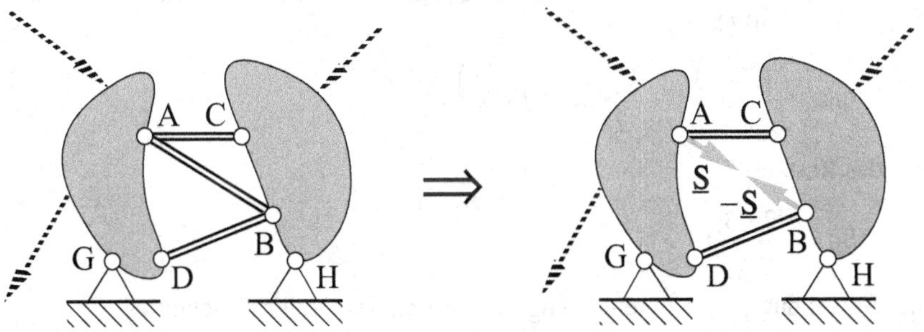

Fig. 11.12: Entfernung des Stabes mit der gesuchten Stabkraft

Am besten denkt man sich den Stab AB, dessen Stabkraft S_{AB} gesucht wird, entfernt (Fig. 11.12) und stellt seine Wirkung auf das übrig bleibende System durch die Knotenkräfte mit den Vektoren $\underline{\mathbf{S}}$, $-\underline{\mathbf{S}}$ in A bzw. B dar. Wählt man an diesem Ersatzsystem, das bei statisch bestimmten Fachwerken zu einem Mechanismus wird, einen zulässigen virtuellen Bewegungszustand, der allen inneren und äußeren Bindungen genügt, so leisten neben den bekannten Lasten nur die Kräfte $\{A \mid \underline{\mathbf{S}}\}$, $\{B \mid -\underline{\mathbf{S}}\}$ einen Beitrag zur Gesamtleistung, da der Satz der projizierten Geschwindigkeiten zwischen A und B wegen des fehlenden Stabes nicht mehr erfüllt wird. Setzt man die virtuelle Gesamtleistung in der Ruhelage gemäß PdvL gleich null, so folgt die gesuchte Gleichung für die unbekannte Stabkraft S_{AB}.

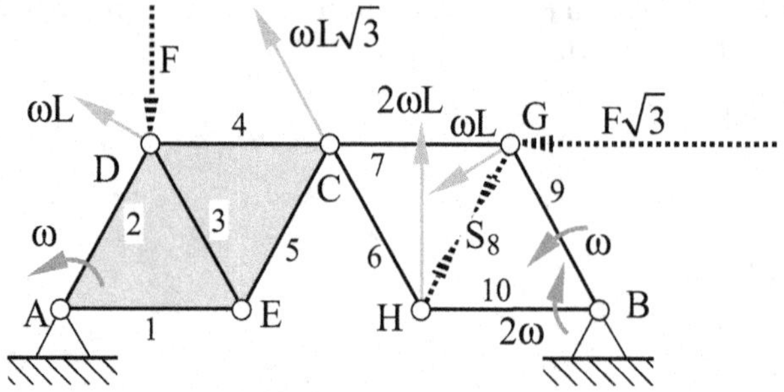

Fig. 11.13: Virtueller Bewegungszustand für die Stabkraft S_8 am Beispiel der Fig. 11.6

Sucht man beispielsweise am Fachwerk der Fig. 11.6 nur die Stabkraft S_8, so entfernt man den Stab 8 und führt am linken Lager A eine virtuelle Rotation des starren Teils bestehend aus den Stäben 1 bis 5 ein. Weil der betrachtete virtuelle Bewegungszustand ein wirklicher Bewegungszustand des Mechanismus ist, können die Tilden zur Vereinfachung der Notation auch weggelassen werden. Die Ermittlung des zulässigen Bewegungszustandes erfolgt analog zum Beispiel der Fig. 3.24 in Abschnitt 3.5. Man geht von der Rotation um das Lager A mit Rotationsschnelligkeit ω aus und berechnet die Geschwindigkeit $\underline{\mathbf{v}}_D$ des Angriffspunkts D der einen Last sowie jene von C. Dann beachtet man, dass sich die Stäbe 9 und 10 um das Lager in B drehen müssen.
Der Satz der projizierten Geschwindigkeiten für die Stäbe 6 und 7 liefert die Rotationsschnelligkeiten der Stäbe 9 und 10 und damit die Geschwindigkeiten $\underline{\mathbf{v}}_G$ und $\underline{\mathbf{v}}_H$ in den Knotenpunkten G bzw. H. Die Resultate sind in Fig. 11.13 eingetragen. Setzt man die virtuelle Gesamtleistung gemäß PdvL null, so erhält man

$$\omega L\left(-\frac{1}{2}F+\frac{3}{2}F+\frac{\sqrt{3}}{2}S_8+\sqrt{3}\,S_8\right)=0$$

und daraus das Resultat

$$S_8=-\frac{2\sqrt{3}}{9}F \quad ,$$

wie bei der Anwendung des Knotengleichgewichts und des Dreikräfteschnittes.

Man beachte, dass bei der direkten Anwendung des PdvL mit einem virtuellen Bewegungszustand, der den äußeren reibungsfreien Bindungen, d. h. den kinematischen Randbedingungen der Lager, genügt, die entsprechenden Lagerkräfte keinen Beitrag zur Gesamtleistung ergeben und deshalb zur Ermittlung der gesuchten Stabkraft nicht gebraucht werden.

11.5 Räumliche Fachwerke

Die beiden Verfahren des Knotengleichgewichts und des PdvL können problemlos auch bei räumlichen idealen Fachwerken angewendet werden. Beim Knotengleichgewicht, nach Ermittlung der Lagerkräfte, werden an jedem Knoten, den 3 Dimensionen entsprechend, 3 Komponentenbedingungen aufgestellt, woraus die unbekannten Stabkräfte oder Bestätigungen der bereits erhaltenen Resultate folgen. Bei der Anwendung des PdvL wird wie im ebenen Fall der Stab, dessen Stabkraft berechnet werden soll, entfernt und seine Wirkung durch die entsprechenden Stabkräfte berücksichtigt. Der zulässige virtuelle Bewegungszustand wird mit Hilfe der Kenntnisse von Kapitel 3 über räumliche Bewegungen von starren Körpern sukzessiv entwickelt. Die Berechnung der Gesamtleistung erfolgt dann problemlos. Weil die Handrechnungen mit beiden Methoden etwas aufwendig und fehleranfällig sind, werden in der Praxis vor allem Computerprogramme eingesetzt.

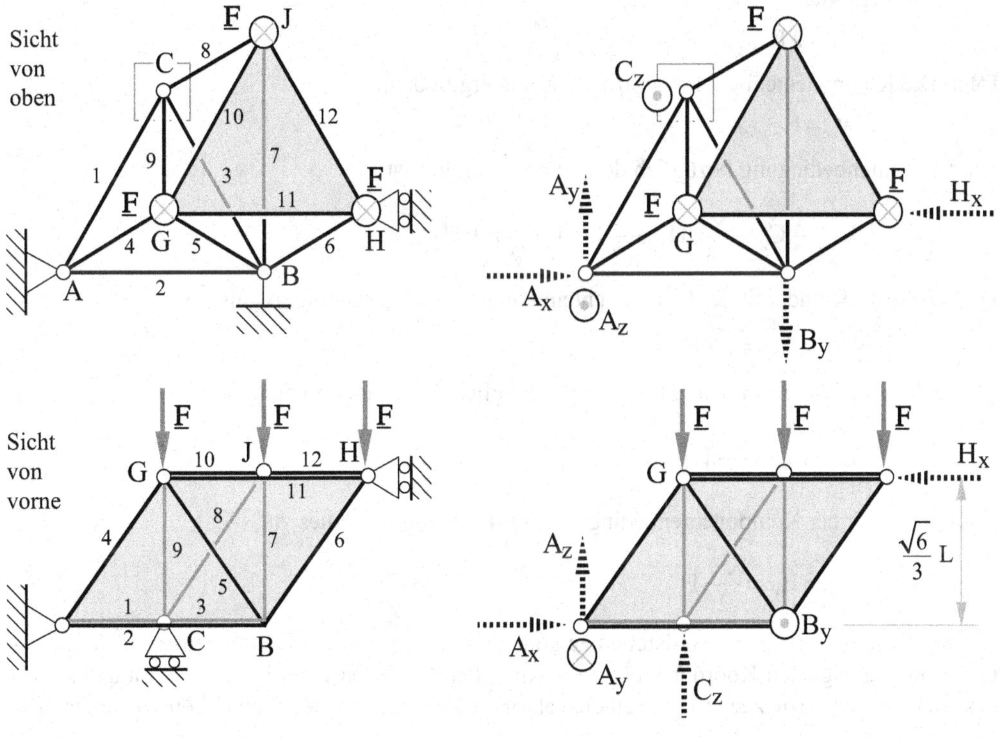

Fig. 11.14: Beispiel eines idealen räumlichen Fachwerks

Beide Verfahren werden am idealen Fachwerk der Fig. 11.14 illustriert. Dieses besteht aus 11 Stäben der Länge L und einem Stab (Nummer 7) der Länge $L\sqrt{2}$. Die Stäbe 1, 2, 3, 4, 5, 9 bilden ein gleichschenkliges Tetraeder, dessen Basis ABC in einer Horizontalebene liegt. Mit den übrigen Stäben wird das Tetraeder zu einem gleichschenkligen Prisma ergänzt. Die Basis ist in A in einem Kugelgelenk und in C in einem horizontal verschiebbaren Auflager gelagert, während der Knotenpunkt B mit einem Seil horizontal gestützt ist. Das Lager in H ist in der Vertikalebene verschiebbar und verhindert nur einseitige Verschiebungen in der positiven x-Richtung. Die verschiedenen Lagerkraftkomponenten und die drei vertikalen Lasten in G, H bzw. J vom gleichen Betrag F sind in beiden Sichten der Fig. 11.14 eingetragen. Die Sicht von oben ist für die folgenden Überlegungen besonders praktisch.

Wir verwenden die Formel (11.3), um die statische Bestimmtheit des Fachwerks zu überprüfen. Es ist $s = 12$ (Anzahl Stäbe) und $k = 6$ (Anzahl Knoten). In A müssen drei Lagerkraftkomponenten, in B, C und H je eine eingeführt werden. Also ist $r = 6$. Damit wird

$$u = s + r - 3\,k = 12 + 6 - 3 \cdot 6 = 0 \quad .$$

Falls also nicht wegen einer speziellen Geometrie ein zulässiger Bewegungszustand existiert, so schließen wir auf statische Bestimmtheit.

Zur Anwendung des Verfahrens des *Knotengleichgewichts* ermitteln wir vorerst die Lagerkräfte aus den Gleichgewichtsbedingungen am Gesamtsystem. Die Momentenbedingung bezüglich AB lautet

$$L\left(\frac{\sqrt{3}}{2} C_Z - 2\frac{\sqrt{3}}{6} F - \frac{2\sqrt{3}}{3} F\right) = 0 \quad ,$$

woraus das Resultat

$$C_Z = 2\,F$$

folgt. Die Komponentenbedingung in z-Richtung ergibt dann

$$A_Z = F \quad .$$

Die Momentenbedingung bezüglich der y-Achse durch A ist

$$L\left(-\frac{1}{2} C_Z - \frac{\sqrt{6}}{3} H_X + \frac{1}{2} F + F + \frac{3}{2} F\right) = 0 \quad .$$

Hieraus folgt H_X und, mit der Komponentenbedingung in x-Richtung, A_X als

$$H_X = A_X = \sqrt{6}\,F \quad .$$

Schließlich ergibt die Momentenbedingung bezüglich der Vertikalen durch A

$$L\left(-B_y + \frac{\sqrt{3}}{6} H_X\right) = 0 \quad .$$

Zusammen mit der Komponentenbedingung in y-Richtung führt dies zu

$$A_y = B_y = \frac{\sqrt{2}}{2} F \quad .$$

Um ein *Knotengleichgewicht* aufstellen zu können, brauchen wir die Komponenten der Stabkräfte in einem geeigneten Koordinatensystem. Ausgehend von den Koordinaten der Endpunkte eines Stabes wird dazu zuerst der Einheitsvektor in Zugrichtung des Stabes komponentenweise ausgerechnet. Die Komponenten der Stabkraft im Knoten ergeben sich daraus durch Multiplikation mit dem Betrag der Stabkraft.

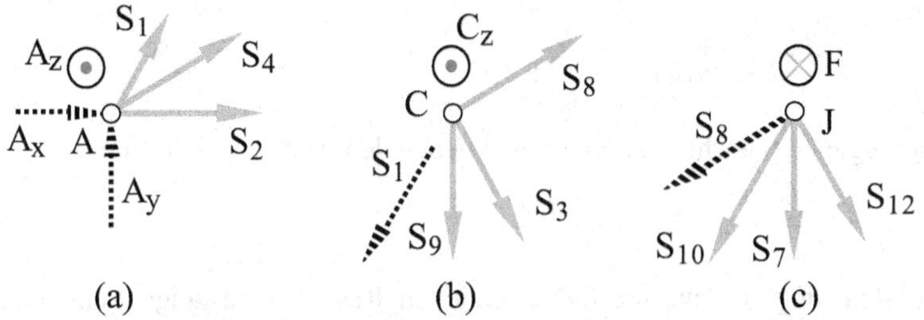

Fig. 11.15: Zum Knotengleichgewicht in den Knoten A, C und J am Beispiel der Fig. 11.14

Die Berechnung der Stabkräfte kann zum Beispiel im Knotenpunkt A starten (Fig. 11.15a). Die Komponentenbedingungen in den 3 Achsenrichtungen z, y bzw. x ergeben

$$A_z + \frac{\sqrt{6}}{3} S_4 = 0 \quad , \quad A_y + \frac{\sqrt{3}}{2} S_1 + \frac{\sqrt{3}}{6} S_4 = 0 \quad , \quad A_x + S_2 + \frac{1}{2} S_4 + \frac{1}{2} S_1 = 0$$

und führen mit den bereits berechneten Werten der Lagerkraftkomponenten A_x, A_y, A_z zu den 3 Stabkräften

$$S_4 = -\frac{\sqrt{6}}{2} F \quad , \quad S_1 = -\frac{\sqrt{6}}{6} F \quad , \quad S_2 = -\frac{2\sqrt{6}}{3} F \quad .$$

Das Knotengleichgewicht in C (Fig. 11.15b) ergibt in den 3 Richtungen parallel zu z, senkrecht zu CB (und z) bzw. parallel zu CB

$$C_z + \frac{\sqrt{6}}{3}(S_8 + S_9) = 0 \quad , \quad \frac{\sqrt{3}}{3} S_8 - \frac{\sqrt{3}}{6} S_9 - \frac{\sqrt{3}}{2} S_1 = 0 \quad ,$$

$$S_3 + \frac{1}{2} S_9 + \frac{1}{2} S_1 = 0 \quad ,$$

woraus nach Einsetzen der bereits bekannten Werte und Auflösung die Stabkräfte

$$S_8 = S_9 = -\frac{\sqrt{6}}{2} F \quad , \quad S_3 = \frac{\sqrt{6}}{3} F$$

folgen. Das Knotengleichgewicht am Knotenpunkt J (Fig. 11.15c) ergibt in z-Richtung

$$-F - \frac{\sqrt{6}}{3} S_8 - \frac{\sqrt{6}}{3} \frac{1}{\sqrt{2}} S_7 = 0 \quad ,$$

also mit dem bereits bekannten Wert von S_8

$$S_7 = 0 \quad .$$

Der Stab Nummer 7 trägt demzufolge bei der hier vorliegenden Last- und Gestaltkombination keine Kraft. Dennoch würde man ihn im Fachwerk behalten, da sonst die Ruhelage **instabil** wäre, d. h. bei kleinsten Unterschieden in der Belastung oder in der Geometrie Teile des Fachwerkes abstürzen würden.

Die übrigen Gleichungen des Knotengleichgewichts am Knoten J ergeben in Richtung senkrecht zu JH (und z) und parallel dazu

$$\frac{\sqrt{3}}{2} S_{10} + \frac{\sqrt{3}}{3} S_8 = 0 \quad , \quad S_{12} + \frac{1}{2} S_{10} = 0 \quad ,$$

also

$$S_{10} = \frac{\sqrt{6}}{3} F \quad , \quad S_{12} = -\frac{\sqrt{6}}{6} F \quad .$$

Aus dem Knotengleichgewicht in H erhält man neben den beiden Stabkräften

$$S_6 = -\frac{\sqrt{6}}{2} F \quad , \quad S_{11} = -\frac{2\sqrt{6}}{3} F$$

eine weitere Gleichung, welche die bisher erzielten Resultate bestätigt. Schließlich führt das Knotengleichgewicht in G auf die verbleibende Stabkraft

$$S_5 = \frac{\sqrt{6}}{2} F$$

und auf zwei weitere Gleichungen, welche bereits erhaltene Resultate bestätigen. Auch das Knotengleichgewicht in B ergibt 3 automatisch erfüllte Gleichungen. Die insgesamt 6 trivialerweise erfüllten Gleichungen des Knotengleichgewichts bestätigen die Werte der mit den Gleichgewichtsbedingungen am ganzen System hergeleiteten Lagerkraftkomponenten. Von den 11 nicht verschwindenden Stabkräften sind nur S_3, S_5 und S_{10} Zugkräfte, alle anderen sind Druckkräfte. Die absolut größten Stabkräfte treten in den Stäben 2 und 11 auf.

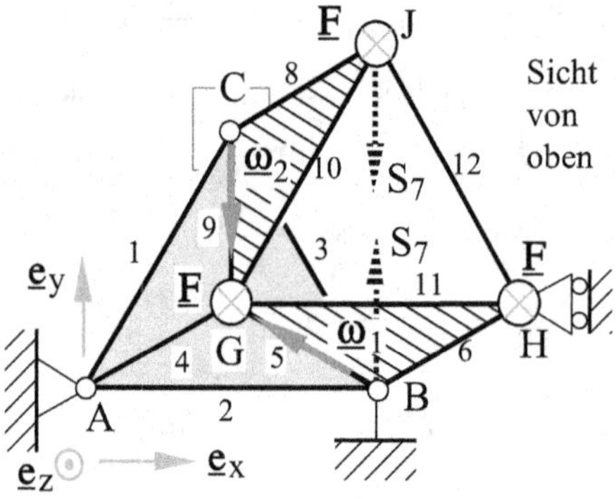

Fig. 11.16: Zulässiger virtueller Bewegungszustand zur Berechnung der Stabkraft S_7 mit dem PdvL

Auch das PdvL lässt sich auf dieses räumliche Fachwerk direkt anwenden. Will man zum Beispiel das Resultat $S_7 = 0$ bestätigen, so entfernt man den Stab 7, ersetzt ihn durch zwei gleich große, entgegengesetzte Stabkräfte S_7 und konstruiert einen zulässigen Bewegungszustand (Fig. 11.16). Vorerst seien wie in Abschnitt 3.6 die verschiedenen miteinander verbundenen starren Körper aufgezählt. Das Tetraeder GABC bildet einen einzigen starren Körper, da seine Kanten aus starren Stäben bestehen. Die Dreiecke JCG und HGB bilden zwei weitere starre Körper, und schließlich ergibt der Stab JH den vierten starren Körper. Das Tetraeder ist in A gelenkig gelagert, so dass es nur Kreiselungen um diesen Punkt ausführen kann. Die Rotationsgeschwindigkeit in A darf allerdings keine z-Komponente aufweisen, da sonst die Bindung in B verletzt wäre. Auch darf sie keine zu AC senkrechte Komponente aufweisen, da sonst das Auflager in C zerstört werden müsste; also kann sich das Tetraeder nur um die Achse AC drehen. Eine solche Drehung würde aber in G eine Geschwindigkeit ergeben, die eine Projektion längs des Stabes 11 besäße, welche wegen der Bindung in C den Satz der projizierten Geschwindigkeiten verletzen würde. Das Tetraeder muss also bei einer zulässigen Bewegung in Ruhe bleiben. Dabei darf sich das Dreieck HGB um die Achse BG beispielsweise mit einer Rotationsgeschwindigkeit vom Betrag ω_1 drehen. Schreibt man diesen Vektor in Komponenten aus, so erhält man

$$\underline{\omega}_{HGB} = \omega_1 \left(-\frac{1}{2}\underline{e}_x + \frac{\sqrt{3}}{6}\underline{e}_y + \frac{\sqrt{6}}{3}\underline{e}_z \right) \quad .$$

Die Geschwindigkeit in H folgt aus dem Vektorprodukt mit dem Vektor $\underline{\underline{GH}} = L\ \underline{e}_x$ als

$$\underline{v}_H = \omega_1 L \left(\frac{\sqrt{6}}{3}\underline{e}_y - \frac{\sqrt{3}}{6}\underline{e}_z \right) \quad .$$

Erwartungsgemäß weist sie keine x-Komponente auf, da sonst die Bindung in H verletzt wäre. Das Dreieck JCG darf sich um die Kante CG drehen. Seine Rotationsgeschwindigkeit weise den Betrag ω_2 auf. Vektoriell ließe sie sich dann als

$$\underline{\omega}_{JCG} = \omega_2 \left(-\frac{\sqrt{3}}{3}\underline{e}_y + \frac{\sqrt{6}}{3}\underline{e}_z \right)$$

darstellen. Die Geschwindigkeit in J ermittelt man aus dem Vektorprodukt mit dem Verbindungsvektor $\underline{\underline{GJ}} = L\,(\underline{e}_x/2 + \sqrt{3}\,\underline{e}_y/2)$ als

$$\underline{v}_J = \omega_2 L \left(-\frac{\sqrt{2}}{2}\underline{e}_x + \frac{\sqrt{6}}{6}\underline{e}_y + \frac{\sqrt{3}}{6}\underline{e}_z \right) \quad .$$

Am Stab HJ muss der *Satz der projizierten Geschwindigkeiten*, also $\underline{v}_H \cdot \underline{\underline{HJ}} = \underline{v}_J \cdot \underline{\underline{HJ}}$, erfüllt werden. Mit $\underline{\underline{HJ}} = L\,(-\underline{e}_x/2 + \sqrt{3}\,\underline{e}_y/2)$ folgt dann $\omega_1 = \omega_2 =: \omega$. Das PdvL ergibt schließlich

$$\mathcal{P} = \underline{v}_H \cdot \underline{F} + \underline{v}_J \cdot \underline{F} + \underline{v}_J \cdot \underline{S}_7 = \omega L \frac{\sqrt{3}}{6}(-F + F) + \underline{v}_J \cdot \underline{S}_7 = 0 \quad ,$$

also $S_7 = 0$.

Aufgaben

1. Man ermittle mit dem Verfahren des Knotengleichgewichts sämtliche Stabkräfte am Fachwerk der Fig. 11.9.
2. Man kontrolliere die Resultate der Aufgabe 1 für die Stabkräfte in den Stäben 8, 9 und 10 mit Hilfe eines Dreikräfteschnittes.
3. Man finde mit Hilfe des PdvL die Stabkraft S_4 am Fachwerk der Fig. 11.6 und die Stabkraft S_7 am Fachwerk der Fig. 11.9.
4. Man ermittle zuerst mit dem PdvL und dann mit dem Dreikräfteschnitt die Stabkraft S_4 am Fachwerk der Fig. 11.17.
5. Man betrachte einen ebenen horizontalen Schnitt durch die Stäbe 4 bis 9 am räumlichen Fachwerk von Fig. 11.14 und ermittle an einem der beiden Teilfachwerke mit einer einzigen Momentenbedingung bezüglich einer passend gewähl-

ten Achse die Stabkraft S_6 (räumliche Verallgemeinerung des Dreikräfteschnittes).

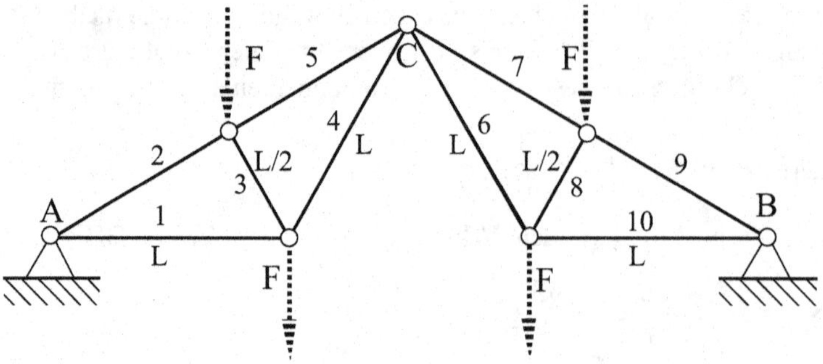

Fig. 11.17

6. Man ermittle mit zwei passend gewählten virtuellen Bewegungszuständen die Stabkräfte S_5 bzw. S_8 am räumlichen Fachwerk der Fig. 11.14.
7. Bei der nach Culmann (1866) und Ritter (1888) benannten **Culmann-Ritterschen Gleichgewichtsaufgabe** sucht man drei Kräfte mit gegebenen, nicht parallelen Wirkungslinien in einer Ebene, welche mit gegebenen Lasten im Gleichgewicht sind. Die unbekannten drei Kraftbeträge ermittelt man am besten durch Formulierung von drei Momentenbedingungen bezüglich der Schnittpunkte der drei Wirkungslinien. Eine in einer Vertikalebene liegende Quadratplatte sei wie in Fig. 11.18 an drei Ecken reibungsfrei und gelenkig mit drei Pendelstützen verbunden. Man ermittle bei gegebenem Betrag G = 100 kN des Plattengewichtes die Stabkräfte in den drei Pendelstützen nach Art (Zug- oder Druckkraft) und Größe.

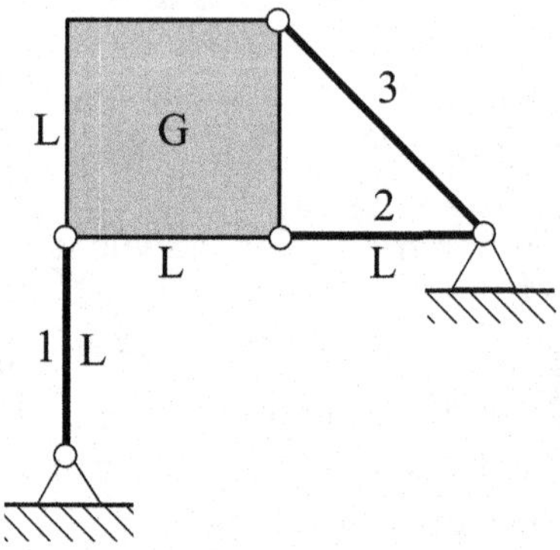

Fig. 11.18

12 Reibung

12.1 Physikalische Grundlagen

Bei der durch Kräfte erzwungenen Berührung von zwei materiellen Flächen treten in reellen Systemen neben **Normalkräften** auch **Reibungskräfte** auf (Fig. 12.1). Die Normalkräfte, welche makroskopisch den Widerstand der festen Körper gegen Eindringen charakterisieren sollen, liegen längs der gemeinsamen Normalen durch die Berührungspunkte und ergeben keine Leistung bei zulässigen virtuellen Bewegungen der beiden Körper. Die Reibungskräfte liegen dagegen in der gemeinsamen Tangentialebene τ der beiden Berührungsflächen und ergeben Beiträge zur virtuellen Leistung, selbst bei zulässigen virtuellen Bewegungen.
Hauptsächlich zwei Ursachen, beide mikroskopischer Natur, sind für die Entstehung von Reibungskräften verantwortlich. Die erste ist die **Rauigkeit** der Berührungsflächen, welche zumindest lokal zu unterschiedlichen Richtungen der gemeinsamen Flächennormalen führt und sie tendenziell in Richtung der Verhinderung einer etwaigen Bewegung verdreht (Fig. 12.2). Die zweite Ursache ist die Tendenz von Molekülen nach Unterschreiten einer minimalen Distanz, unter Druck- oder Wärmeeinwirkung Molekularbindungen einzugehen. Dieser Vorgang wird sowohl durch physikalische Einflüsse wie Polarität als auch durch chemische Reaktionen begünstigt und führt zu **lokalen Verschweißungen**, welche eine Erhöhung des *Haftvermögens*, also des *Gleitwiderstands*, verursachen. Dies äußert sich wiederum in einer zusätzlichen Schubkomponente der Kontaktkraft, d. h. einer Komponente in der gemeinsamen tangentialen Ebene τ.

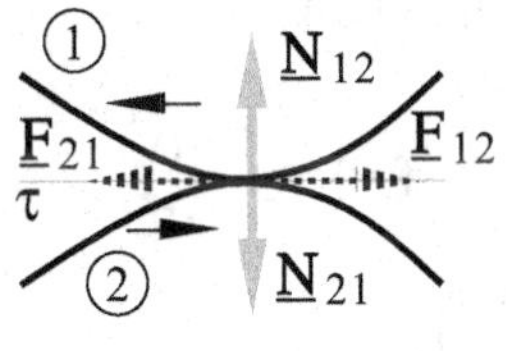

Fig. 12.1: Normal- und Reibungskräfte

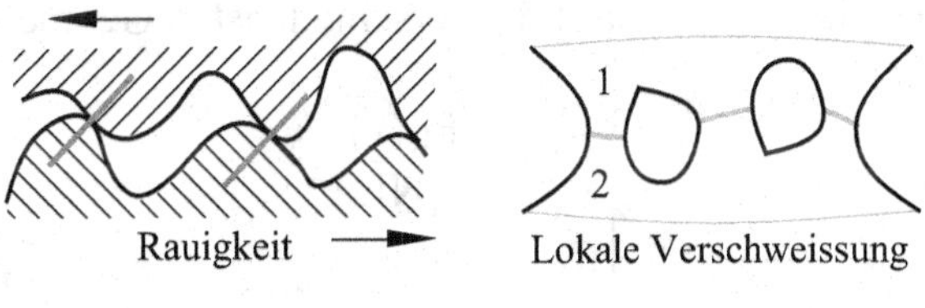

Fig. 12.2: Hauptursachen der Reibung

Um zu einer makroskopischen Beurteilung der Reibungsgesetze zu gelangen, kann man folgendes Experiment ausführen: Ein Körper 1, dessen Gesamtgewicht G durch Hinzufügen oder Wegnehmen von Standardgewichten verändert werden kann (Fig. 12.3), ruhe vorerst auf einer ebenen horizontalen Unterlage 2 und sei einer horizontalen Kraft mit Kraftvektor $\underline{\mathbf{F}} = F\,\underline{\mathbf{e}}_x$ ausgesetzt, dessen Betrag allmählich erhöht wird. Der Körper 1 bleibt wegen der Reibung an seiner Berührungsfläche in Ruhe, bis der Kraftbetrag $|F|$ einen Grenzwert erreicht. Anschließend steuert man den Kraftbetrag so, dass die Geschwindigkeit $\underline{\mathbf{v}} = v\,\underline{\mathbf{e}}_x$ der geradlinigen Translation des

Körpers konstant bleibt (gleichförmige geradlinige Translation). Man erzeugt sowohl positive als auch negative Werte von F mit entsprechenden Werten von v und registriert die Funktion F = F(v) für verschiedene Werte des Gewichtes G. Da sowohl in der Ruhelage als auch bei der gleichförmigen geradlinigen Translation die äußeren Kräfte im Gleichgewicht sein müssen, ist der Reibungskraftvektor

$$\underline{\mathbf{F}}_R = F_R\, \underline{\mathbf{e}}_x = -F\, \underline{\mathbf{e}}_x \tag{12.1}$$

und der Normalkraftvektor

$$\underline{\mathbf{N}} = N\, \underline{\mathbf{e}}_y = -\underline{\mathbf{G}} = G\, \underline{\mathbf{e}}_y \ , \tag{12.2}$$

also gilt

$$F_R = -F \quad , \quad N = G \ . \tag{12.3}$$

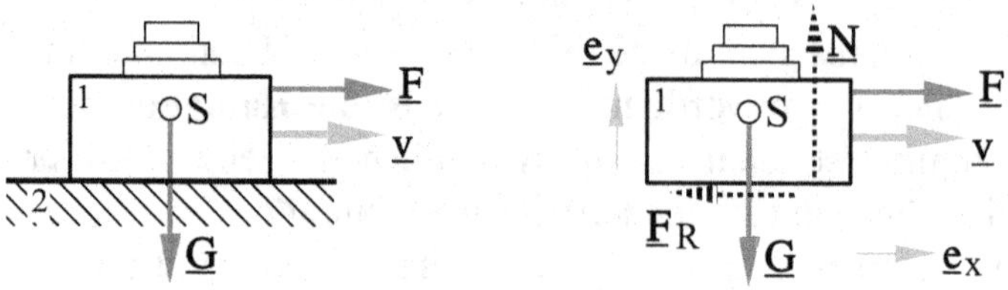

Fig. 12.3: Reibungsexperiment

Man beachte, dass hier die Vektoren so definiert sind, dass N und G immer positives Vorzeichen haben, während die Vorzeichen von F_R und F stets verschieden sind. Wirkt $\underline{\mathbf{F}}$ in der positiven x-Richtung, so ist F positiv und F_R negativ, während für $\underline{\mathbf{F}}$ in der negativen x-Richtung F_R positiv wird. Die Messresultate über F, v und G lassen sich gemäß (12.3) als solche in F_R, v und $|\underline{\mathbf{N}}|$ interpretieren. In dieser Form lassen sie sich auch auf die verschiedensten Geometrien verallgemeinern.

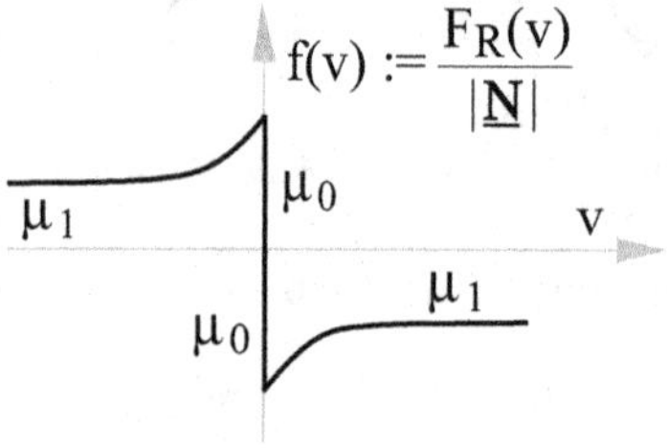

Fig. 12.4: Darstellung der Funktion $f(v) := F_R / |\underline{\mathbf{N}}|$

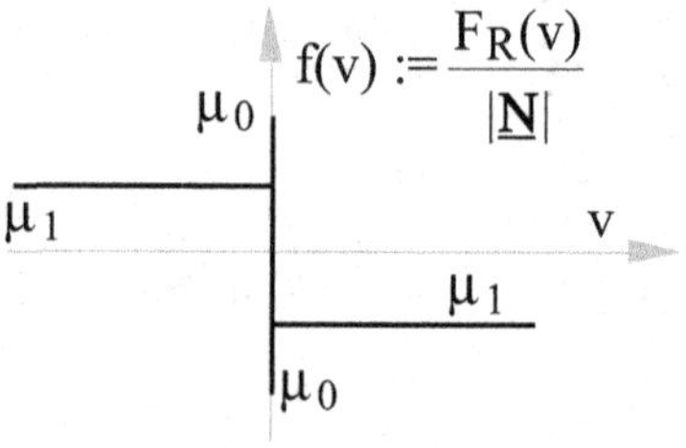

Fig. 12.5: Idealisierte Form der Reibungskurve

Die erste experimentelle Feststellung ist, dass die Funktion $F_R(v)$ in erster Näherung *proportional* zum Normalkraftbetrag $|\underline{\mathbf{N}}|$ ist. Dies gilt für die meisten Körper aus festem Stoff. Diese Eigenschaft lässt sich dadurch ausdrücken, dass die Funktion f(v) $:= F_R(v)/|\underline{\mathbf{N}}|$ für alle Werte von $|\underline{\mathbf{N}}|$ durch einen einzigen Graphen dargestellt werden kann. Fig. 12.4 zeigt die auf experimentellen Daten basierende qualitative Gestalt

dieser Kurve, die für die meisten Paare von festen Materialien wie Stahl auf Stahl, Aluminium auf Stahl, Gummi auf Asphalt gültig bleibt. Gemäß dieser Kurve setzt sich der Körper in Bewegung, sobald $|f(v)|$ einen Grenzwert μ_0 erreicht. Dann aber nimmt das Verhältnis $|f(v)|$ mit zunehmender Schnelligkeit $|v|$ ab bis zu einem stationären Wert μ_1, der für alle größeren Werte von $|v|$ in erster Näherung konstant bleibt. Der Grenzwert μ_0 heißt **Haftreibungszahl** und der stationäre Wert μ_1 **Gleitreibungszahl**. Beide Zahlen hängen hauptsächlich von der Art der Materialpaarung und von den Schmierverhältnissen an den Berührungsflächen ab. Richtwerte sind in Tabelle 12.1 angegeben.
Im Folgenden werden wir den Übergang von dem höheren Wert μ_0 auf den niedrigeren Wert μ_1 in Fig. 12.4 vereinfachen und die in Fig. 12.5 dargestellte idealisierte Form gebrauchen. Daraus ergeben sich das *Haft-* und *Gleitreibungsgesetz*, die in den folgenden zwei Abschnitten formuliert werden.

	Trocken		Gefettet	
	μ_0	μ_1	μ_0	μ_1
Stahl / Stahl	0.11 - 0.33	0.10 - 0.11	0.10	0.01 - 0.06
Stahl / Grauguss	0.19 - 0.20	0.16 - 0.20	0.10	0.01 - 0.06
Holz / Metall	0.50 - 0.65	0.20 - 0.50	0.10	0.02 - 0.10
Lederdichtung / Metall	0.60	0.20 - 0.25	0.20	0.12
Bremsbelag / Stahl		0.50 - 0.60		0.20 - 0.50

Tabelle 12.1: Richtwerte für Haft- und Gleitreibungszahlen

12.2 Haftreibung

Gemäß Fig. 12.4 oder Fig. 12.5 setzt sich ein Körper erst dann in Bewegung, wenn der Betrag der Reibungskraft $|\underline{\mathbf{F}}_R|$ den Grenzwert $\mu_0\,|\underline{\mathbf{N}}|$ erreicht hat. Wir formulieren diese Eigenschaft wie folgt:

HAFTREIBUNGSGESETZ: An den materiellen Berührungspunkten zwischen zwei Körpern 1 und 2 bleibt die relative Geschwindigkeit $\underline{\mathbf{v}} = \underline{\mathbf{0}}$, solange die Haftbedingung

$$\boxed{|\underline{\mathbf{F}}_R| < \mu_0\,|\underline{\mathbf{N}}|} \tag{12.4}$$

erfüllt ist.

Das Haftreibungsgesetz ist eine *Ungleichung*, welche *nicht* zur Bestimmung der Haftreibungskraft benutzt werden kann. In einer Bindung mit Haftreibung muss deshalb vorerst eine Haftreibungskraft oder ein Haftreibungsmoment von unbekanntem Betrag und unbekannter Richtung eingeführt werden. Bei einem statisch bestimmten System ergibt sich die Haftreibungskraft (und die Normalkraft) aus den Gleichgewichtsbedingungen. Die so berechneten Kräfte werden in das Haftreibungsgesetz (12.4) eingesetzt, um im Rahmen der Diskussion der Resultate (Abschnitt 9.3, Punkt h) zu entscheiden, ob das System in Ruhe sein kann.

Die Form (12.4) des **Haftreibungsgesetzes** ist sowohl auf Beispiele wie jenes der Fig. 12.3 als auch auf das rollende Rad der Fig. 12.6 anwendbar, wo die Geschwindigkeit im materiellen Berührungspunkt Z mit der Unterlage gemäß Definition der Rollbewegung (siehe Abschnitt 3.3) verschwinden soll. Das Rad kann nur rollen, falls die Reibungskraft eine **Haftreibungskraft** ist, also der Bedingung (12.4) genügt. Die Erfüllung dieser Bedingung kann bei gegebenem Wert von $|\underline{\mathbf{F}}_R|$ beispielsweise durch Erhöhung von μ_0 oder $|\underline{\mathbf{N}}|$ begünstigt werden.

Oft wird in der Umgangssprache der Ausdruck „das Rad gleitet, weil die *Reibung zu klein ist*" gebraucht. Damit meint man sicher nicht, dass der Betrag $|\underline{\mathbf{F}}_R|$ der Reibungskraft zu klein sei. Im Gegenteil, je größer der Betrag $|\underline{\mathbf{F}}_R|$ ist, desto schwieriger wird die Erfüllung der Haftbedingung (12.4) sein. Mit der Aussage „*Reibung zu klein*" meint man in Wirklichkeit, μ_0, oder genauer, der Grenzwert $\mu_0\,|\underline{\mathbf{N}}|$ sei zu klein.

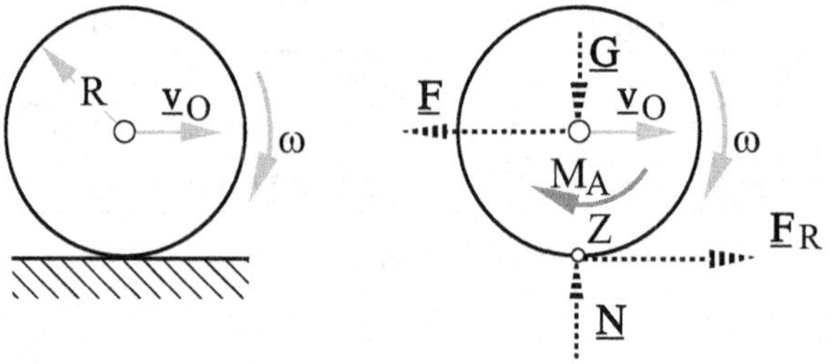

Fig. 12.6: Rollendes Rad

Ist am Beispiel des rollenden Rades von Fig. 12.6 die Bewegung gleichförmig, d. h., bleiben die Rotationsgeschwindigkeit $\underline{\boldsymbol{\omega}}$ um das Momentanzentrum Z und damit auch die Geschwindigkeit $\underline{\mathbf{v}}_O$ der Radnabe ($|\underline{\mathbf{v}}_O| = |\underline{\boldsymbol{\omega}}|\,R$) konstant, so müssen gemäß Bemerkung (2) von Abschnitt 8.4 die Gleichgewichtsbedingungen erfüllt sein. Also ist der Betrag der Reibungskraft gleich demjenigen der auf das Rad wirkenden Horizontalkomponente der Lagerkraft $\underline{\mathbf{F}}$. Der eingezeichnete Richtungssinn des Lagerkraftvektors (entgegengesetzt zu jenem von $\underline{\mathbf{v}}_O$) ergibt sich, falls das Rad beispielsweise den Radsatz einer *Lokomotive* auf einer *Triebachse* darstellt, welche einen Wagenzug vorwärts schleppt (und nicht bremst). Andererseits muss das Moment des Kräftepaars $\{\{O \mid \underline{\mathbf{F}}\}, \{Z \mid \underline{\mathbf{F}}_R\}$ mit dem Antriebsmoment M_A im Gleichgewicht bleiben. Daraus folgt u. a., dass der Reibungskraftvektor $\underline{\mathbf{F}}_R = -\underline{\mathbf{F}}$ den gleichen Richtungssinn wie $\underline{\mathbf{v}}_O$ besitzt. Trotzdem ist die *Haftreibungskraft* leistungslos, weil ja der materielle Angriffspunkt der Haftreibungskraft $\{Z \mid \underline{\mathbf{F}}_R\}$ das Momentanzentrum Z ist und folglich $\underline{\mathbf{v}}_Z = \underline{\mathbf{0}}$ gilt. Die Horizontalkomponente der Lagerkraft, also die Widerstandseinwirkung des Wagenzugs auf den Radsatz, ergibt mit $\underline{\mathbf{v}}_O$ eine negative Leistung. Die Quelle des Antriebsmomentes, welches eine gleich große positive Leistung aufbringen muss, kann beispielsweise ein mit der Triebachse verbundener Motor sein. Aus dem Gleichgewicht der Momente ergibt sich also

$$M_A = R\, F_R \tag{12.5}$$

und aus (12.4)

$$M_A < R\, \mu_0\, |\underline{\mathbf{N}}| \quad . \tag{12.6}$$

Eine Erhöhung des Antriebsmomentes über diesen Grenzwert hinaus würde das Rad zum Gleiten bringen. Der Grenzwert kann gemäß (12.6) durch Vergrößerung des Raddurchmessers, der Haftreibungszahl oder der auf das Rad wirkenden vertikalen Kraft $\underline{\mathbf{G}}$ (Gewicht und Achsenlast; $|\underline{\mathbf{G}}| = |\underline{\mathbf{N}}|$) erhöht werden.

In Fig. 12.7a ist als weiteres Beispiel zur Anwendung des Haftreibungsgesetzes ein System von zwei gewichtslosen Stäben skizziert, welche in den reibungsfreien festen Gelenken A und B gelagert sind, sich in C berühren und einer vertikalen Last vom Betrag G bzw. einer horizontalen Last vom Betrag F ausgesetzt sind. Die Haftreibungszahl in C sei μ_0. In welchem Bereich darf F liegen, damit das System in der gegebenen Lage in Ruhe bleibt? Zur Beantwortung dieser Frage sei vorerst das System getrennt (Fig. 12.7b), damit die Normalkraft und die Reibungskraft in C für jedes Teilsystem als äußere Kräfte in den Gleichgewichtsbedingungen erscheinen. Während der Richtungssinn der Normalkraft in C wegen der einseitigen Bindung für jeden Stab fest steht, kennt man jenen der Reibungskraft nicht von vornherein. Erst die Auswertung der Gleichgewichtsbedingungen wird über das Vorzeichen der skalaren Komponente F_R den entscheidenden Hinweis geben. Formuliert man die Momentenbedingung bezüglich A am Stab AD, so bekommt man

$$L\,(N - G) = 0 \quad , \quad N = G \quad . \tag{12.7}$$

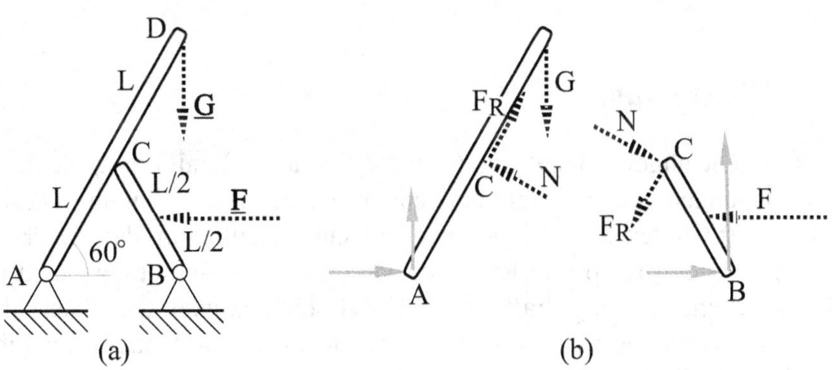

Fig. 12.7: System von zwei sich berührenden Stäben

Die Momentenbedingung bezüglich B am Stab BC ergibt dann

$$L\left(\frac{\sqrt{3}}{2} F_R + \frac{\sqrt{3}}{4} F - \frac{1}{2} N\right) = 0 \quad , \quad F_R = \frac{\sqrt{3}}{3} G - \frac{1}{2} F \quad . \tag{12.8}$$

Der Richtungssinn der Reibungskraft an jedem Teilsystem hängt von der relativen Größe der beiden Kraftbeträge G und F ab. Ist G größer als $F\sqrt{3}/2$, so ist der in der Figur eingetragene Richtungssinn der richtige, sonst der falsche. Bisher haben wir die Haftbedingung (12.4) nicht gebraucht. Beim Einsetzen der Resultate (12.7) und (12.8) muss man beachten, dass das Vorzeichen von F_R immer noch nicht feststeht. $F_R > 0$ entspricht einer Gleitgefahr wegen zu großem G mit einer Drehung von AD im Uhrzeigersinn, während $F_R < 0$ einer Gleitgefahr wegen zu großem F, also mit einer Drehung von AD im Gegenuhrzeigersinn darstellt. Da in (12.4) gemäß Fig. 12.5 beide Fälle mit der Aussage über den Betrag von F_R abgedeckt sind, ergibt (12.4) zwei Ungleichungen, nämlich

$$\frac{\sqrt{3}}{3} G - \frac{1}{2} F < \mu_0 G \quad (F_R > 0) \quad , \tag{12.9}$$

und

$$\frac{1}{2} F - \frac{\sqrt{3}}{3} G < \mu_0 G \quad (F_R < 0) \quad . \tag{12.10}$$

Die Auflösung nach F führt auf den gesuchten zulässigen Bereich für F

$$2\left(\frac{\sqrt{3}}{3} - \mu_0\right) G < F < 2\left(\frac{\sqrt{3}}{3} + \mu_0\right) G \quad . \tag{12.11}$$

Man beachte nochmals, dass das Haftreibungsgesetz (12.4) zwar eine von der Bindung aufgezwungene zusätzliche notwendige Bedingung für die Ruhelage darstellt, jedoch nur eine Ungleichung ist. Sie setzt voraus, dass F_R und N bereits mit den entsprechenden Gleichungen des Gleichgewichtes ermittelt worden sind. Folglich wird sie erst *nach* der Auswertung dieser Gleichungen zur Diskussion der Resultate eingesetzt.

12.3 Gleitreibung

Verlangen die Gleichgewichtsbedingungen (oder, wie in Band 3 dargestellt, die Bewegungsgleichungen) Lagerkraftkomponenten, die der Haftbedingung (12.4) nicht genügen, so tritt Gleiten ein. Nehmen wir einfachheitshalber an, dass einer der beiden sich berührenden Körper in Ruhe ist, dann greift im Berührungspunkt am bewegten Körper eine Reibungskraft an, die der Geschwindigkeit des materiellen Angriffspunktes entgegengesetzt ist. Gemäß dem idealisierten Modell von Fig. 12.5 lässt sich dann der Reibungskraftvektor als

$$\boxed{\underline{\mathbf{F}}_R = -\mu_1 \, |\underline{\mathbf{N}}| \, \frac{\underline{\mathbf{v}}}{|\underline{\mathbf{v}}|}} \tag{12.12}$$

darstellen, wobei $\underline{\mathbf{v}}$ die Geschwindigkeit des materiellen Berührungspunktes und μ_1, wie oben erwähnt, die **Gleitreibungszahl** ist. Die Beziehung (12.12) heißt **Gleitrei-**

bungsgesetz und beruht auf Ansätzen von Coulomb (1736-1806) und Morin (1795-1880).
Die meisten Probleme mit Gleitreibung gehören naturgemäß in die Dynamik und erfordern eine genauere Analyse der Bewegungsgleichungen (siehe Band 3). Sind die Oberflächen gut geschmiert und bildet sich ein *Schmierfilm* zwischen den sich berührenden Körpern, so muss für eine exaktere Behandlung sogar die *Fluiddynamik* beigezogen werden. Das Gleitreibungsgesetz (12.12) wird meist nur mit **trockener Reibung**, d. h. Gleitreibung zwischen ungefetteten oder nur mäßig gefetteten Flächen (siehe Tabelle 12.1), in Verbindung gebracht. Gemäß Bemerkung (2) am Schluss von Abschnitt 8.4 müssen die Gleichgewichtsbedingungen auch für einen bewegten starren Körper erfüllt sein, dessen Kinemate bezüglich seines Massenmittelpunktes konstant bleibt. In einem solchen Fall liefert das Gleitreibungsgesetz (12.12) – im Gegensatz zum Haftreibungsgesetz (12.4) – eine zusätzliche Gleichung zur Ermittlung der Unbekannten.

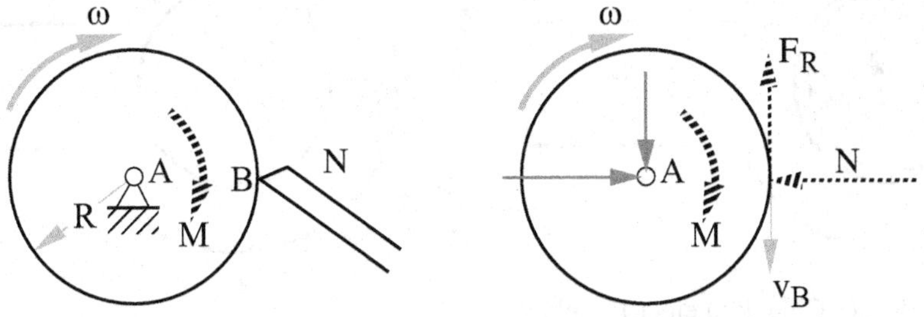

Fig. 12.8: Schleifscheibe und Gleitreibung (Kräfte an der Scheibe)

Man betrachte als Beispiel die in Fig. 12.8 abgebildete **Schleifscheibe**, mit deren Hilfe, bei konstanter Rotationsgeschwindigkeit um das Lager A, ein Messer geschliffen werden soll. Ist der Betrag N der Normalkraft bekannt, so lässt sich das Antriebsmoment M des Rotors mit Hilfe der Momentenbedingung bezüglich des Lagers und unter Verwendung von (12.12) als

$$M = F_R\, R = \mu_1\, N\, R$$

berechnen. Die vom Motor aufzubringende Leistung beträgt dann

$$\mathcal{P} = M\, \omega = \mu_1\, N\, R\, \omega = -F_R\, v_B \quad .$$

12.4 Gelenk- und Lagerreibung

In Kapitel 9 wurde im Zusammenhang mit Fig. 9.13 darauf hingewiesen, dass sich in einem Gelenk der Berührungspunkt B zwischen dem Zapfen und der Buchse je nach Belastung des Stabträgers einstellt. Bei reibungsfreier Berührung geht die Wirkungslinie der Zapfenkraft durch die Gelenkmitte, so dass die Kraft entweder als $\{B \mid \underline{\mathbf{Z}}\}$ oder als $\{O \mid \underline{\mathbf{Z}}\}$ dargestellt werden kann, wobei O die Gelenkmitte bezeichnet. Ist jedoch die Berührung mit Reibung behaftet, so besteht der Kraftvektor $\underline{\mathbf{Z}}$ aus zwei Komponenten $\underline{\mathbf{N}}$ und $\underline{\mathbf{F}}_R$, von denen nur die Wirkungslinie von $\underline{\mathbf{N}}$ durch die Gelenkmitte geht (Fig. 12.9). Der Vektor $\underline{\mathbf{Z}}$ kann in Komponenten Z_x, Z_y, Z_z zerlegt werden, aber diese liefern bei unbekanntem Berührungspunkt keine nähere Auskunft über die Normal- und Reibungskraftkomponente. Im Folgenden betrachten wir einfachheitshalber ein ebenes Problem. Die Zapfenkraft ergibt dann bei der Reduktion in die Gelenkmitte O neben der Kraft $\{O \mid \underline{\mathbf{Z}}\}$ auch ein Kräftepaar mit dem Moment

$$\underline{\mathbf{M}}_R = r_L\, F_R\, \underline{\mathbf{e}}_z \quad , \tag{12.13}$$

wobei r_L den Lagerradius bezeichnet. Dieses Kräftepaar heißt **Reibungsmoment** und muss, falls keine Bewegung zwischen Zapfen und Buchse vorliegt, als zusätzliche Unbekannte aus den Gleichgewichtsbedingungen ermittelt werden.

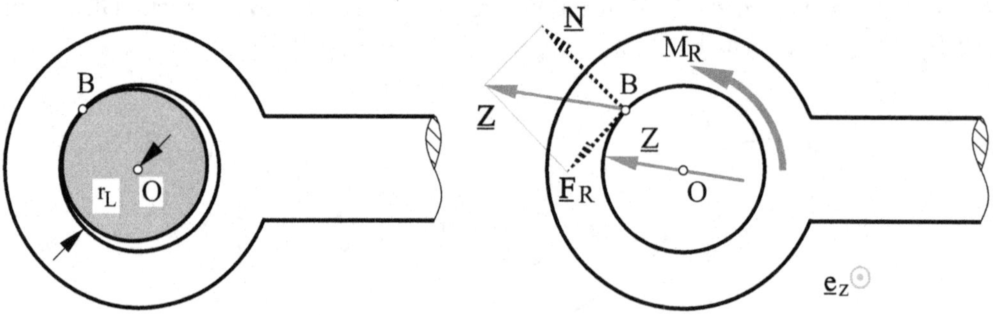

Fig. 12.9: Raues Gelenk in einer Ruhelage

Der homogene Balken von Fig. 12.10 sei in A mit einem reibungsbehafteten Gelenk festgehalten und in B reibungsfrei aufgelegt. Neben den Gelenkkraftkomponenten A_x und A_y muss in A auch ein Reibungsmoment M_R eingeführt werden. In B greift am Balken nur die Auflagerkraft B_y an. Eine Komponentenbedingung in horizontaler Richtung zeigt sofort, dass A_x verschwinden muss. Deshalb besteht die Zapfenkraft nur aus einer vertikalen Kraft $Z = A_y$. Die verbleibenden zwei Gleichgewichtsbedingungen

$$A_y + B_y - G = 0 \quad , \quad M_R - \frac{L}{2} G + L\, B_y = 0$$

reichen zur Bestimmung der drei Unbekannten A_y, B_y und M_R nicht aus. Das System wurde also durch die Lagerreibung statisch unbestimmt.

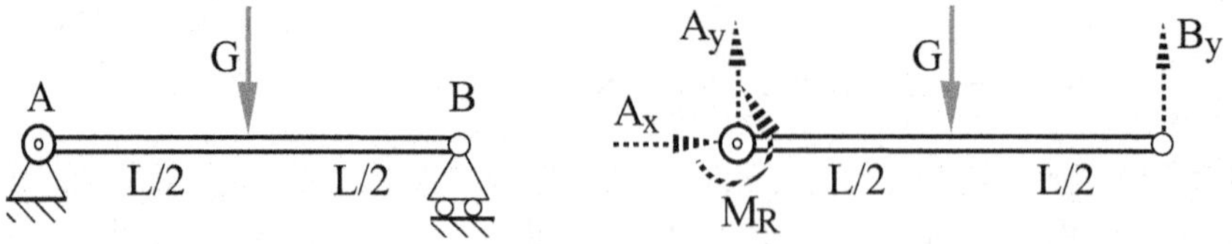

Fig. 12.10: Balken mit rauem Gelenk

Um die Haftbedingung (12.4) auf ruhende Gelenke anzuwenden, multiplizieren wir beide Seiten mit dem Lagerradius r_L und erhalten auf der linken Seite das Reibungsmoment, so dass

$$|M_R| < \mu_0 \, r_L \, |\underline{\mathbf{N}}| \tag{12.14}$$

gilt. In dieser Ungleichung kann zwar das **Haftreibungsmoment** auf der linken Seite, wie oben erwähnt, aus den Gleichgewichtsbedingungen hergeleitet werden, die Normalkraft $\underline{\mathbf{N}}$ bleibt jedoch unbekannt, denn die Zerlegung von $\underline{\mathbf{Z}}$ in $\underline{\mathbf{N}}$ und $\underline{\mathbf{F}}_R$ kann nicht eindeutig erfolgen, solange zusätzliche Auskünfte über die Wirkungslinie von $\underline{\mathbf{N}}$ oder $\underline{\mathbf{F}}_R$, beispielsweise über den Berührungspunkt B oder das Verhältnis von $|\underline{\mathbf{F}}_R|$ zu $|\underline{\mathbf{N}}|$, fehlen. Um die Haftbedingung (12.14) trotzdem zu gebrauchen, modifiziert man sie leicht und setzt auf der rechten Seite statt $|\underline{\mathbf{N}}|$ den höheren Betrag $|\underline{\mathbf{Z}}|$ ein. $|\underline{\mathbf{Z}}|$ unterscheidet sich gegenüber $|\underline{\mathbf{N}}|$ *höchstens* um den Faktor $(1 + (\mu_0)^2)^{1/2}$, z. B. bei $\mu_0 = 0.5$ um etwa 12%, was bei der großen Unsicherheit der Messwerte von μ_0 (siehe Tabelle 12.1) unbedeutend ist. So ergibt sich das **Haftreibungsgesetz für Gelenke**

$$\boxed{|M_R| < \mu_0 \, r_L \, |\underline{\mathbf{Z}}| \ .} \tag{12.15}$$

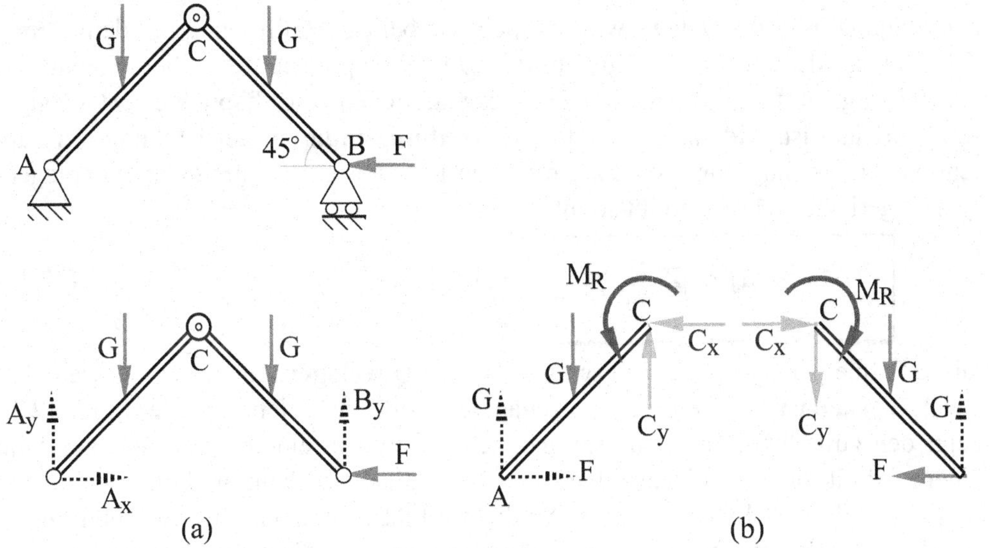

Fig. 12.11: System von zwei Stäben mit rauem Verbindungsgelenk

Zwei Stäbe der gleichen Länge L seien in einem rauen Gelenk in C verbunden (Fig. 12.11a). Der Lagerradius wird als r_L und die Haftreibungszahl als μ_0 gegeben. Das Gelenk in A und das horizontal verschiebbare Auflager in B seien reibungsfrei. Die Belastung bestehe aus dem Eigengewicht G für jeden Stab und aus der horizontalen Stützkraft in B vom Betrag F. Das zulässige Intervall für F in der gegebenen Ruhelage wird gesucht. Die Momentenbedingung bezüglich B für das ganze System ergibt $A_y = G$, und aus den Komponentenbedingungen folgen $A_x = F$,

$B_y = G$. Selbstverständlich treten in diesen Gleichgewichtsbedingungen am ganzen System die Kräfte und Momente in C nicht auf, da sie inneren Kräften entsprechen. Um auf das zulässige Intervall für F zu schließen, muss das System in C getrennt werden (Fig. 12.11b). Die Momentenbedingung am Stab AC ergibt dann

$$M_R + L\left(\frac{\sqrt{2}}{2}F - \frac{\sqrt{2}}{2}G + \frac{\sqrt{2}}{4}G\right) = 0 \quad , \quad M_R = \frac{\sqrt{2}}{4}L\,(G - 2\,F)$$

und die Komponentenbedingungen

$$C_x = F \quad , \quad C_y = 0 \quad .$$

(Die zweite Gleichung ergibt sich sofort auch aus der Symmetrie der beiden Teilsysteme in Fig. 12.11b.) Die Zapfenkraft in C beträgt also F und das Haftreibungsgesetz (12.15) führt auf

$$\frac{\sqrt{2}}{4}L\,|G - 2\,F| < \mu_0\, r_L\, F \quad ,$$

woraus je nach Vorzeichen von M_R zwei Ungleichungen entstehen. Man bekommt also

$$\frac{\frac{1}{2}G}{1 + \sqrt{2}\,\mu_0 \frac{r_L}{L}} < F < \frac{\frac{1}{2}G}{1 - \sqrt{2}\,\mu_0 \frac{r_L}{L}} \quad .$$

Die **Gleitreibung im Gelenk** wird ähnlich wie bei der Haftreibung mit dem Betrag der Zapfenkraft statt mit demjenigen der Normalkomponente formuliert. Genau wie die Reibungskraft zur Geschwindigkeit des materiellen Angriffspunktes entgegengesetzt gerichtet ist, widersetzt sich das **Gleitreibungsmoment** der Drehung des Zapfens in der Bohrung, also ist es zur relativen Rotationsgeschwindigkeit $\underline{\omega}$ entgegengesetzt gerichtet. Man schreibt somit

$$\underline{\mathbf{M}}_R = -\mu_1\, r_L\, |\underline{\mathbf{Z}}| \frac{\underline{\omega}}{|\underline{\omega}|} \quad . \tag{12.16}$$

Diese Formel kann auch bei **kurzen** und **langen Querlagern** eingesetzt werden.
Bei **Längslagern** kann eine etwas genauere Formel hergeleitet werden. Fig. 12.12 zeigt den Grundkreis einer kreiszylindrischen Welle in einem solchen Lager samt einem infinitesimalen Flächenelement, dessen Flächeninhalt, in Polarkoordinaten (r, φ) ausgedrückt, $dA = r\,dr\,d\varphi$ ist. An diesem Flächenelement greifen eine infinitesimale Normalkraft $d\underline{\mathbf{N}}$ und eine azimutal gerichtete infinitesimale Reibungskraft $d\underline{\mathbf{F}}_R$ an. Letztere weist bei drehender Welle gemäß (12.12) den Betrag $|d\underline{\mathbf{F}}_R| = \mu_1\,|d\underline{\mathbf{N}}|$ auf und ist zur Rotationsgeschwindigkeit der Welle entgegengesetzt. Nimmt man an, dass die Welle gleichmäßig im Lager aufliege, dann ergeben die Kräfte $d\underline{\mathbf{N}}$ eine resultierende Normalkraft $\{O \mid \underline{\mathbf{N}}\}$, und es gilt

$$|d\underline{\mathbf{N}}| = \frac{N}{\pi\,(r_L)^2}\, r\,dr\,d\varphi \quad , \quad |d\underline{\mathbf{F}}_R| = \mu_1 \frac{N}{\pi\,(r_L)^2}\, r\,dr\,d\varphi$$

($N = |\underline{N}|$). Die infinitesimalen Reibungskräfte führen bei ihrer Reduktion auf das Zentrum O auf ein Kräftepaar vom Moment

$$M_R = \iint r\,|d\underline{F}_R| = \mu_1 \frac{N}{\pi (r_L)^2} \int_0^{r_L} r^2\,dr \int_0^{2\pi} d\varphi \quad .$$

Also beträgt das vom Längslager auf die Welle ausgeübte *Gleitreibungsmoment*

$$M_{RL} = \frac{2}{3}\,\mu_1\, r_L\, N \quad . \tag{12.17}$$

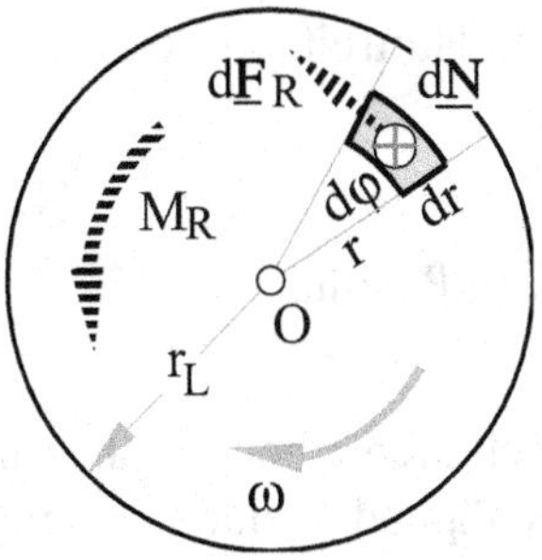

Fig. 12.12: Wellenquerschnitt im Längslager

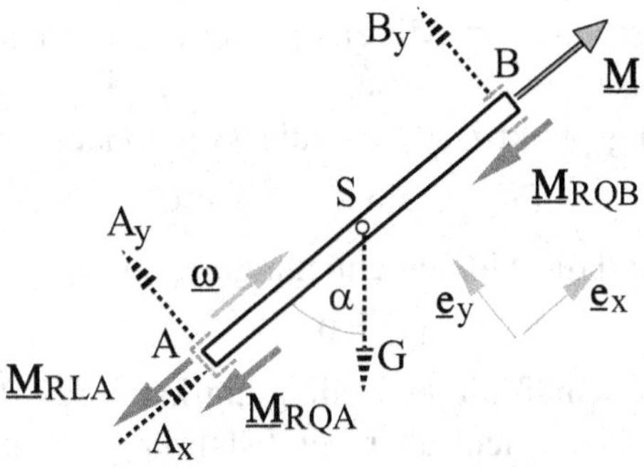

Fig. 12.13: Schief gelagerte rotierende Welle

Ist die Achse einer gleichförmig rotierenden, in B quer, und in A längs und quer gelagerten, durch ihr Eigengewicht belasteten Welle bezüglich der Vertikalen um α geneigt, so treten die in Fig. 12.13 eingetragenen Lagerkräfte und Gleitreibungsmomente auf. Um eine gleichförmige Rotation aufrechtzuerhalten, muss auf die Welle ein antreibendes Kräftepaar vom Moment $\underline{M} = M\,\underline{e}_x$ wirken. Bei gleichförmiger Rotation mit Massenmittelpunkt auf der Drehachse gelten gemäß der Bemerkung (2) am Schluss des Abschnittes 8.4 die Gleichgewichtsbedingungen für die äußeren Kräfte. Daraus ergeben sich die Lagerkraftkomponenten in y-Richtung als

$$A_y = B_y = \frac{1}{2}\,G \sin\alpha \quad .$$

In beiden Lagern herrschen Gleitreibungsverhältnisse, und die Geschwindigkeiten an den Umfangspunkten der Welle haben keine Komponente in x-Richtung. Da Gleitreibungskräfte gemäß (12.12) zu den Geschwindigkeiten der materiellen Angriffspunkte entgegengesetzt gerichtet sein müssen, verschwinden die Reibungsanteile der Lagerkraftkomponenten in x-Richtung in den beiden Querlagern. Also gilt

$$A_x = G\cos\alpha \quad , \quad B_x = 0 \quad ,$$

wobei A_x nur den Beitrag des Längslagers enthält und für dieses eine Normalkraft im Sinne von (12.17) darstellt. Die Momentenbedingung bezüglich der Stabachse ist

$$M - M_{RLA} - M_{RQA} - M_{RQB} = 0 \quad ,$$

wobei M_{RLA} das Gleitreibungsmoment im Längslager A, M_{RQA} dasjenige im Querlager A und schließlich M_{RQB} das Gleitreibungsmoment im Querlager B bezeichnen. Es gilt dann gemäß (12.16) und (12.17) und mit der gleichen Gleitreibungszahl μ_1 für alle Lager

$$M = \mu_1 \, r_L \, G \left(\frac{2}{3} \cos \alpha + \sin \alpha\right) \quad .$$

12.5 Rollreibung

Als weitere Form der Reibung existiert schließlich die Rollreibung, die bei rollenden Körpern und insbesondere bei Rädern auftritt. In Fig. 12.14 steht ein Rad mit Schwerpunkt im Mittelpunkt O auf einer schiefen Ebene vom Neigungswinkel α. Für das Gewicht im Schwerpunkt und für die Normal- und Haftreibungskraft im Berührungspunkt Z ergeben die Komponentenbedingungen

$$F_R = G \sin \alpha \quad , \quad N = G \cos \alpha \quad , \tag{12.18}$$

während die Momentenbedingung auf das widersprüchliche Resultat

$$R \, G \sin \alpha = 0$$

führt. Gemäß dieser Bedingung kann das Rad auf der schiefen Ebene nicht ruhen. Das widerspricht aber der Erfahrung, wonach es bei genügend kleinen Neigungswinkeln α in Ruhe bleibt und erst von einem bestimmten Grenzwinkel an ins Rollen kommt. Es ist also in Wirklichkeit offenbar ein Widerstand vorhanden, der den Körper am Abrollen hindert. Dabei kann es sich nicht um die Haftreibungskraft handeln, die ja oben berücksichtigt worden ist.

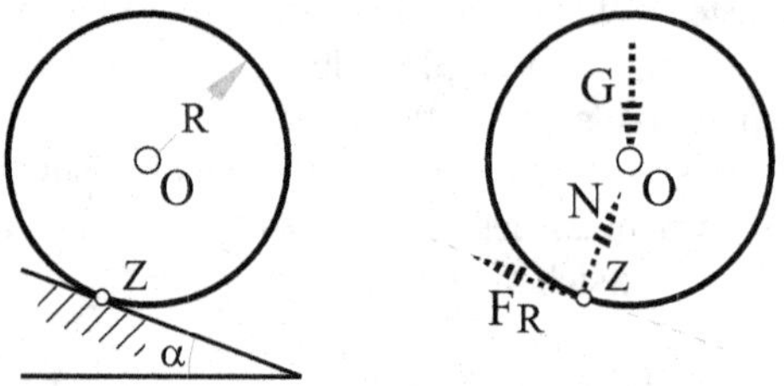

Fig. 12.14: Rad ohne Rollreibung

Der Widerspruch löst sich, wenn man beachtet, dass allgemein bei rollenden Körpern die Berührung nicht in einem Punkt oder längs einer Mantellinie stattfindet. Die Körper sind in Wirklichkeit nicht starr, sondern deformieren sich in der Umgebung der Berührungsstelle und stehen daher längs einer kleinen Fläche in Kontakt. Wenn infolge der Belastung die Tendenz zum Wegrollen etwa nach rechts besteht, dann werden die infinitesimalen Normalkräfte je Flächeneinheit (Fig. 12.15) auf dieser Seite etwas größer als auf der anderen, und damit geht die Wirkungslinie der resultierenden Normalkraft nicht mehr durch den idealen Berührungspunkt Z, sondern ist um eine kleine Strecke e in Richtung der angestrebten Bewegung verschoben. Reduziert man die verschobene Normalkraft nach Z (Fig. 12.16), so erhält man dort neben den Kräften {Z | $\underline{\mathbf{N}}$}, {Z | $\underline{\mathbf{F}}_R$} ein Kräftepaar vom Moment

$$M_R = e\,|\underline{\mathbf{N}}| \quad . \tag{12.19}$$

Dieses stellt den Widerstand gegen Rollen dar und wird als Rollreibungsmoment bezeichnet; es tritt als weiterer Widerstand zur Haftreibungskraft {Z | $\underline{\mathbf{F}}_R$} hinzu.

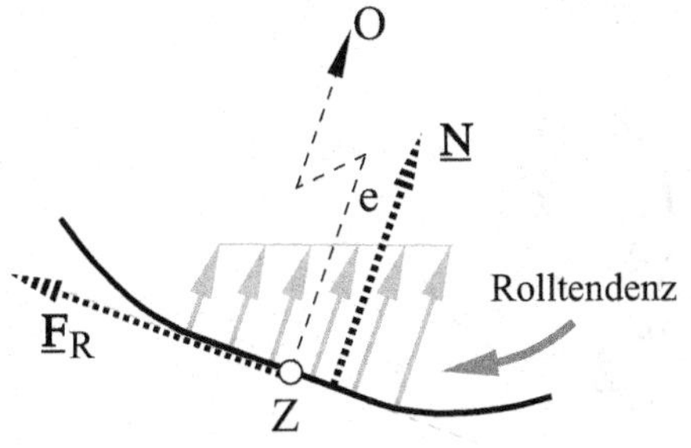

Fig. 12.15: Deformation an der Berührungsstelle

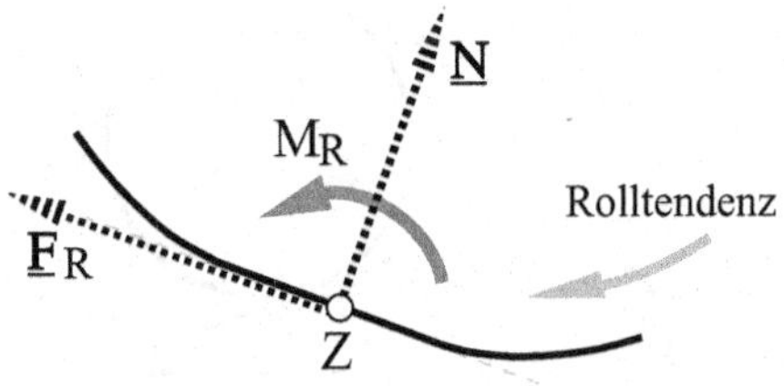

Fig. 12.16: Rollreibungsmoment

Dabei hat man die Wahl, dieses Moment nach Fig. 12.16 explizit einzuführen oder nach Fig. 12.15 durch die Verschiebung e der Normalkraft zu berücksichtigen. Ergänzt man Fig. 12.14 durch Hinzunehmen des Rollreibungsmomentes (Fig. 12.17), so ändert sich nur die Momentenbedingung, sie geht in

$$M_R - R\,G \sin\alpha = 0 \tag{12.20}$$

über, und der Widerspruch mit der Erfahrung ist behoben.
Der Versuch zeigt weiter, dass das Rad nur für genügend kleine Neigungswinkel α der schiefen Ebene ruht. Das hängt natürlich damit zusammen, dass die Exzentrizität e der Normalkraft nicht beliebig anwachsen kann, sondern einer Ungleichung

$$|e| < \mu_2 \tag{12.21}$$

genügen muss. Man nennt μ_2 die **Rollreibungslänge**. Diese Größe ist im Gegensatz zu μ_0 und μ_1 nicht dimensionslos, sondern hat, der Ungleichung (12.21) entsprechend, die Dimension [L]. Sie ist nicht eine reine Materialkonstante, die nur vom Material der beiden sich berührenden Körper abhängt, sondern wird stark von ihren Krümmungen beeinflusst.
Setzt man (12.19) in (12.21) ein, so erhält man folgende **Ungleichung der Rollreibung**, die eine gewisse Analogie mit dem Haftreibungsgesetz für Gelenke (12.15) aufweist:

$$|M_R| < \mu_2\,|\underline{\mathbf{N}}| \quad . \tag{12.22}$$

Verlässt das Rad seine Ruhelage und beginnt abzurollen, so geht die Ungleichung (12.21) analog zum Übergang von Haft- zu Gleitreibung in die Gleichung

$$|e| = \mu_2 \tag{12.23}$$

über, so dass nach Einsetzen in den Ausdruck für das Rollreibungsmoment die **Gleichung der Rollreibung**

$$|M_R| = \mu_2\, |\underline{\mathbf{N}}| \tag{12.24}$$

entsteht. Man beachte, dass die Ungleichung (12.22) und die Gleichung (12.24) der Rollreibung dieselbe Rollreibungslänge μ_2 enthalten.

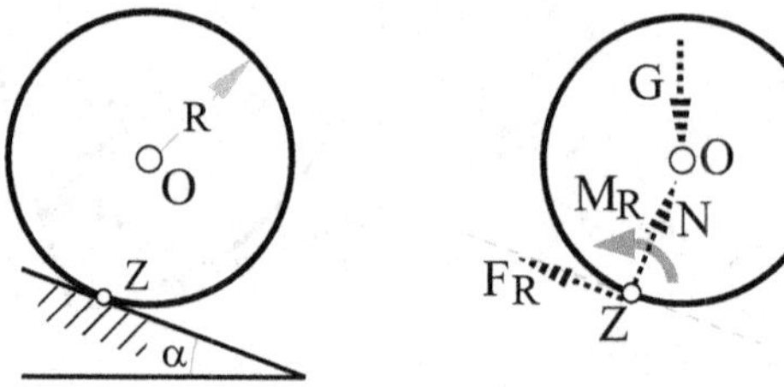

Fig. 12.17: Rad mit Rollreibung

Beim Rad von Fig. 12.17 verlangt die Haftbedingung (12.4) dass

$$\tan\alpha < \mu_0$$

sei. Die Ungleichung der Rollreibung (12.22) ergibt mit den Gleichgewichtsbedingungen (12.18) und (12.20)

$$\tan\alpha < \frac{\mu_2}{R} \quad .$$

Solange beide Bedingungen erfüllt sind, ruht das Rad. Wenn die Neigung der schiefen Ebene allmählich vergrößert wird, setzt es sich schließlich in Bewegung. Es rollt oder gleitet, je nachdem ob die zweite oder die erste Ungleichung zuerst verletzt wird.

Aufgaben

1. Auf einer schiefen Ebene vom Neigungswinkel $\alpha = 30°$ (Fig. 12.18) steht ein homogener Kreiszylinder (Gewicht G = 50 N, Höhe h = 15 cm, Radius R = 10 cm), an dem in halber Höhe die zur Ebene parallele Kraft mit dem Betrag F angreift. Die Haftreibungszahl ist $\mu_0 = 0.2$. Ist der Zylinder für F = 0 in Ruhe? In welchem Intervall muss F liegen, soll der Zylinder haften? In welchem Intervall muss F liegen, soll er standfest sein? Welche Bedingungen müssen R und h erfüllen, soll der Zylinder bei allmählicher Änderung von α sowohl nach oben wie nach unten eher gleiten als kippen.

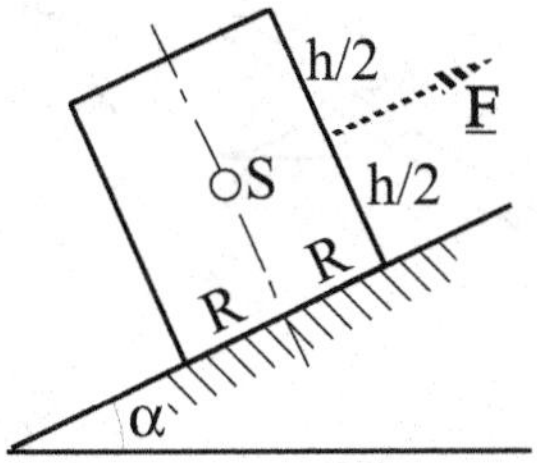

Fig. 12.18

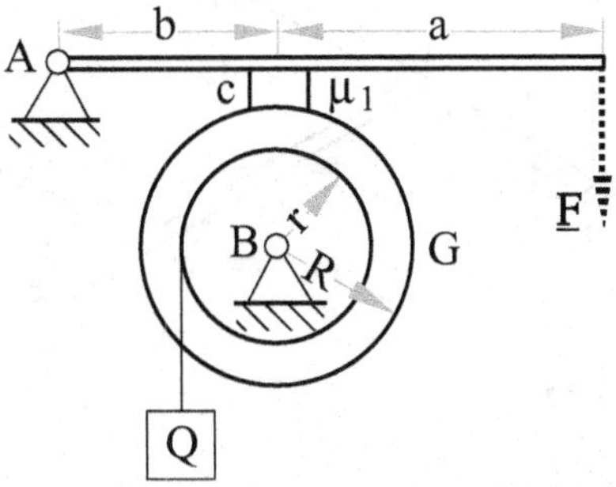

Fig. 12.19

2. Auf einer reibungslos gelagerten Welle sitzen zwei fest mit ihr verbundene Trommeln (Fig. 12.19) vom Gesamtgewicht G, von denen die eine die Last vom Betrag Q trägt, während an der anderen ein Bremsklotz wirkt. Der Bremshebel sei gewichtslos und ebenfalls reibungsfrei gelagert, während μ_1 die Gleitreibungszahl zwischen Bremsklotz und Trommel ist. Man bestimme den Betrag F der Bremskraft, unter der sich die Last Q gleichförmig senkt. Man ermittle ferner die Lagerkräfte in A und B.

3. Zwei in reibungsfreien Gelenken A und B gelagerte, gleich lange (Länge 2 L) und gleich schwere (Gewicht G) homogene Stäbe berühren sich in C (Fig. 12.20), wo die Haftreibungszahl μ_0 beträgt. In welchem Intervall muss der Betrag F einer vertikalen Kraft am Ende D des in B gelagerten Stabes liegen, damit das System in der gegebenen Lage in Ruhe bleibt?
4. Man löse die Aufgabe 3 unter der Voraussetzung, dass die Berührung in C reibungsfrei und das Lagergelenk in B mit Reibung behaftet sei. Die Haftreibungszahl im Gelenk bleibe μ_0, und der Lagerradius betrage r_L.

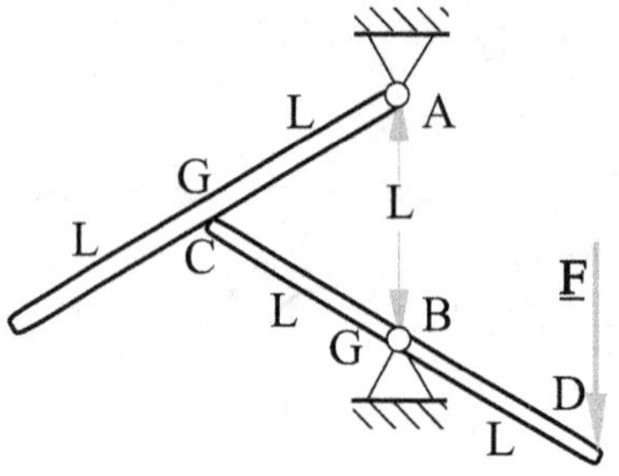

Fig. 12.20

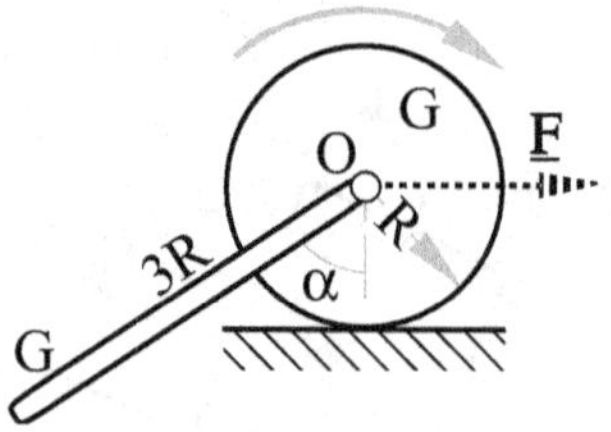

Fig. 12.21

5. Eine homogene Kreisscheibe konstanter Dicke (Fig. 12.21) vom Radius R = 10 cm und vom Gewicht G = 150 N, das auf einer rauen Horizontalebene rollt, trägt in der Mitte ein Querlager vom Radius r_L = 1 cm, an dem ein homogener, prismatischer Stab vom Gewicht G und der Länge 3 R hängt. Die Haftreibungszahl zwischen Kreisscheibe und Unterlage ist $\mu_0 = 0.2$, die Rollreibungslänge μ_2 = 1 mm. Die Gleitreibungszahl im Lager beträgt $\mu_1 = 0.1$. Man ermittle den Betrag F der Horizontalkraft an den Nabe, unter der die Kreisscheibe gleichförmig nach rechts rollt, sowie den Neigungswinkel α des Stabes bei dieser Bewegung. Welches ist die Bedingung dafür, dass die Kreisscheibe nicht gleitet?

13 Seilstatik

Das **Seil** wirkt als Verbindungselement vor allem durch seinen Dehnungswiderstand. Es ist extrem biegsam, da seine Querabmessungen im Vergleich zu seiner Längsabmessung viel kleiner sind. Im Modell des **inextensiblen Seils** idealisieren wir im Folgenden das Seil als vollkommen biegsamen eindimensionalen Körper von unveränderlicher Länge. Wir vernachlässigen also seinen Biegewiderstand und nehmen an, dass es *inextensibel* sei (d. h. undehnbar, der Dehnungswiderstand ist „unendlich"). Wegen der idealen Biegsamkeit kann es keine Druckkräfte aufnehmen; die **Seilkraft** ist also immer eine Zugkraft. Der Betrag der vom Seil übertragenen Kraft heißt **Seilzug**.

Das *gewichtslose* Seil nimmt, wenn nur an seinen Enden je eine Kraft angreift, die Form einer Strecke an, die mit der gemeinsamen Wirkungslinie der beiden Endkräfte zusammenfällt.

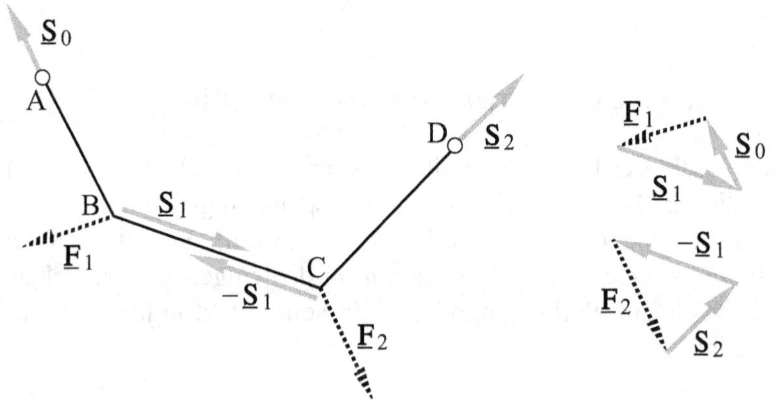

Fig. 13.1: Seilpolygon

Wird das gewichtslose Seil durch eine ebene Kräftegruppe belastet, so hat es in der Ruhelage die Gestalt eines Vielecks, nämlich des **Seilpolygons**. Fig. 13.1 zeigt ein inextensibles Seil, das in A durch eine Kraft $\{A \mid \underline{\mathbf{S}}_0\}$ gehalten wird. Das Seilstück AB nimmt dann die Richtung dieser Kraft an, deren Betrag ist identisch mit dem Seilzug in AB. Wird das Seil in B durch eine Last $\{B \mid \underline{\mathbf{F}}_1\}$ belastet, so muss das Knotengleichgewicht in B erfüllt sein. Deshalb stellt sich das Seilstück BC parallel zum negativen Summenvektor $\underline{\mathbf{S}}_1 := -(\underline{\mathbf{S}}_0 + \underline{\mathbf{F}}_1)$, dessen Betrag gleich dem Seilzug in BC ist. Eine zusätzliche Last $\{C \mid \underline{\mathbf{F}}_2\}$ richtet das Seilstück CD parallel zum Differenzvektor $\underline{\mathbf{S}}_2 := \underline{\mathbf{S}}_1 - \underline{\mathbf{F}}_2$. Damit entsteht das Seilpolygon ABCD.

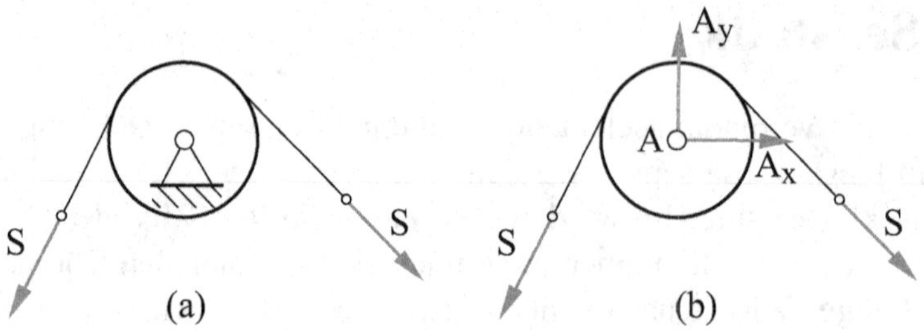

Fig. 13.2: Seil mit reibungsfrei gelagerter Rolle

Wird ein gewichtsloses Seil über eine reibungsfrei gelagerte Rolle geführt (Fig. 13.2a), so ist der Seilzug links und rechts der Rolle gleich, unabhängig von der Richtung des Seils. Zum Beweis betrachtet man das System bestehend aus den Seilstücken und der Rolle (Fig. 13.2b) und formuliert die Momentenbedingung bezüglich des Lagers A.

13.1 Ruhelage des schweren Seils, Kettenlinie

Lässt man die Zahl der Lasten über alle Grenzen wachsen und gleichzeitig ihre Beträge sowie die Abstände zwischen den Angriffspunkten gegen null gehen, so liefert dieser Grenzübergang das kontinuierlich belastete Seil. Es hat als Grenzfall des Vielecks die Form einer Kurve, welche nur an denjenigen Stellen Ecken aufweist, wo allenfalls noch Einzelkräfte angreifen. Die Seilkraft ist in jedem Punkt des Seils tangential zu ihm.

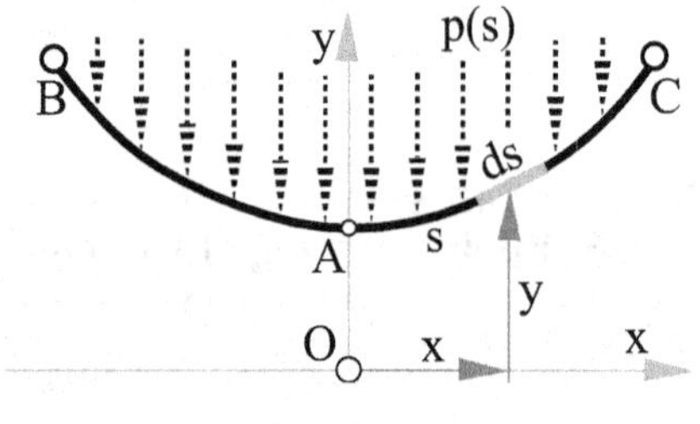

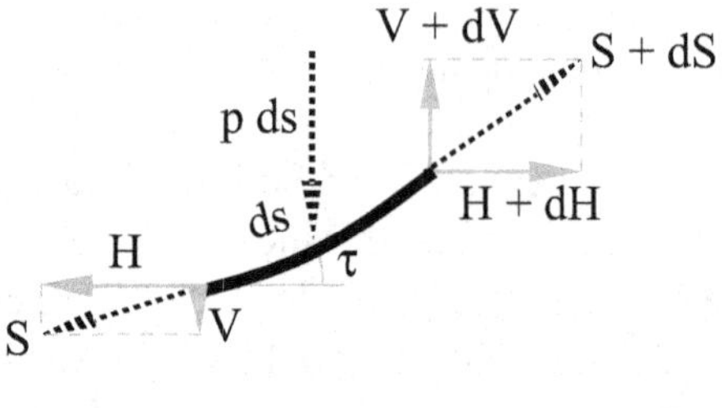

Fig. 13.3: Gleich gerichtete, verteilte Belastung am Seil

Fig. 13.4: Infinitesimales Element des inextensiblen Seils

Wir betrachten im Folgenden eine gleich gerichtete, kontinuierlich verteilte, parallele Kräftegruppe an einem inextensiblen Seil, welche etwa durch dessen Eigengewicht gegeben sein könnte. Zudem nehmen wir an, dass diese gleich gerichtete Kräftegruppe vertikal sei, und beziehen das Seil auf das in Fig. 13.3 gegebene Koordinatensystem, dessen y-Achse durch den tiefsten Punkt A geht. Sind dann x, y die Koordinaten und s die von A aus gemessene *Bogenlänge* eines beliebigen Punktes, so ist die Belastung bekannt, wenn man die Last pro Längeneinheit, nämlich die *Linienkraftdichte* oder *spezifische Belastung* als Funktion der Bogenlänge p(s), kennt. Greift man (Fig. 13.4) ein infinitesimales Seilelement der Länge ds heraus, so sind an diesem neben der Belastung p(s) ds die tangentialen Schnittkräfte anzubringen, die man in Komponenten H, V und H + dH, V + dV zerlegt. Die Komponentenbedingungen am Seilelement ergeben dann

$$dH = 0 \quad , \quad dV = p\,ds \quad . \tag{13.1}$$

Hieraus folgt erstens, dass die Horizontalkomponente der Seilkraft, der **Horizontalzug** H, konstant ist. Zweitens ergibt sich für den Neigungswinkel τ des Seilelementes, der sich ja gemäß Fig. 13.4 aus

$$\tan\tau = \frac{V}{H} \tag{13.2}$$

bestimmt, die Differentialgleichung

$$d(\tan\tau) = \frac{dV}{H} = \frac{p}{H}\,ds \quad . \tag{13.3}$$

Sind H und p(s) gegeben, so kann (13.3) integriert und damit die Gleichgewichtsform des Seils gefunden werden.

Für den Fall, dass p konstant, d. h. das Seil *homogen* ist, kann man zur Abkürzung

$$a := \frac{H}{p} \tag{13.4}$$

setzen. In kartesischen Koordination ist das Längenelement

$$ds = \sqrt{1+(y')^2}\;dx$$

und $\tan\tau = y'$, wobei y' für die Ableitung von y(x) nach x steht. Eingesetzt in (13.3) ergibt sich

$$dy' = \frac{1}{a}\sqrt{1+(y')^2}\;dx \quad . \tag{13.5}$$

Bringt man diese Gleichung auf die Form

$$\frac{dy'}{\sqrt{1+(y')^2}} = \frac{dx}{a} \quad ,$$

so erhält man mit

$$\operatorname{Arsinh} y' = \frac{x}{a} + C_1 \tag{13.6}$$

ein erstes Integral mit der Integrationskonstanten C_1. Diese bestimmt sich aus der Randbedingung $y'(x=0)$ zu $C_1 = 0$, so dass (13.6) in

$$y' = \sinh\frac{x}{a} \tag{13.7}$$

übergeht. Nochmalige Integration ergibt

$$y = a \cosh \frac{x}{a} + C_2 \quad .$$

Da die Lage der x-Achse nicht fixiert wurde, verfügt man über keine Randbedingung für C_2. Man kann aber umgekehrt $C_2 = 0$, also

$$y = a \cosh \frac{x}{a} \tag{13.8}$$

setzen und damit die x-Achse fixieren. Das Seil nimmt somit im Gleichgewicht die Form einer **Kettenlinie** (Fig. 13.5) mit der x-Achse als **Leitlinie** an.
Aus (13.3) folgt mit der Abkürzung (13.4) $ds = a\, dy'$ und hieraus, weil in A sowohl s wie auch y' verschwinden,

$$s = a\, y' \quad . \tag{13.9}$$

Die Bogenlänge ist also nach (13.7) durch

$$s = a \sinh \frac{x}{a} \tag{13.10}$$

gegeben, und ferner folgt aus (13.8) sowie (13.10) die Beziehung

$$y^2 - s^2 = a^2 \quad . \tag{13.11}$$

Die Seilkraft $\underline{\mathbf{S}}$ besitzt nach (13.4), (13.2) sowie (13.9) die Komponenten

$$H = p\, a \quad , \quad V = H\, y' = p\, s \tag{13.12}$$

und damit gemäß (13.11) den Betrag

$$S = p\, y \quad . \tag{13.13}$$

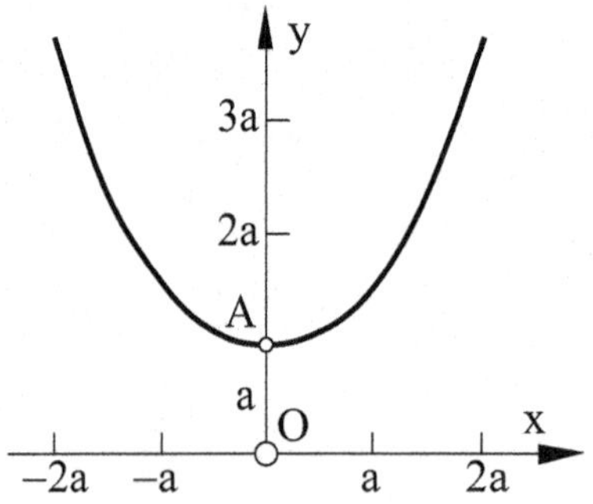

Fig. 13.5: Kettenlinie

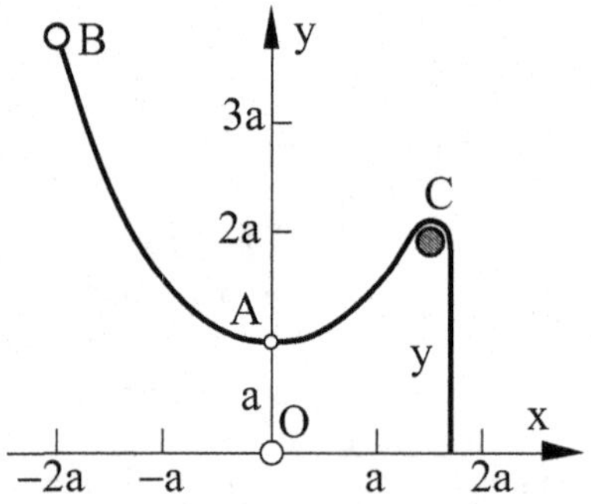

Fig. 13.6: Kettenlinie mit Rolle in C

Hieraus folgt insbesondere, dass ein Seil (Fig. 13.6), welches in B fixiert und in C über eine kleine, reibungsfrei drehbare Rolle gelegt wird, mit seinem freien Ende bis zur Leitlinie, d. h. bis zur x-Achse, herunter hängt.
Es ist zu beachten, dass mit der Gleichung (13.8) die Gleichgewichtsform eines Seils von gegebener Länge, das zwischen zwei Punkten B, C aufgehängt ist, noch nicht vollständig gefunden ist, da der Parameter a und die Lage des Achsenkreuzes noch unbekannt sind. Man löst die Aufgabe dadurch, dass man die Gleichungen (13.8) und (13.10) für die Punkte B und C anschreibt und dann davon Gebrauch macht, dass man die Differenzen $x_C - x_B$, $y_C - y_B$ und $s_C - s_B$ kennt.

In der Umgebung des Scheitels A der Kettenlinie, insbesondere also dann, wenn das Seil straff gespannt und annähernd horizontal ist, gilt $x/a \ll 1$. Man kann sich hier unter Verwendung der Reihenentwicklungen

$$y = a \cosh \frac{x}{a} = a\left(1 + \frac{1}{2!}\frac{x^2}{a^2} + \dots\right) \; , \qquad s = a \sinh \frac{x}{a} = a\left(\frac{1}{1!}\frac{x}{a} + \frac{1}{3!}\frac{x^3}{a^3} + \dots\right) \qquad (13.14)$$

auf die Berücksichtigung von Termen bis und mit dritter Ordnung beschränken und erhält in dieser Näherung

$$y - a = \frac{x^2}{2a} \; , \quad s = x + \frac{x^3}{6a^2} \; , \qquad (13.15)$$

also eine Parabel als Gleichgewichtsform des schweren Seils.

13.2 Seilreibung

Legt man ein Seil über eine rotierende Trommel, und spannt man es durch die Kräfte $\underline{S}_1$, $\underline{S}_2$ so, dass es in Ruhe bleibt (Fig. 13.7), so übt die Trommel an jedem infinitesimalen Längenelement $ds = R\,d\varphi$ des Seils neben einer infinitesimalen Normalkraft $d\underline{N}$ eine infinitesimale Reibungskraft $d\underline{F}_R$ aus. Hier werden im Modell die Biegesteifigkeit des Seils und sein Gewicht (im Vergleich zu den übrigen Kräften) vernachlässigt. Um die Mitnahme des Seils zu verhindern, muss der Seilzug S_2 im **auflaufenden Seilteil** größer sein als S_1 im **ablaufenden**.

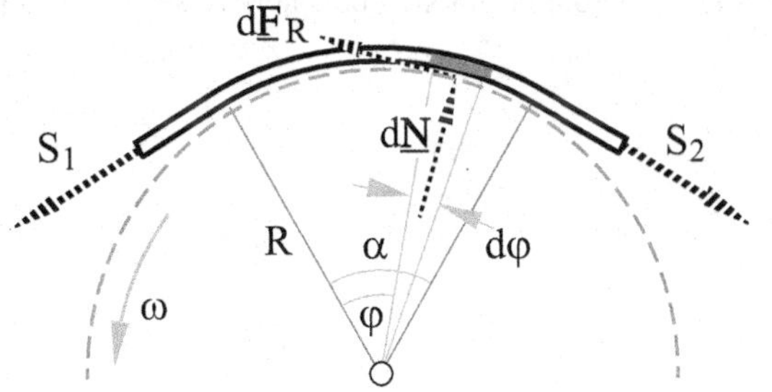

Fig. 13.7: Zur Seilreibung

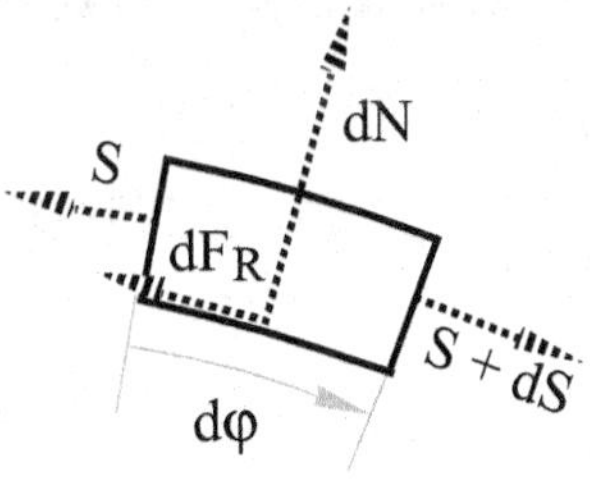

Fig. 13.8: Kräfte am Seilelement

Fig. 13.8 zeigt die (nicht im Maßstab eingetragenen) Kräfte am Seilelement; dabei sind S und S + dS die entsprechenden Seilzüge. Berücksichtigt man, dass der Winkel $d\varphi$ sowie die Zunahme dS des Seilzuges infinitesimal sind, also Terme zweiter und höherer Ordnung in diesen Größen vernachlässigt werden müssen, so erhält man aus Fig. 13.8 die folgenden Komponentenbedingungen:

$$(S + dS) - S - dF_R = 0 \quad , \quad dN - S\, d\varphi = 0$$

oder

$$dF_R = dS \quad , \quad dN = S\, d\varphi \quad .$$

Mit dem Gleitreibungsgesetz (12.12) folgt daraus die Differentialgleichung

$$dS = \mu_1 S\, d\varphi \tag{13.16}$$

für den Seilzug. Durch Integration von (13.16) zwischen den φ-Werten 0 und φ ergibt sich der Seilzug als Exponentialfunktion

$$S = S_1 \exp(\mu_1 \varphi) \tag{13.17}$$

des Winkels φ, und wenn man φ gleich dem **Umschlingungswinkel** α setzt, folgt die Beziehung

$$S_2 = S_1 \exp(\mu_1 \alpha) \tag{13.18}$$

zwischen den Endkräften. Sie legt nur das Verhältnis der Kräfte S_1 und S_2 fest; über eine davon kann noch frei verfügt werden. Da μ_1 und α positiv sind, ist $S_2 > S_1$; ferner wächst das Verhältnis S_2 / S_1 mit zunehmendem Umschlingungswinkel exponentiell, also sehr stark an.

Wird die Spannkraft S_2 zu klein gewählt, so dass

$$S_2 < S_1 \exp(\mu_1 \alpha) \tag{13.19}$$

ist, dann wird das Seil von der Trommel mitgenommen.

Bekanntlich werden Schiffe an Land mit Seilen derart festgehalten, dass man diese mehrmals um kurze Poller herum schlingt. Da hier der Umschlingungswinkel sehr groß ist, genügt eine kleine Kraft S_1, die durch die Haftreibung des Seilendes am Boden geliefert wird, um eine große Kraft S_2 am anderen Ende auszuüben. Schon bei einer gesamthaft fünffachen Umschlingung ($\alpha = 10\,\pi$) und einem Haftreibungskoeffizienten $\mu_1 = 0.4$ ergibt sich beispielsweise ein maximal mögliches Verhältnis S_2 / S_1 von fast 300 000.

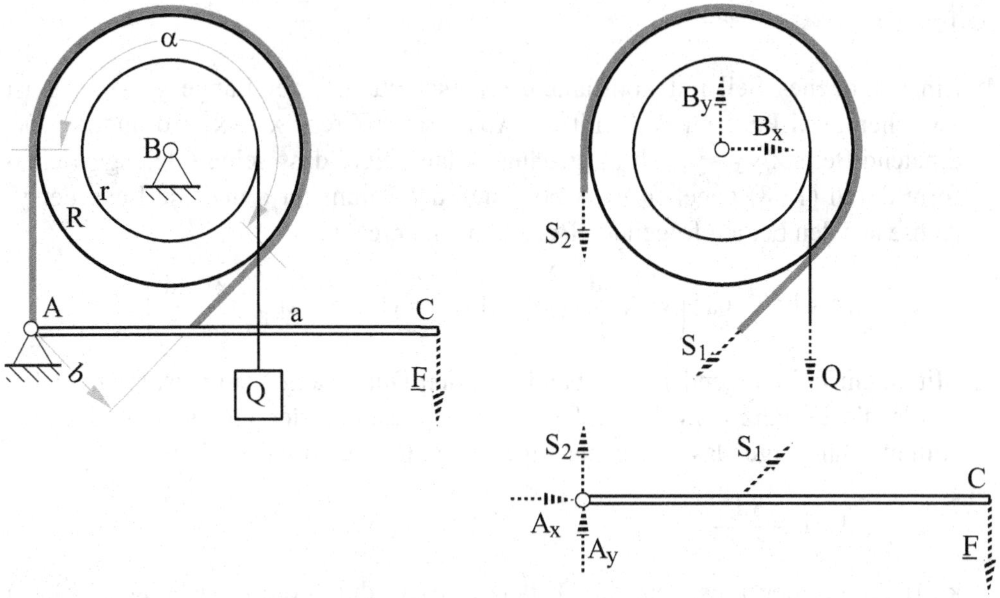

Fig. 13.9: Bandbremse

Fig. 13.9 zeigt eine Bandbremse, die durch die Kraft $\{C \mid \underline{F}\}$ am Bremshebel so angezogen wird, dass sich die vertikale Last vom Betrag Q gleichförmig senkt. Zerlegt man das System in die Trommeln samt angehängter Last einerseits und in den Bremshebel andererseits, so greifen, wenn die Lager als reibungsfrei angenommen werden, an den beiden Teilen die in der Figur eingetragenen Kräfte an. Die Momentenbedingungen für die beiden Körper, bezüglich der Drehpunkte A, B angeschrieben, lauten

$$R\,(S_2 - S_1) - r\,Q = 0 \quad , \quad b\,S_1 - a\,F = 0 \quad .$$

Nimmt man noch (13.18) hinzu, so erhält man durch Auflösen nach dem Bremskraftbetrag

$$F = \frac{b}{a}\frac{r}{R}\frac{Q}{\exp(\mu_1\,\alpha) - 1} \quad .$$

Es wurde hier angenommen, dass durch den Bremshebel der ablaufende Seilteil gespannt wird. Da der Zug in diesem kleiner ist als im auflaufenden, kommt man nämlich mit einer geringeren Bremskraft aus.

Aufgaben

1. Ein homogenes Seil mit konstantem Querschnitt und der Länge $s_2 - s_1 = L$ ist zwischen zwei Punkten B, C mit der Abszissendifferenz $x_2 - x_1 = d$ und der Ordinatendifferenz $y_2 - y_1 = h$ aufgehängt. Man zeige, dass seine Gleichgewichtsform durch (13.8) gegeben ist, wobei sich der Parameter a und die Lage der y-Achse aus den beiden folgenden Beziehungen ergeben:

$$L^2 - h^2 = 4\,a^2\left(\sinh\frac{d}{2\,a}\right)^2 \quad , \quad L + h = (L - h)\exp\left(\frac{2\,x_1 + d}{a}\right) \quad .$$

2. Mit einem frei hängenden Messband, das den Durchhang f aufweist (Fig. 13.10) werde die Distanz d zweier auf gleicher Höhe liegender Punkte B und C bestimmt. Man zeige, dass die gemessene Länge L durch die Beziehung

$$d = L - \frac{8}{3}\frac{f^2}{L}$$

korrigiert werden muss, um die Distanz d in der durch die Beziehungen (13.15) gegebenen Näherung zu erhalten.

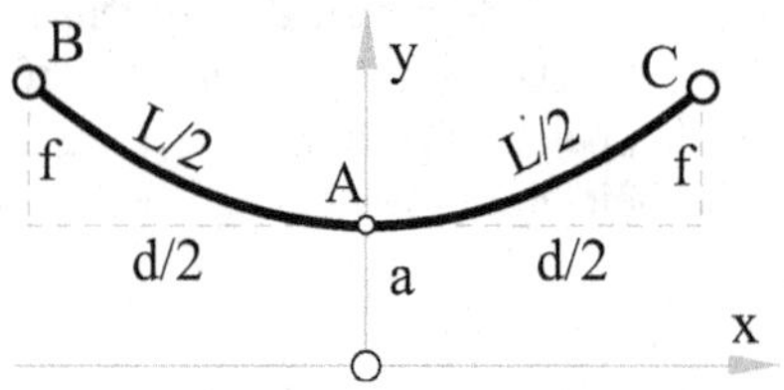

Fig. 13.10

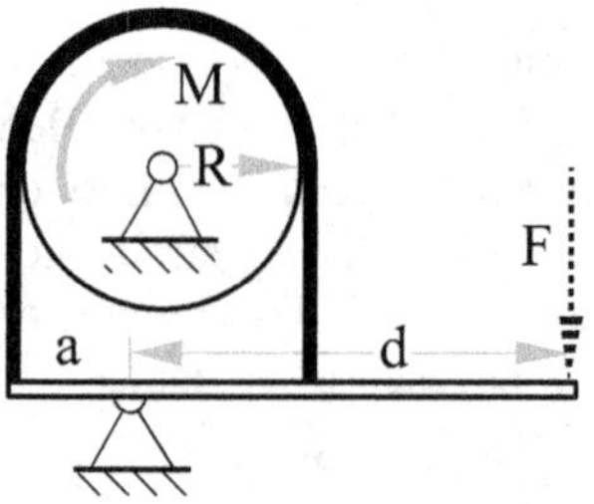

Fig. 13.11

3. Über einem Rad (Fig. 13.11), an dem ein Kräftepaar vom Moment M angreift, liegt ein Bremsband, das durch die am Bremshebel angreifende Kraft vom Betrag F gespannt wird. Die Reibung in den beiden Lagern sowie die Gewichte der beteiligten Körper seien vernachlässigbar klein; μ_1 sei die Gleitreibungszahl zwischen Bremsband und Rad. Man ermittle den für gleichförmige Drehung nötigen Betrag F sowie sämtliche Lagerkräfte. Darf bei dieser Bremse, welche **Differentialbremse** genannt wird, das Verhältnis a/R im Intervall $0 < a/R < 1$ beliebig gewählt werden?

14 Beanspruchung

Die in der Technik u. a. zur Übertragung von Kräften und Bewegungen konzipierten Tragstrukturen müssen so beschaffen sein, dass sie unter den gegebenen Lasten nicht versagen. Falls die in der Struktur übertragenen Kräfte punktweise (lokal) oder in ausgedehnten Bereichen die Festigkeitsgrenzen des verwendeten Materials übersteigen, so besteht die Gefahr, dass die Struktur infolge plötzlich oder auch allmählich entstehender Risse oder nach größeren bleibenden Verformungen versagt und funktionsuntüchtig wird. Um solche Gefahren bereits in der Konstruktions- und Dimensionierungsphase vorauszusehen und durch entsprechende konstruktive Maßnahmen zu beseitigen, müssen die in der Struktur übertragenen Kräfte, welche definitionsgemäß innere Kräfte sind, punktweise rechnerisch ermittelt werden.
Die in Kapitel 11 erwähnten *Stabkräfte* in den Pendelstützen der idealen Fachwerke sind Beispiele von solchen inneren Kräften, welche den **Kräftefluss** von den *Lasten* zu den *Lagern* sichern. Auch der in Kapitel 13 definierte *Seilzug* ist eine innere Kraft, welche von jedem infinitesimalen Seilelement auf seine Nachbarelemente übertragen wird.
Der Fall eines nur auf Zug oder Druck beanspruchten Stabes, der beispielsweise bei der Pendelstütze eines idealen Fachwerkes auftritt, ist ein Spezialfall einer größeren Klasse von Beanspruchungsarten an stabförmigen Trägern, also an *schlanken Trägern*, deren Längsdimension viel größer ist als die Querdimensionen. Bei einer Pendelstütze überträgt jeder Querschnitt auf seinen Nachbar eine resultierende Zug- oder Druckkraft, nämlich eine **Stabkraft**. Bei anderen schlanken Trägern wie *Balken*, *Säulen*, *gekrümmten Stabträgern* können die von Querschnitt zu Querschnitt übertragenen Kräfte im Allgemeinen statisch äquivalent auf eine Einzelkraft und ein Kräftepaar (Moment) reduziert werden. Im Folgenden werden wir uns mit diesem allgemeineren Fall eingehender befassen.

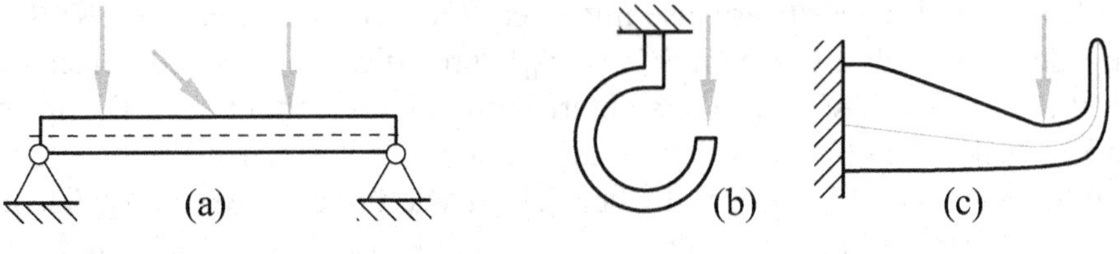

Fig. 14.1: Gerade und gekrümmte Stabträger

Die **Achse** eines geraden oder gekrümmten Stabträgers verbindet die *Flächenmittelpunkte* jedes Querschnittes. Ist diese Achse gerade, so spricht man von einem **geraden Stabträger**. Besitzen die Lasten Komponenten senkrecht zur Achse, so wird der gerade Stabträger **Balken** genannt (Fig. 14.1a). Quer belastete, schlanke Prismen und Zylinder sind Sonderfälle des Balkens; im letzteren Fall spricht man oft auch von einer **Welle**, besonders dann, wenn diese um die eigene Achse rotierbar gelagert ist. Ein schlanker Träger mit gekrümmter Achse heißt **gekrümmter Stabträger** (Fig. 14.1b). Ein Balken oder ein gekrümmter Stabträger kann auch Querschnitte besitzen, die längs der Achse veränderliche Dimensionen aufweisen (Fig. 14.1c). Nach einem einleitenden ersten Abschnitt werden wir die Diskussion vor allem auf *gerade Stabträger* konzentrieren. *Gekrümmte Stabträger* treten erst im letzten Abschnitt etwas systematischer auf.

14.1 Definition der Beanspruchung und Zerlegung

Im Folgenden sollen nur *ruhende* Stabträger untersucht werden. An einem solchen Träger müssen die äußeren Kräfte im Gleichgewicht sein (Fig. 14.2a).

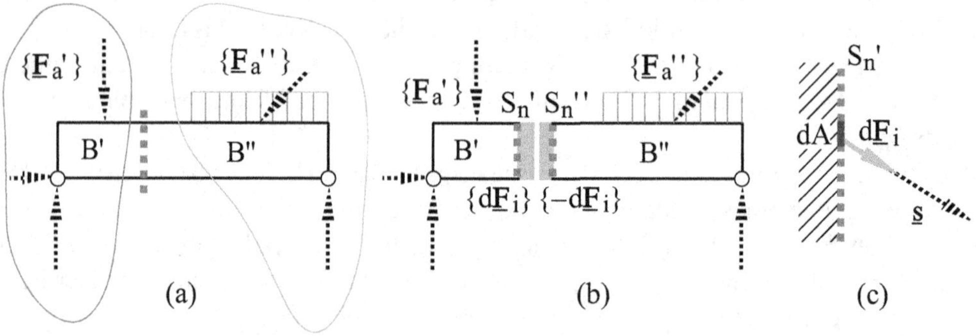

Fig. 14.2: Zerlegung eines Stabträgers durch einen achsennormalen, ebenen Schnitt

Zerlegt man den Stabträger B durch einen *achsennormalen, ebenen Schnitt* in zwei Teile (Fig. 14.2b), so erscheinen an den Schnittflächen S_n', S_n'' flächenverteilte Kräfte, welche zwar am ganzen System innere, jedoch an jedem Teilsystem B' bzw. B'' äußere Kräfte sind. Diese paarweise mit ihren Reaktionen auftretenden Kräfte werden in jedem Punkt P(x, y, z) von S_n' und S_n'' durch die entsprechende Flächenkraftdichte $\underline{\mathbf{s}}(x, y, z)$ bzw. $-\underline{\mathbf{s}}(x, y, z)$ charakterisiert (siehe Abschnitt 4.4). Die infinitesimalen Kraftvektoren $d\underline{\mathbf{F}}_i = \underline{\mathbf{s}}\, dA$ bzw. $-d\underline{\mathbf{F}}_i$ an den infinitesimalen Flächenelementen dA von S_n' bzw. S_n'' (Fig. 14.2c, dA bezeichnet wie üblich sowohl das Flächenelement als auch seinen Flächeninhalt) bilden je eine Kräftegruppe $\{d\underline{\mathbf{F}}_i\}$ bzw. $\{-d\underline{\mathbf{F}}_i\}$, welche mit den übrigen äußeren Kräften $\{\underline{\mathbf{F}}_a'\}$ von B' bzw. $\{\underline{\mathbf{F}}_a''\}$ von B'' im Gleichgewicht sein müssen, denn beide Teilsysteme sind in Ruhe. Es gilt also

$$\{\{\underline{\mathbf{F}}_a'\}, \{d\underline{\mathbf{F}}_i\}\} \Leftrightarrow \{\underline{\mathbf{0}}\} \quad , \quad \{\{\underline{\mathbf{F}}_a''\}, \{-d\underline{\mathbf{F}}_i\}\} \Leftrightarrow \{\underline{\mathbf{0}}\} \quad , \tag{14.1}$$

aber auch

$$\{\{\underline{\mathbf{F}}_a'\}, \{\underline{\mathbf{F}}_a''\}\} \Leftrightarrow \{\underline{\mathbf{0}}\} \quad , \tag{14.2}$$

da die äußeren Kräfte am ganzen System, wie schon erwähnt, ebenfalls im Gleichgewicht sind. Aus (14.1) und (14.2) ergeben sich folglich

$$\{\underline{\mathbf{F}}_a'\} \Leftrightarrow \{-d\underline{\mathbf{F}}_i\} \quad , \quad \{\underline{\mathbf{F}}_a''\} \Leftrightarrow \{d\underline{\mathbf{F}}_i\} \quad . \tag{14.3}$$

Die Kräftegruppen der flächenverteilten Kräfte $\{d\underline{\mathbf{F}}_i\}$, $\{-d\underline{\mathbf{F}}_i\}$ werden wir im Folgenden als **Schnittkräfte** an S_n' bzw. S_n'' bezeichnen. In Worten ausgedrückt besagt (14.1), dass die Schnittkräfte und die übrigen äußeren Kräfte an jedem Teilsystem im Gleichgewicht sind, während (14.3) bedeutet, dass die Schnittkräfte am Teilsystem B" den übrigen äußeren Kräften des Teilsytems B' statisch äquivalent sind und umgekehrt.
Die Schnittkräfte $\{d\underline{\mathbf{F}}_i\}$ an S_n' haben eine Resultierende $\underline{\mathbf{R}}$ und ein Gesamtmoment $\underline{\mathbf{M}}_C$ bezüglich des Flächenmittelpunktes C von S_n'. Diese *Dyname* bekommt mit der folgenden Definition einen besonderen Namen:

DEFINITION: Die Dyname $\{\underline{\mathbf{R}}, \underline{\mathbf{M}}_C\}$ der Schnittkräfte $\{d\underline{\mathbf{F}}_i\}$ im Flächenmittelpunkt C des Querschnittes S_n' eines Stabträgers heißt **Beanspruchung** des Stabträgers im Querschnitt S_n'.

Da die Dyname $\{\underline{\mathbf{R}}, \underline{\mathbf{M}}_C\}$ zugleich mit einer einfachen statisch äquivalenten Kräftegruppe identifiziert werden kann, welche aus einer Einzelkraft $\{C \mid \underline{\mathbf{R}}\}$ und einem Kräftepaar vom Moment $\underline{\mathbf{M}}_C$ besteht (siehe Kapitel 6), gilt

$$\{d\underline{\mathbf{F}}_i\} \Leftrightarrow \{\underline{\mathbf{R}}, \underline{\mathbf{M}}_C\} \quad . \tag{14.4}$$

Aus dem Reaktionsprinzip folgt dann, dass die Beanspruchung in S_n'' die negative Dyname $\{-\underline{\mathbf{R}}, -\underline{\mathbf{M}}_C\}$ ist (Fig. 14.3a) und dass

$$\{-d\underline{\mathbf{F}}_i\} \Leftrightarrow \{-\underline{\mathbf{R}}, -\underline{\mathbf{M}}_C\} \quad . \tag{14.5}$$

gilt.

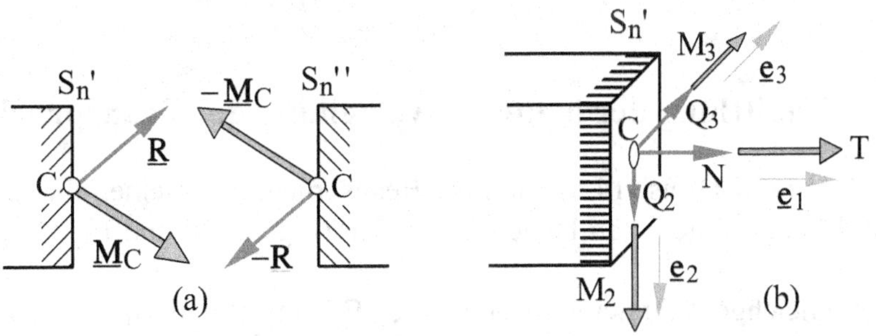

Fig. 14.3: Beanspruchung an den Schnittflächen S_n' und S_n'' und ihre Zerlegung

Die zwei Vektoren $\underline{\mathbf{R}}$ und $\underline{\mathbf{M}}_C$ der Beanspruchung lassen sich in einer passend gewählten Basis $\underline{\mathbf{e}}_1$, $\underline{\mathbf{e}}_2$, $\underline{\mathbf{e}}_3$ in Komponenten zerlegen (Fig. 14.3b). Der Basisvektor $\underline{\mathbf{e}}_1$ wird im Folgenden tangential zur Stabachse, in Richtung der *äußeren Normalen* zur

Schnittfläche S_n' gewählt. Folglich ist $\underline{e}_1$ in Richtung der inneren Normalen zur Schnittfläche S_n''. Die Vektoren $\underline{e}_2$ und $\underline{e}_3$ sind parallel zur ebenen Schnittfläche. Die Zerlegung ergibt für die Resultierende

$$\boxed{\underline{\mathbf{R}} = N\,\underline{e}_1 + Q_2\,\underline{e}_2 + Q_3\,\underline{e}_3} \tag{14.6}$$

und für das Gesamtmoment bezüglich C

$$\boxed{\underline{\mathbf{M}}_C = T\,\underline{e}_1 + M_2\,\underline{e}_2 + M_3\,\underline{e}_3 \quad .} \tag{14.7}$$

Demgemäß unterscheiden wir zwischen vier Arten von Beanspruchungen, nämlich

- Beanspruchung auf **Zug** oder **Druck** durch den Axialanteil $N\,\underline{e}_1$ der resultierenden Kraft in C,
- Beanspruchung auf **Schub** durch den Queranteil $\underline{\mathbf{Q}} = Q_2\,\underline{e}_2 + Q_3\,\underline{e}_3$ der resultierenden Kraft in C,
- Beanspruchung auf **Torsion** durch den Axialanteil $T\,\underline{e}_1$ des Gesamtmomentes der Schnittkräfte $\{d\underline{\mathbf{F}}_i\}$ bezüglich C
- Beanspruchung auf **Biegung** durch den Queranteil $\underline{\mathbf{M}}_b = M_2\,\underline{e}_2 + M_3\,\underline{e}_3$ des Gesamtmomentes der Schnittkräfte bezüglich C.

Die Axialkomponente N heißt **Normalkraft**, und, da $\underline{e}_1$ die Richtung der äußeren Normalen zu S_n' hat, liegt eine *Zugkraft* vor, falls $N > 0$ ist, sonst eine Druckkraft. Die Querkomponenten Q_2, Q_3 sind die **Querkräfte** in der 2. bzw. 3. Richtung. Beim Gesamtmoment ergibt die Axialkomponente T das **Torsionsmoment**, während die Querkomponenten M_2, M_3 sinngemäß als **Biegemomente** bezüglich der Achsen 2 bzw. 3 durch den Flächenmittelpunkt C bezeichnet werden. Querkräfte treten meist nur in Verbindung mit Biegemomenten auf. Dagegen können Normalkräfte, wie bei der Pendelstütze, allein auftreten, ebenso Torsionsmomente.

14.2 Ermittlung der örtlichen Verteilung der Beanspruchung

Ausgehend von (14.1) bis (14.5) kann die Beanspruchung an einer ebenen Schnittfläche auf 4 äquivalente Arten berechnet werden (Fig. 14.2b und Fig. 14.3a), nämlich

- aus dem Gleichgewicht der äußeren Kräfte $\{\underline{\mathbf{F}}_a'\}$ mit $\underline{\mathbf{R}}$ und $\underline{\mathbf{M}}_C$ am Teil B',
- aus dem Gleichgewicht der äußeren Kräfte $\{\underline{\mathbf{F}}_a''\}$ mit $(-\underline{\mathbf{R}})$ und $(-\underline{\mathbf{M}}_C)$ am Teil B'',
- aus der statischen Äquivalenz von $\{\underline{\mathbf{F}}_a''\}$ mit $\underline{\mathbf{R}}$ und $\underline{\mathbf{M}}_C$, d. h. aus der Reduktion der äußeren Kräfte $\{\underline{\mathbf{F}}_a''\}$ am Teil B'' auf den Flächenmittelpunkt von S_n' am Teil B',

- aus der statischen Äquivalenz von $\{\underline{\mathbf{F}}_a'\}$ mit $(-\underline{\mathbf{R}})$ und $(-\underline{\mathbf{M}}_C)$, d. h. aus der Reduktion der äußeren Kräfte $\{\underline{\mathbf{F}}_a'\}$ am Teil B' auf den Flächenmittelpunkt von S_n'' am Teil B''.

Bei der konkreten Durchführung der Berechnung wählt man je nach Stellung des Querschnittes diejenige Methode, welche am wenigsten zu rechnen gibt.
Um die örtliche Verteilung der Beanspruchung zu ermitteln, charakterisiert man die Stellung eines Querschnittes an einem geraden Stabträger durch seinen Abstand x vom linken oder rechten Ende und berechnet die Größen N, $\underline{\mathbf{Q}}$, T, $\underline{\mathbf{M}}_b$ in Funktion von x. In diesem Fall identifiziert man den Einheitsvektor $\underline{\mathbf{e}}_1$ längs der äußeren Normalen mit dem Einheitsvektor $\underline{\mathbf{e}}_x$ des Koordinatensystems, ebenso $\underline{\mathbf{e}}_2$ mit $\underline{\mathbf{e}}_y$ und $\underline{\mathbf{e}}_3$ mit $\underline{\mathbf{e}}_z$ (Fig. 14.4).

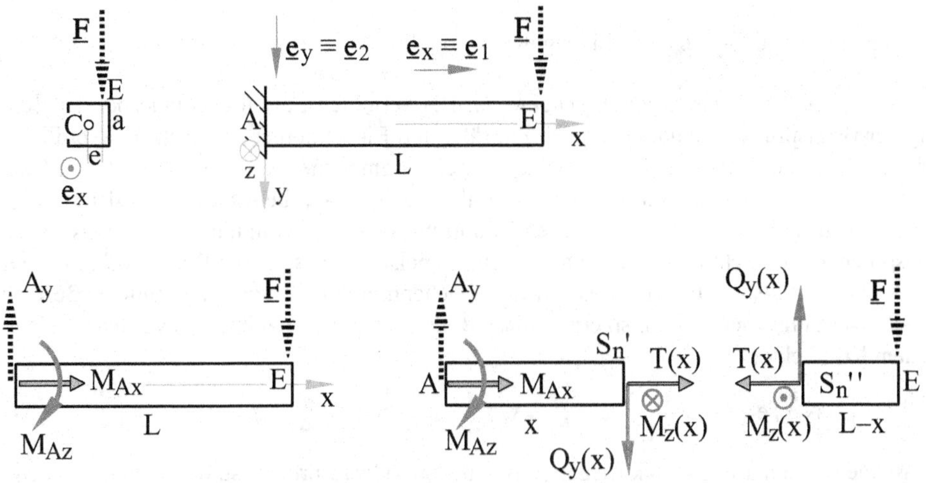

Fig. 14.4: Ermittlung der Beanspruchung an einem Kragarm mit Einzellast am freien Ende

Beispiel 1: Kragarm mit Einzellast am freien Ende. Als Beispiel betrachte man einen gewichtslosen prismatischen Stab, der am linken Ende eingespannt und am rechten Ende durch eine vertikale Einzelkraft vom Betrag F belastet ist (Fig. 14.4). Die Wirkungslinie dieser Kraft sei um $e < a/2$ (= halbe Seitenlänge des quadratischen Querschnittes) vom Flächenmittelpunkt des Endquerschnittes entfernt. An der Einspannung entstehen dann eine vertikale Kraft vom Betrag $A_y = F$ und ein Kräftepaar mit dem Moment $\underline{\mathbf{M}}_A$, dessen Komponenten $M_{Ax} = e\,F$ und $M_{Az} = -L\,F$ sind. Wir zerlegen diesen Balken, den man in der Umgangssprache wegen der einzigen Lagerung durch eine Einspannung am Ende A als **Kragarm** bezeichnet, durch einen achsennormalen ebenen Schnitt im Abstand x vom eingespannten Ende in zwei Teile B' und B'' und führen die Beanspruchung an den Schnittflächen S_n' und S_n'' ein. Die oben als $\{\underline{\mathbf{F}}_a'\}$ bezeichneten Kräfte lassen sich mit $\{\{A \mid -F\,\underline{\mathbf{e}}_y\}, \underline{\mathbf{M}}_A\}$ und $\{\underline{\mathbf{F}}_a''\}$ mit $\{E \mid F\,\underline{\mathbf{e}}_y\}$ identifizieren. Aus dem Gleichgewicht am Teil B' entsteht für die Beanspruchung $\{\underline{\mathbf{R}}, \underline{\mathbf{M}}_C\}$ an der Schnittfläche S_n'

$$Q_y(x) = F \quad , \quad T(x) = -e\,F \quad , \quad M_b(x) \equiv M_z(x) = (L - x)\,F \quad . \tag{14.8}$$

Die anderen Komponenten der Beanspruchung verschwinden trivialerweise. Das Gleichgewicht am Teil B" mit der Beanspruchung $\{-\underline{\mathbf{R}}, -\underline{\mathbf{M}}_C\}$ an der Schnittfläche S_n" ergibt dasselbe Resultat (14.8). Dieses kann ebenfalls aus der Reduktion von $\{E \mid F\, \underline{\mathbf{e}}_y\}$, d. h. von $\{\underline{\mathbf{F}}_a"\}$, auf den Flächenmittelpunkt C von S_n' oder aus der Reduktion von $\{\{A \mid -F\, \underline{\mathbf{e}}_y\}, \underline{\mathbf{M}}_A\}$, d. h. von $\{\underline{\mathbf{F}}_a'\}$, auf den Flächenmittelpunkt C von S_n" erzeugt werden.

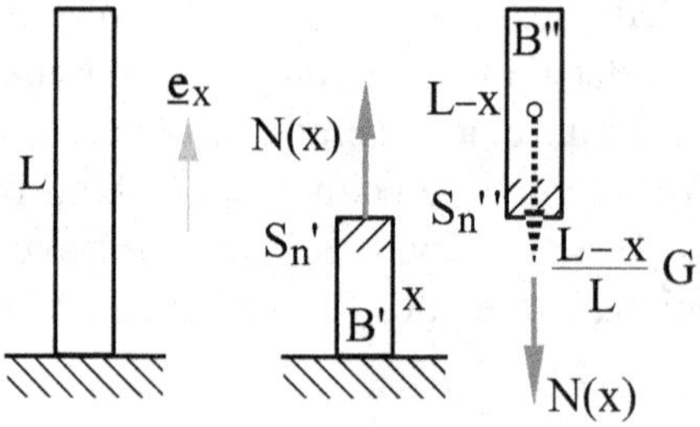

Fig. 14.5: Vertikale Säule unter Eigengewicht und ihre Zerlegung

Beispiel 2: Vertikale Säule unter Eigengewicht. Bei verteilten Lasten darf man bei der Berechnung der Beanspruchung äquivalente Einzelkräfte und Einzelmomente einsetzen, allerdings erst nach der Zerlegung. Als Beispiel betrachte man eine homogene, vertikale Säule (Fig. 14.5), die auf einer ebenen Unterlage aufliegt und durch ihr Eigengewicht belastet ist. Mit der x-Achse in der vertikalen Richtung und einem ebenen Schnitt im Abstand x vom unteren Ende lässt sich die Beanspruchung am Schnitt S_n' des unteren Teils B' beispielsweise durch Reduktion des Gewichtes des oberen Teils der Länge L – x auf den Flächenmittelpunkt von S_n' ermitteln. Bezeichnet man das Gesamtgewicht mit G, so ergibt diese Reduktion eine Einzelkraft in vertikaler Richtung mit dem Kraftvektor

$$N(x)\, \underline{\mathbf{e}}_x = -G\, \frac{L-x}{L}\, \underline{\mathbf{e}}_x \quad , \tag{14.9}$$

so dass die Säule nur auf Druck (negative Normalkraft) beansprucht ist, der nach unten betragsmäßig zunimmt und sein Maximum für x = 0, d. h. an der Auflagerstelle annimmt, wo das ganze Säulengewicht vom Betrag G wirksam ist.

Beispiel 3: Horizontaler Balken unter Eigengewicht. Das Vorgehen mit linienverteilten Lasten kann auch am Beispiel eines homogenen, horizontalen, durch sein gleichmäßig verteiltes Eigengewicht belasteten Balkens illustriert werden (Fig. 14.6). Der Balken sei beidseitig aufgelegt, so dass beide Auflagerkräfte in A und B in vertikaler Richtung sind und G/2 betragen. Führt man einen ebenen vertikalen Schnitt im Abstand x von A ein, so erkennt man leicht, dass die einzigen nichtverschwindenden Anteile der Beanspruchung die Querkraft Q_y und das Biegemoment $M_b = M_z$ sind. Sie lassen sich beispielsweise aus den Gleichgewichtsbedingungen am linken Teil B' der Länge x berechnen. Zu diesem Zweck führt man die dem Gewicht dieses Stückes statisch äquivalente Kraft vom Betrag G x/L mit Angriffspunkt in der Mitte des Teils B' ein und berechnet Q_y und M_z aus einer Komponenten- bzw. einer Momentenbedingung (bezüglich C) als

$$Q_y(x) = \frac{G}{2} - G\,\frac{x}{L} \quad , \quad M_z(x) = G\,\frac{x^2}{2L} - \frac{G}{2}\,x \quad . \tag{14.10}$$

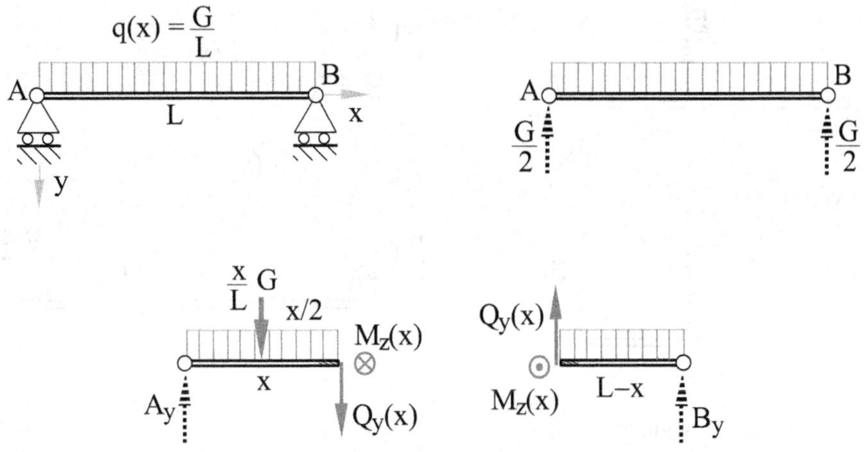

Fig. 14.6: Beidseitig aufgelegter horizontaler Balken unter Eigengewicht und seine Zerlegung

Man beachte, dass das Biegemoment, wie erwartet, an den beiden Auflagern mit $x = 0$ bzw. $x = L$ verschwindet, während die Querkraft für $x = 0$ den Wert der Auflagerkraft $A_y = G/2$ aufweist und für $x = L$ bis auf das Vorzeichen jenen der Auflagerkraft $B_y = G/2$ annimmt. Das negative Vorzeichen in B ergibt sich aus der stillschweigend getroffenen Vorzeichenkonvention für $Q_y(x)$: An einem Querschnitt mit äußerer Normale in positiver $\underline{\mathbf{e}}_x$-Richtung wird $Q_y(x)$ in positiver y-Richtung positiv gerechnet. Die Auflagerkraft in B ist jedoch in negativer y-Richtung. Das positive Vorzeichen für $Q_y(0)$ erklärt sich, wenn man beachtet, dass an diesem Ende die äußere Normale in negativer x-Richtung liegt. Der Endquerschnitt in A entspricht also der Schnittfläche S_n'', wo die Beanspruchung, wie oben erklärt, wegen dem Reaktionsprinzip als $\{-\underline{\mathbf{R}}, -\underline{\mathbf{M}}_C\}$ eingeführt werden muss. Die Querkraft $Q_y(0) = A_y = G/2$ ist demzufolge positiv, weil sie an S_n'' in der negativen y-Richtung liegt.

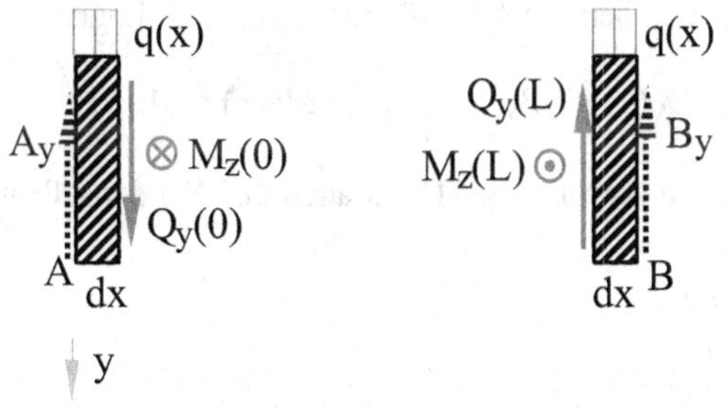

Fig. 14.7: Gleichgewichtsbedingungen für infinitesimale Balkenelemente an den Endpunkten

Der Zusammenhang zwischen den Querkräften und den Lagerkräften in den Endpunkten kann auch aus Komponentenbedingungen in y-Richtung für infinitesimale Balkenelemente (Fig. 14.7) abgelesen werden. Im Grenzübergang $dx \to 0$ verschwinden die Anteile $q(x)\,dx$ der verteilten Last. Beim Lager A ergibt sich deshalb die Gleichung $A_y = Q_y(0) = G/2$, im Lager B die Gleichung $B_y = -Q_y(L) = G/2$.

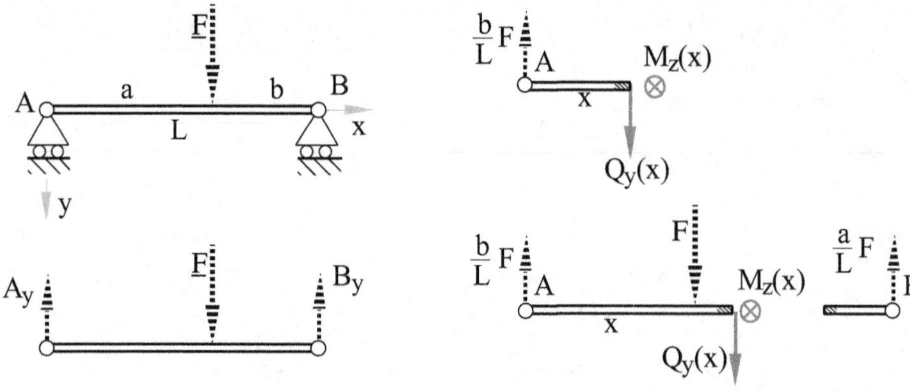

Fig. 14.8: Dreipunktbiegung

Beispiel 4: Dreipunktbiegung. Wirken Einzellasten zwischen den Lagern, so muss man wegen der daraus resultierenden Unstetigkeiten in den Funktionen $\underline{\mathbf{R}}(x)$, $\underline{\mathbf{M}}_C(x)$ Fallunterscheidungen einführen, d. h. den Stabträger in Gebiete mit stückweise stetigen Verteilungen der Beanspruchung unterteilen. Das Vorgehen wird am einfachsten am Beispiel der **Dreipunktbiegung** illustriert (Fig. 14.8), bei dem ein horizontaler gewichtsloser Balken der Länge $a + b =: L$ beidseitig aufgelegt und im Abstand a vom linken Auflager mit einer vertikalen Einzelkraft vom Betrag F belastet wird. Die drei Punkte bei der Bezeichnung „Dreipunktbiegung" sind die beiden Auflager und der Angriffspunkt der Last. Führt man den vertikalen Schnitt zwischen dem linken Auflager und dem Lastangriffspunkt ein, so liegt x im Intervall [0, a), und beispielsweise folgt aus dem Gleichgewicht am linken Stück mit dem Betrag $A_y = F\,b/L$ der Lagerkraft in A

$$x \in [0, a): \quad Q_y(x) = A_y = \frac{b}{L}\,F \;, \quad M_b(x) \equiv M_z(x) = -\frac{b}{L}\,F\,x \;. \tag{14.11}$$

Aus der Reduktion der Lagerkraft in B (Betrag $B_y = F\,a/L$) auf einen Schnitt im Abstand x vom linken Ende, jedoch zwischen dem Lastangriffspunkt und dem Lager in B, folgt

$$x \in (a, L]: \quad Q_y(x) = -B_y = -\frac{a}{L}\,F \;, \quad M_b(x) \equiv M_z(x) = -a\,F\left(1 - \frac{x}{L}\right) \;. \tag{14.12}$$

Man beachte, dass für $x = a$ sowohl (14.11) als auch (14.12) denselben Wert für das Biegemoment, nämlich

$$M_b(a) = -\frac{a\,b}{L}\,F \tag{14.13}$$

ergibt. Sein Betrag $|M_b(a)|$ ist zugleich der absolut größte Wert $\|M_b\|$ von $M_b(x)$ im ganzen Intervall $[0, L = a + b]$. Dagegen weist die Querkraftsfunktion $Q_y(x)$ an der Stelle $x = a$ eine Unstetigkeit auf, welche der Einzellast vom Betrag F entspricht. Für den Spezialfall $a = b = L/2$ ergibt sich aus (14.13) der Maximalwert $\|M_b\| = |M_b(L/2)| = L\,F/4$.

Der Verlauf der Beanspruchungskomponenten in Funktion von x wird am besten durch graphische Darstellungen veranschaulicht. Diese werden als **Normal-** oder **Querkraftsdiagramme** bzw. **Torsions-** oder **Biegemomentendiagramme** bezeichnet. Für die Beispiele 1 bis 4 sind die Resultate (14.8) bis (14.12) in den entsprechenden Diagrammen der Fig. 14.9 veranschaulicht.

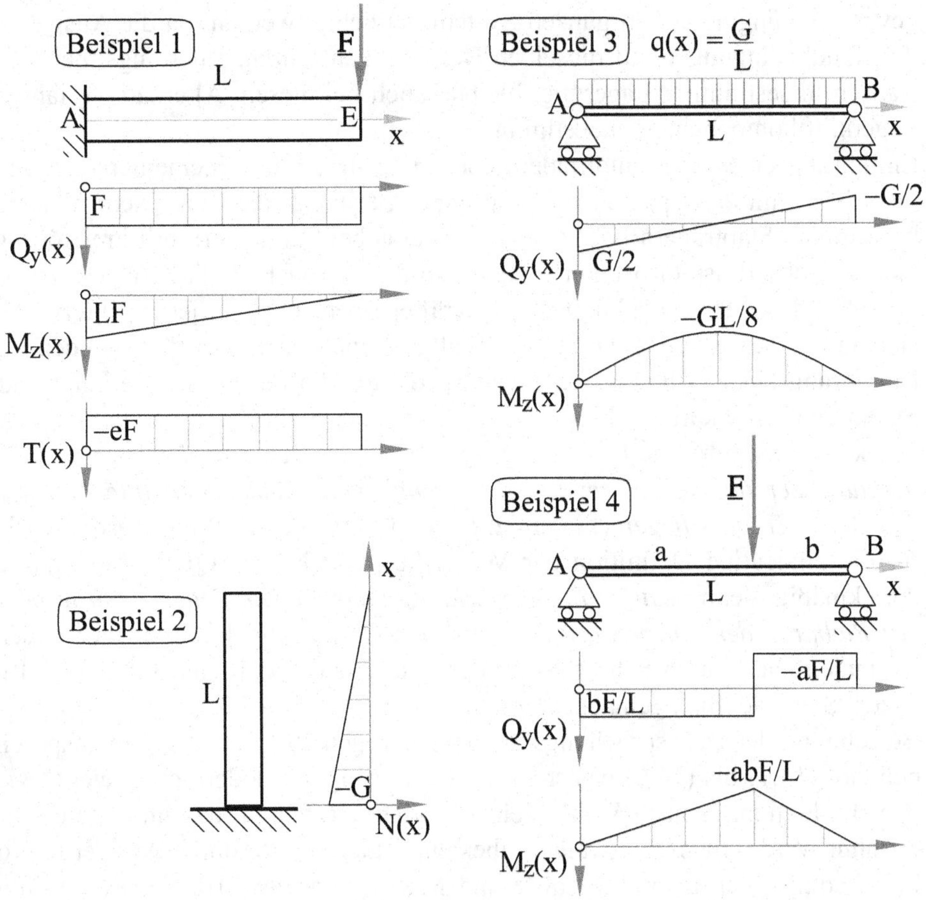

Fig. 14.9: Diagramme für die Beanspruchungskomponenten bei den Beispielen 1 bis 4

Um die Ermittlung der Ortsverteilung der Beanspruchung zu systematisieren, empfiehlt es sich nach dem folgenden Schema vorzugehen:

(1) Bestimmung der äußeren Bindungskräfte, d. h. der Lagerkräfte, mit Hilfe der Gleichgewichtsbedingungen am ganzen Stabträger. Ist der Träger statisch bestimmt gelagert, so sind die Lagerkräfte vollständig in Funktion der gegebenen Lasten ausdrückbar. Eine alternative Vorgehensweise wäre die Einführung der Lagerkraftkomponenten mit passenden Bezeichnungen, welche in den Ausdrücken der Beanspruchungskomponenten vorerst als Unbekannte auftreten (siehe Beispiel 5 weiter unten). Diese werden erst nach Auswertung der Randbedingungen über die Kräfte und Momente an den Trägerenden in Funktion der bekannten Größen bestimmt (beispielsweise sollte an einem reibungsfreien Gelenk das entsprechende Moment verschwinden, an einem lastfreien Ende sind alle Beanspruchungskomponenten null). In diesem Fall kann auf die Formulierung der Gleich-

gewichtsbedingungen am ganzen System verzichtet werden, da die Auswertung der Randbedingungen auf dieselben Beziehungen führen. Allerdings, bei u-fach statisch unbestimmter Lagerung, bleiben auch bei diesem Alternativverfahren u Lagerkraftkomponenten unbestimmt.

(2) Einführung eines achsennormalen, ebenen Schnittes in allgemeiner Lage, charakterisiert mit einer passenden Koordinate, beispielsweise mit einem Abstand x bei geraden Stabträgern oder einem Winkel φ bei Stabträgern mit kreisförmiger Achse (siehe Beispiel 6 unten). Beim Auftreten von Einzellasten in Form von Einzelkräften oder Einzelmomenten (Kräftepaaren) muss in jedem Intervall mit stetiger Lastverteilung je ein Schnitt in allgemeiner Lage eingeführt werden.

(3) Einführung einer orthogonalen Basis $\underline{e}_1$, $\underline{e}_2$, $\underline{e}_3$, die beispielsweise bei geraden Stabträgern eine kartesische Basis $\underline{e}_x$, $\underline{e}_y$, $\underline{e}_z$, bei Stabträgern mit kreisförmiger Achse eine zylindrische Basis $\underline{e}_\varphi$, $\underline{e}_z$, $\underline{e}_r$ sein kann. *Der Einheitsvektor* $\underline{e}_1$ *soll in Richtung der äußeren Normalen zur betrachteten ebenen Schnittfläche* S_n' *am Teil* B' *des Trägers liegen* (Fig. 14.2, Seite 202). Die Einhaltung dieser Regel ist für die eindeutige Definition der Vorzeichen von N, Q_2, Q_3, T, M_2, M_3 sehr zweckmäßig, denn *positive Beanspruchungskomponenten liegen dann in positiver Richtung der entsprechenden Einheitsvektoren.* Die Richtung der äußeren Normalen kann durch Schraffur auf der „Innenseite", d. h. der mit Material gefüllten Seite, deutlich gemacht werden.

(4) Berechnung der Beanspruchungskomponenten gemäß einer der oben besprochenen, auf (14.1) bis (14.6) basierenden Berechnungsmethoden mit Gleichgewicht oder Reduktion, je nach Wahl. Beim Alternativverfahren, das im ersten Schritt erwähnt wurde, müssen etwaige unbekannte Lagerkräfte durch Auswertung der Randbedingungen über die Kräfte und Momente an den Trägerenden ermittelt und eingesetzt werden.

(5) Veranschaulichung der örtlichen Verteilung der Beanspruchung durch entsprechende Normal- oder Querkraftsdiagramme, Torsions- oder Biegemomentendiagramme und Diskussion.

Beispiel 5: Statisch unbestimmt gelagerter Träger. Als weiteres Beispiel betrachte man einen horizontalen Balken AB (Eigengewicht vernachlässigt), der dem Einfluss einer linienverteilten Last mit der Kraftdichte je Längeneinheit $q(x) = q_0\, x/L$ ausgesetzt ist (Fig. 14.10a). Die Wirkungslinien der entsprechenden Vektoren sollen in jedem Querschnitt durch die zugehörigen Flächenmittelpunkte gehen. Außerdem ist in der Mitte M dieses Balkens ein vertikaler Kragarm ME der Länge h mit dem horizontalen Balken AB durch Verschweißung verbunden. Der Kragarm sei an seinem freien Ende durch eine horizontale Kraft vom Betrag F belastet. Die Lager in A und B sind beide reibungsfreie, jedoch nicht verschiebbare Gelenke, das ganze System also einfach statisch unbestimmt. Zerlegt man den Träger so, dass der Kragarm ME entfernt wird, so muss der Einfluss von ME auf den Balken AB in M durch Reduktion der Kraft $\{E \mid \underline{F}\}$ auf M, d. h. durch eine horizontale Kraft $\{M \mid \underline{F}\}$ und ein Moment vom Betrag h F berücksichtigt werden (Fig. 14.10b). Die Dyname stellt nämlich die Beanspruchung des Kragarmes in seinem horizontalen Querschnitt in M dar und wird folglich an dieser Stelle auf den Balken AB übertragen. Die Gleichgewichtsbedingungen am Balken AB brauchen vorerst nicht formuliert zu werden. An einem links von einem achsennormalen Schnitt zwischen A und M im Abstand x von A liegenden Balkenteil der Länge x darf die linienverteilte Last durch die Resultierende Kraft vom Betrag $q_0\, x^2/2\,L$ im Abstand $2\,x/3$ von A ersetzt werden (siehe Abschnitt 7.2 und Fig. 14.10c). Die nichtverschwindenden Beanspruchungskomponenten folgen beispielsweise aus den Gleichgewichtsbedingungen an diesem linken Teil als

$$x \in \left[0, \frac{L}{2}\right): \qquad N(x) = -A_x \;,\quad Q_y(x) = A_y - \frac{x^2}{2\,L} q_0 \;, \qquad M_z(x) = \frac{x^3}{6\,L} q_0 - x\,A_y \;. \tag{14.14}$$

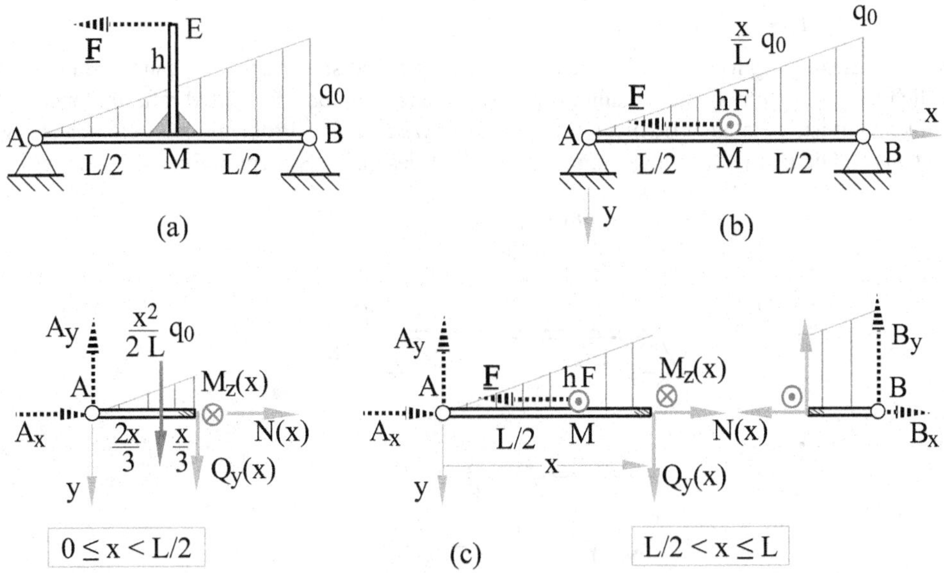

Fig. 14.10: Statisch unbestimmt gelagerter Träger und seine Zerlegung

Liegt der Schnitt zwischen M und dem Lager in B, so ergeben die Gleichgewichtsbedingungen am linken Teil diesmal

$$x \in \left(\frac{L}{2}, L\right]: \qquad N(x) = -A_x + F \;,\quad Q_y(x) = A_y - \frac{x^2}{2\,L} q_0 \;, \qquad M_z(x) = \frac{x^3}{6\,L} q_0 - x\,A_y + h\,F \;. \tag{14.15}$$

Am Gelenk B muss das Biegemoment, also $M_z(L)$, verschwinden. Deshalb gilt

$$M_z(L) = \frac{L^2}{6} q_0 - L\,A_y + h\,F = 0 \;.$$

Diese Gleichung ist nichts anderes als die Momentenbedingung am ganzen Balken bezüglich B. Sie ergibt also

$$A_y = \frac{L}{6} q_0 + \frac{h}{L} F \quad .$$

Am Querschnitt in B wirkt die Lagerkraft B_y in der negativen y-Richtung. Es gilt folglich

$$Q_y(L) = A_y - \frac{L}{2} q_0 = -B_y \quad .$$

Dieselbe Beziehung zwischen A_y und B_y ergibt sich auch aus der Komponentenbedingung in y-Richtung am ganzen Balken AB und führt, nach Einsetzen von A_y, zum Resultat

$$B_y = \frac{L}{3} q_0 - \frac{h}{L} F \quad .$$

Schließlich ist die Normalkraft N(L) am rechten Ende der Lagerkraftkomponente B_x gleich, so dass

$$N(L) = -A_x + F = B_x$$

gilt. Diese Beziehung folgt ebenfalls aus einer Gleichgewichtsbedingung am ganzen Balken AB, nämlich aus der Komponentenbedingung in x-Richtung. Da aber die Lagerkraftkomponente A_x nicht bekannt ist, kann auch B_x nicht näher ermittelt werden. Das Problem bleibt einfach statisch unbestimmt. Die Beanspruchungsdiagramme sind für das ganze System in Fig. 14.11 dargestellt.

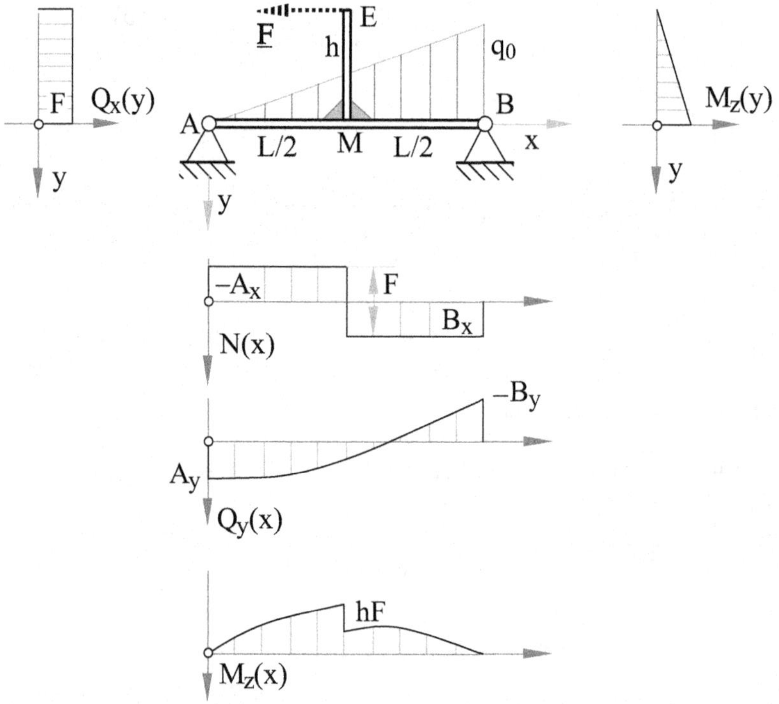

Fig. 14.11: Beanspruchungsdiagramme für den Träger der Fig. 14.10

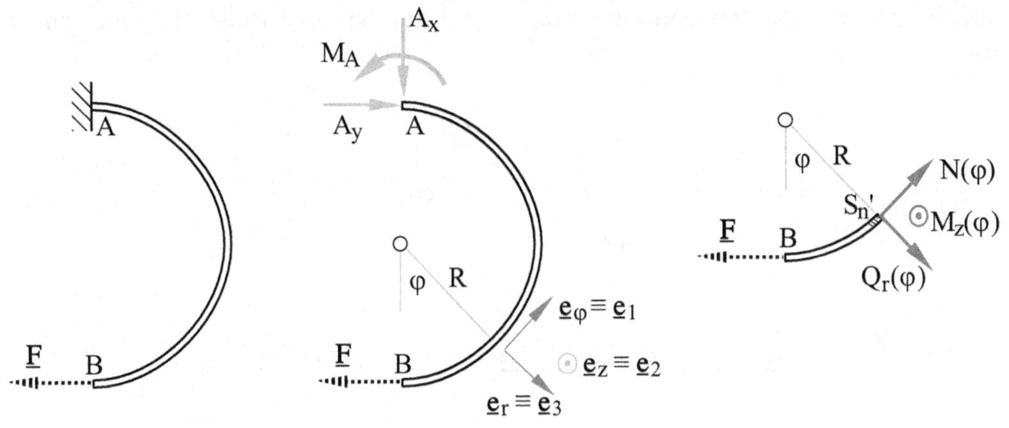

Fig. 14.12: Halbkreisförmiger Stabträger

Beispiel 6: Halbkreisförmiger Stabträger. Als letztes Beispiel in diesem Abschnitt betrachte man den in Fig. 14.12 abgebildeten halbkreisförmigen Träger vom Radius R, der am Ende A eingespannt und am freien Ende B durch eine horizontale Einzelkraft vom Betrag F und mit Wirkungslinie in der Ebene der Stabachse belastet ist. Achsennormale Schnitte liegen in radialer Richtung, so dass ein Winkel φ die Lage des Schnittes am besten charakterisieren kann. Der Einheitsvektor $\underline{e}_1$ tangential zur Stabachse lässt sich mit dem azimutalen Einheitsvektor $\underline{e}_\varphi$ identifizieren, $\underline{e}_2$ mit dem Vektor $\underline{e}_z$ senkrecht zur Ebene der Stabachse und $\underline{e}_3$ mit dem radialen Einheitsvektor $\underline{e}_r$. Die Beanspruchung an der Schnittfläche S_n' lässt sich zum Beispiel aus Gleichgewichtsbedingungen am darunter liegenden Bogenstück ermitteln. Die Komponentenbedingungen in Richtung $\underline{e}_\varphi$ und $\underline{e}_r$ ergeben

$$N(\varphi) = F\cos\varphi \quad , \quad Q_r(\varphi) = F\sin\varphi \quad , \tag{14.16}$$

(jene in Richtung $\underline{e}_z$ ist trivial), während die Momentenbedingung in z-Richtung auf

$$M_b(\varphi) = M_z(\varphi) = R\,F\,(1-\cos\varphi) \tag{14.17}$$

führt. Die Lagerkraft und das Lagermoment an der Einspannung lassen sich unmittelbar aus diesen Ausdrücken ermitteln und lauten

$$A_x = -Q_r(\pi) = 0 \quad , \quad A_y = -N(\pi) = F \quad , \quad M_A = M_z(\pi) = 2\,R\,F \quad . \tag{14.18}$$

14.3 Differentialbeziehungen an geraden Stabträgern

In den Resultaten (14.8), (14.10), (14.11), (14.12), (14.14) und (14.15) ist es vielleicht dem aufmerksamen Leser aufgefallen, dass die Ableitung $M_z'(x)$ des Biegemomentes $M_z(x)$ bezüglich x mit dem Ausdruck $-Q_y(x)$, also bis auf das Vorzeichen mit der Querkraft, identisch ist. Zudem ergibt die Ableitung von $Q_y(x)$ in (14.10), (14.14) und (14.15) bis auf das Vorzeichen die spezifische Belastung je Längeneinheit, also $-q(x)$. In (14.10) war $q(x) = G/L =$ konstant und in (14.14), (14.15) $q(x) = q_0\,x/L$. Im Folgenden sollen diese Differentialbeziehungen bewiesen, auf die anderen Komponenten übertragen und auf typische Beispiele angewendet werden.

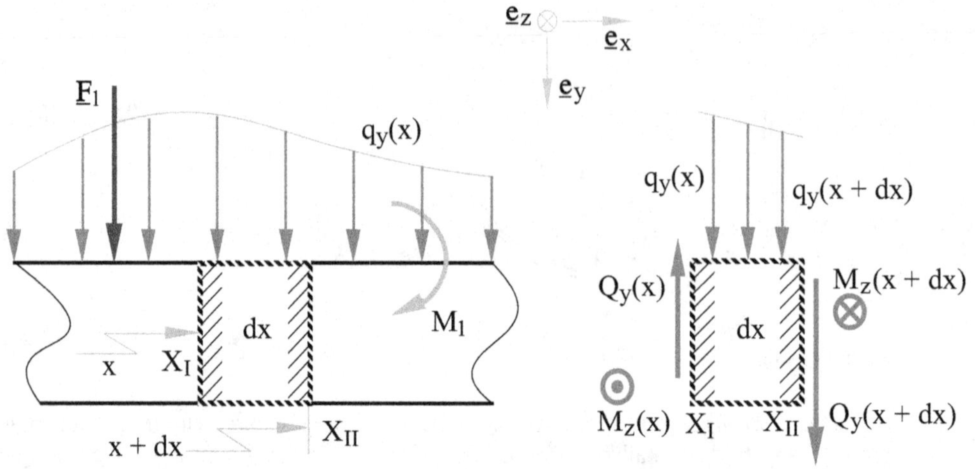

Fig. 14.13: Vertikal belasteter Balken und infinitesimales Balkenelement

Wir betrachten einen durch die kontinuierlich verteilte spezifische Last $\underline{\mathbf{q}} = q_y(x)\,\underline{e}_y$ je Längeneinheit quer belasteten Balken mit beliebiger Lagerung an den Enden (Fig. 14.13). Der Vektor $\underline{\mathbf{q}}$ soll in jedem Querschnitt durch den zugehörigen Flächenmittelpunkt gehen, so dass keine Torsionsbeanspruchung entsteht. Auch Einzellasten $\underline{\mathbf{F}}_1, \underline{\mathbf{F}}_2, \ldots$ und Einzelmomente $\underline{\mathbf{M}}_1, \underline{\mathbf{M}}_2, \ldots$ können zugelassen werden. Solche Unstetigkeiten in der Lastverteilung müssen jedoch gesondert behandelt werden. Durch Einführung von zwei achsennormalen Schnitten X_I im Abstand x und X_{II} im Abstand x + dx greifen wir an der Stelle x ein Balkenelement der infinitesimalen Länge dx heraus. An diesem Balkenelement wirken neben der Last $\underline{\mathbf{q}}(x)$ die Schnittkräfte in X_I und X_{II}, welche in den entsprechenden Flächenmittelpunkten auf die beiden Dynamen der Beanspruchung in x und x + dx reduziert werden können. Die in jedem Schnitt zu erwartenden Beanspruchungskomponenten sind eine Querkraft Q_y und ein Biegemoment M_z. Führt man $\underline{\mathbf{e}}_x$ als äußere Normale des Querschnittes X_{II} ein, so ist $Q_y(x + dx)$ positiv, falls die zugehörige Querkraft in der positiven y-Richtung liegt. Ähnliches gilt für $M_z(x + dx)$. Die äußere Normale am Querschnitt X_I liegt dagegen in der negativen x-Richtung; gemäß Reaktionsprinzip müssen folglich die positive Querkraft $Q_y(x)$ und das positive Biegemoment $M_z(x)$ in negativer y- bzw. z-Richtung eingetragen werden. Man beachte, dass infolge der örtlichen Veränderung der Beanspruchung die Werte von Q_y und M_z in X_I und X_{II} verschieden sind. Gemäß Definition des Differentials gilt

$$\begin{aligned} Q_y(x+dx) &= Q_y(x) + dQ_y = Q_y(x) + Q_y'\,dx \quad , \\ M_z(x+dx) &= M_z(x) + M_z'\,dx \quad , \end{aligned} \tag{14.19}$$

wobei die Existenz der Ableitungen Q_y' und M_z' bezüglich x an der Stelle x vorausgesetzt wird.

Mit dem ganzen Balken ist auch das Element $X_I X_{II}$ in Ruhe. Die Gleichgewichtsbedingungen für dieses infinitesimale Balkenelement ergeben bis auf Größen höherer Ordnung in dx

$$Q_y(x + dx) - Q_y(x) = Q_y' \, dx = -q_y \, dx$$

als Komponentenbedingung in y-Richtung und

$$M_z(x + dx) - M_z(x) = M_z' \, dx = -Q_y \, dx$$

als Momentenbedingung in z-Richtung, d. h.

$$\boxed{\begin{aligned} Q_y' &= -q_y \quad , \\ M_z' &= -Q_y \quad . \end{aligned}} \tag{14.20}$$

Ist der Balken auch in z-Richtung durch eine verteilte Last $\underline{q} = q_z(x) \, \underline{e}_z$ je Längeneinheit belastet, so führen analoge Überlegungen zum Resultat

$$\boxed{\begin{aligned} Q_z' &= -q_z \quad , \\ M_y' &= Q_z \quad . \end{aligned}} \tag{14.21}$$

Dies sind die gesuchten Differentialbeziehungen zwischen der Lastdichte je Längeneinheit, der Querkraft und dem Biegemoment an einem Balken. Man beachte, dass zu ihrer Herleitung die Differenzierbarkeit der Querkraft- bzw. Biegemomentenfunktionen vorausgesetzt wurde. Ist der Balken durch eine Einzellast $\underline{F} = F \, \underline{e}_y$ an der Stelle x = a belastet, so erfährt die Querkraft an dieser Stelle einen endlichen Sprung. Die erste Beziehung (14.20) ist deshalb nicht gültig. Die Sprungbeziehung kann aus der Komponentenbedingung für ein infinitesimales Stabelement, welches die Lastunstetigkeit in x = a umfasst (Fig. 14.14), abgelesen werden. Es ergibt sich

$$Q_y(a^+) - Q_y(a^-) = -F \quad , \tag{14.22}$$

wobei $Q_y(a^+)$ die Querkraft im Schnitt X_{II} und $Q_y(a^-)$ jene im Schnitt X_I ist. Analog entsteht für ein Einzelkräftepaar $\underline{M} = M \, \underline{e}_z$ an der Stelle x = b die Sprungbeziehung

$$M_z(b^+) - M_z(b^-) = -M \quad . \tag{14.23}$$

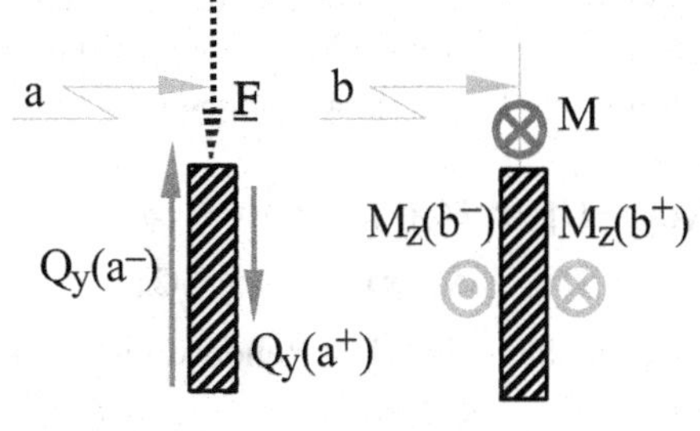

Fig. 14.14: Zu den Sprungbedingungen

Beispiel 1: Beidseitig aufgelegter Balken unter sinusoidal verteilter Belastung (Fig. 14.15). Man betrachte als erste einfache Anwendung einen beidseitig reibungsfrei aufgelegten Balken der Länge L mit einer sinusoidal verteilten vertikalen Belastung je Längeneinheit

$$q_y(x) = q_0 \sin \frac{\pi\, x}{2\, L} \quad .$$

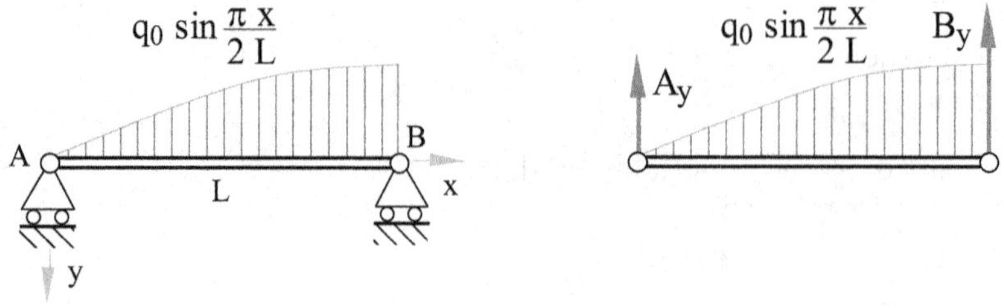

Fig. 14.15: Balken mit sinusoidaler Belastung

Die Integration der Beziehungen (14.20) ergibt

$$Q_y(x) = \frac{2\, L}{\pi}\, q_0 \cos \frac{\pi\, x}{2\, L} + C_1 \quad , \quad M_z(x) = -\frac{4\, L^2}{\pi^2}\, q_0 \sin \frac{\pi\, x}{2\, L} - C_1\, x + C_2 \quad ,$$

wobei C_1, C_2 noch unbekannte Integrationskonstanten sind, welche aus den Randbedingungen folgen sollen. In der Tat müssen in den Auflagern A und B, entsprechend der Drehfreiheit, die solche Lager zulassen, die Biegemomente verschwinden. Also gilt

$$M_z(0) = C_2 = 0 \quad , \quad M_z(L) = -\frac{4\, L^2}{\pi^2}\, q_0 - C_1\, L = 0 \quad .$$

Damit sind die Integrationskonstanten bestimmt, und die Beanspruchungskomponenten lauten

$$Q_y(x) = \frac{2}{\pi}\, q_0\, L \left(\cos \frac{\pi\, x}{2\, L} - \frac{2}{\pi} \right) \quad , \quad M_z(x) = -\frac{4\, L^2}{\pi^2}\, q_0 \left(\sin \frac{\pi\, x}{2\, L} - \frac{x}{L} \right) \quad .$$

Die Lagerkraftbeträge ergeben sich aus den Randwerten der Querkraft als

$$A_y = Q_y(0) = \frac{2}{\pi}\, q_0\, L \left(1 - \frac{2}{\pi} \right) \quad , \quad B_y = -Q_y\,(L) = \frac{4}{\pi^2}\, q_0\, L \quad .$$

Beispiel 2: Dreipunktbiegung. Anhand des bereits in Abschnitt 14.3 als Beispiel 4 behandelten Problems (Fig. 14.8) soll die Verwendung der Sprungbedingungen (14.22) und (14.23) illustriert werden. Der Balken wird wieder in die zwei Gebiete $x \in [0, a)$ und $x \in (a, L]$ unterteilt. In beiden Intervallen verschwindet die spezifische Belastung, so dass (14.20) folgende Integrationsresultate ergibt:

$$x \in [0, a): \quad Q_y(x) = C_1 \quad , \quad M_z(x) = -C_1\, x + C_2 \quad ,$$

$$x \in (a, L]: \quad Q_y(x) = C_3 \quad , \quad M_z(x) = -C_3\, x + C_4 \quad ,$$

wobei C_1 bis C_4 Integrationskonstanten sind. Die Randbedingungen am Auflager A und B führen zu

$$M_z(0) = C_2 = 0 \quad , \quad M_z(L) = -C_3\, L + C_4 = 0 \quad .$$

Die Integrationskonstanten C_1 und C_3 bleiben noch unbestimmt. Sie folgen aus den Übergangsbedingungen für $x = a$. Die Sprungbedingung (14.22) ergibt vorerst

$$C_3 - C_1 = -F \quad .$$

Da ferner an der Stelle $x = a$ kein Einzelkräftepaar vorliegt, folgt aus (14.23) mit $M = 0$

$$b\, C_3 + a\, C_1 = 0 \quad .$$

Die letzten beiden Gleichungen führen dann auf

$$C_1 = \frac{b}{L} F \quad , \quad C_3 = -\frac{a}{L} F$$

und auf die Resultate (14.11) und (14.12).

BEMERKUNG: ***Extremum des Biegemomentes***. Die zweite Beziehung (14.20) zeigt, dass das Extremum von M_z an derjenigen Stelle zu erwarten ist, wo die Querkraft verschwindet (außer bei Randextrema und bei Unstetigkeiten). Diese Eigenschaft lässt sich an den Diagrammen der Fig. 14.9 klar bestätigen.

14.4 Differentialbeziehungen an gekrümmten Stabträgern

In diesem Abschnitt werden schlanke gekrümmte Stabträger mit kreisförmiger Achse betrachtet.

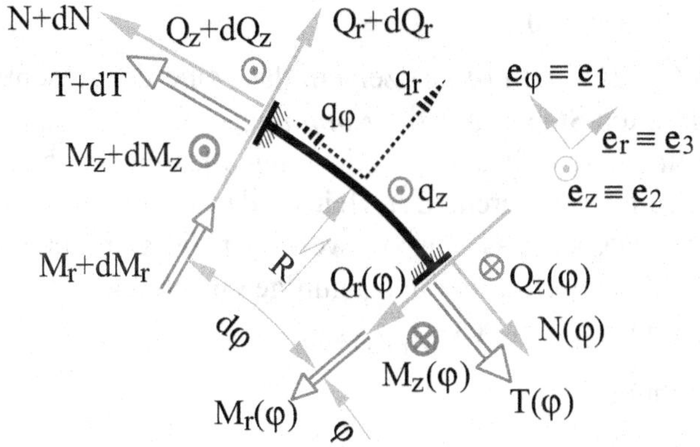

Fig. 14.16: Infinitesimales Stabelement eines kreisförmigen Stabträgers und seine Kräfte und Momente

Fig. 14.16 zeigt ein infinitesimales Stabelement, dessen Achse ein Bogenelement der Länge $R\, d\varphi$ ist. Mit Hilfe einer zylindrischen Basis sind folgende Identifikationen in Bezug auf (14.6) und (14.7) vorgenommen: $\underline{e}_1 \equiv \underline{e}_\varphi$, $\underline{e}_2 \equiv \underline{e}_z$, $\underline{e}_3 \equiv \underline{e}_r$. Die Lastdichte pro Längeneinheit ist durch den Vektor

$$\underline{q}(\varphi) = q_\varphi(\varphi)\, \underline{e}_\varphi + q_z(\varphi)\, \underline{e}_z + q_r(\varphi)\, \underline{e}_r$$

dargestellt. Außerdem sind an den beiden Schnittflächen des infinitesimalen Elementes alle Komponenten der Beanspruchung eingetragen. Wir beginnen mit der Formulierung der Komponentenbedingung in azimutaler (φ-) Richtung und erhalten bis auf Größen höherer Ordnung in $d\varphi$

$$[N(\varphi) + dN] - N(\varphi) + Q_r\, d\varphi + q_\varphi\, R\, d\varphi = 0 \quad .$$

Man beachte hier, dass infolge der Krümmung des Stabstücks die Querkräfte an beiden Schnitten nicht parallel sind. Daraus folgt der Beitrag $Q_r\, d\varphi$ in der azimutalen Richtung, wobei man gleichzeitig, gemäß der Definition einer infinitesimalen Größe, für $\sin(d\varphi)$ die lineare Approximation $d\varphi$ verwendet. Auch bei $N + dN$ ist für $\cos(d\varphi)$ in dieser linearen Approximation 1 eingesetzt. Wegen der Grenzwertbildung $d\varphi \to 0$ sind solche Operationen ohne Verlust an mathematischer Strenge durchaus gestattet. Schreibt man $dN = N'\, d\varphi$, wobei $(.)'$ die Ableitung nach der einzigen Variablen φ darstellt, so entsteht nach Division durch $d\varphi$ vor der Grenzwertbildung die erste Differentialbeziehung

$$N' + Q_r + R\, q_\varphi = 0 \quad . \tag{14.24}$$

In z-Richtung ergibt die Komponentenbedingung ein Resultat, das jenem des geraden Stabträgers weitgehend analog ist, nämlich

$$Q_z' + R\, q_z = 0 \quad . \tag{14.25}$$

In r-Richtung hingegen muss wieder mit einem zusätzlichen, auf die Krümmung zurückzuführenden Beitrag der Normalkräfte gerechnet werden. Man bekommt

$$Q_r' - N + R\, q_r = 0 \quad . \tag{14.26}$$

Die Beziehungen (14.24) und (14.26) zeigen, dass eine der wesentlichen Charakteristiken des gekrümmten Stabträgers die *Kopplung* zwischen $Q_r(\varphi)$ und $N(\varphi)$ ist.
Die Momentenbedingungen für die drei Richtungen lassen sich analog zu den Komponentenbedingungen formulieren. Der Beitrag der verteilten Last $\underline{\mathbf{q}}$ ist durchweg höherer Ordnung in $d\varphi$, so dass beispielsweise für die azimutale Richtung vorerst die bis auf Größen höherer Ordnung in $d\varphi$ gültige Gleichung

$$[T(\varphi) + T'\, d\varphi] - T(\varphi) + M_r\, d\varphi = 0$$

und nach Vereinfachung

$$T' + M_r = 0 \tag{14.27}$$

entsteht. Für die z-Richtung ergibt die Momentenbedingung wieder ein Resultat, das jenem des geraden Stabträgers analog ist, nämlich

$$M_z' - R\, Q_r = 0 \quad . \tag{14.28}$$

Die Momentenbedingung in radialer Richtung ist jene mit den meisten Kopplungstermen. Man bekommt vorerst bis auf Terme höherer Ordnung in $d\varphi$

$$[M_r(\varphi) + M_r'\, d\varphi] - M_r(\varphi) + R\, Q_z\, d\varphi - T\, d\varphi = 0 \quad .$$

Man beachte hier den Term T dφ, der wieder auf die Krümmung zurückzuführen ist. Wir bekommen also

$$M_r' - T + R\,Q_z = 0 \quad . \tag{14.29}$$

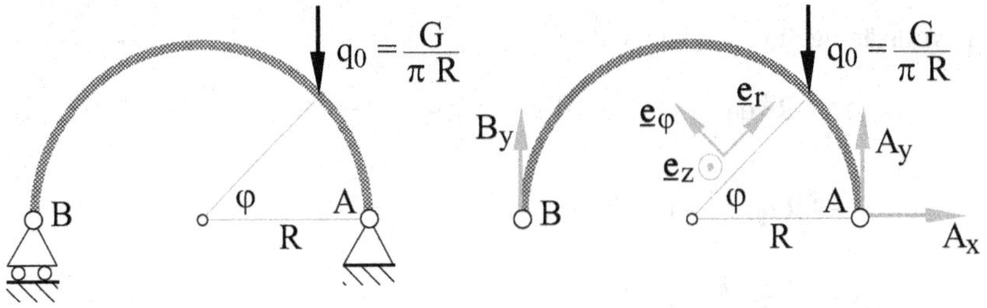

Fig. 14.17: Halbkreisbogen unter gleichmäßig verteiltem Eigengewicht

Beispiel: Halbkreisbogen unter Eigengewicht. Ein Halbkreisbogen sei in A gelenkig und in B verschiebbar gelagert (Fig. 14.17). Die Belastung bestehe nur aus seinem gleichmäßig verteilten Eigengewicht. In zylindrischen Komponenten ausgedrückt, ist die Kraftdichte je Längeneinheit

$$q_\varphi(\varphi) = -q_0 \cos\varphi \quad , \quad q_r(\varphi) = -q_0 \sin\varphi \quad , \quad q_0 := \frac{G}{\pi R} \quad .$$

Die Beziehungen (14.24) und (14.26) ergeben dann

$$N' + Q_r = R\,q_0 \cos\varphi \quad , \quad Q_r' - N = R\,q_0 \sin\varphi \quad .$$

Durch Ableitung der zweiten Beziehung und Einsetzen der ersten in die abgeleitete Form erhält man die Differentialgleichung

$$Q_r'' + Q_r = 2\,R\,q_0 \cos\varphi$$

für die Funktion $Q_r(\varphi)$. Die Lösung lässt sich gemäß Theorie der linearen Differentialgleichungen aus der allgemeinen Lösung des homogenen Teils und aus einer partikulären Lösung der ganzen Differentialgleichung zusammensetzen. Man verifiziert leicht, dass die Funktion

$$Q_r(\varphi) = (C_1 + \varphi)\,R\,q_0 \sin\varphi + C_2 \cos\varphi$$

mit den Integrationskonstanten C_1, C_2 die gesuchte Lösung der Differentialgleichung ist. Am verschiebbaren Lager B, d. h. für $\varphi = \pi$, muss $Q_r(\pi)$ verschwinden, da die Lagerkraft in B keine Querkomponente besitzen darf. Es gilt also $C_2 = 0$.

Die Beziehungen (14.25), (14.27) und (14.29) sind trivialerweise erfüllt, denn die darin vorkommenden Größen verschwinden identisch. Die einzige nichttriviale Beziehung ist (14.28), sie ergibt hier

$$M_z' = R\,Q_r(\varphi) = (C_1 + \varphi)\,R^2 q_0 \sin\varphi$$

und nach der Integration

$$M_z = -(C_1 + \varphi)\,R^2 q_0 \cos\varphi + R^2 q_0 \sin\varphi + C_3 \quad ,$$

wobei C_3 eine neue Integrationskonstante ist. Für das Biegemoment ergeben sich an den beiden Lagern A und B die Randbedingungen

$$M_z(0) = 0 \quad , \quad M_z(\pi) = 0 \quad ,$$

woraus die Gleichungen

$$C_3 - C_1 R^2 q_0 = 0 \quad , \quad C_3 + (C_1 + \pi) R^2 q_0 = 0 \quad ,$$

also die Integrationskonstanten

$$C_1 = -\frac{\pi}{2} \quad , \quad C_3 = -\frac{\pi}{2} R^2 q_0$$

folgen. Die vollständige Lösung lautet also

$$M_z(\varphi) = -R^2 q_0 \left(\frac{\pi}{2}(1 - \cos\varphi) + \varphi \cos\varphi - \sin\varphi \right) \quad ,$$

$$Q_r(\varphi) = -R\, q_0 \left(\frac{\pi}{2} - \varphi \right) \sin\varphi \quad ,$$

$$N(\varphi) = -R\, q_0 \left(\frac{\pi}{2} - \varphi \right) \cos\varphi \quad ,$$

wobei sich das letzte Resultat aus der Auswertung von (14.26) ergibt. Die übrigen Beanspruchungskomponenten verschwinden trivialerweise. Die Lagerkräfte folgen aus

$$A_x = -Q_r(0) = 0 \quad , \quad A_y = -N(0) = \frac{\pi}{2} R\, q_0 = \frac{G}{2} = B_y = -N(\pi) \quad .$$

Der absolut größte Wert $\|M_z\|$ tritt auch hier an der Stelle auf, wo die Querkraft verschwindet, d. h. für $\varphi = \pi/2$. Er beträgt also

$$\|M_z\| = \left| M_z\left(\frac{\pi}{2}\right) \right| = \left(\frac{\pi}{2} - 1 \right) R^2\, q_0 \quad .$$

Die Diagramme der Fig. 14.18 veranschaulichen die oben erhaltenen Resultate. Diese lassen sich selbstverständlich auch nach der Schnittmethode des Abschnittes 14.2 ermitteln.

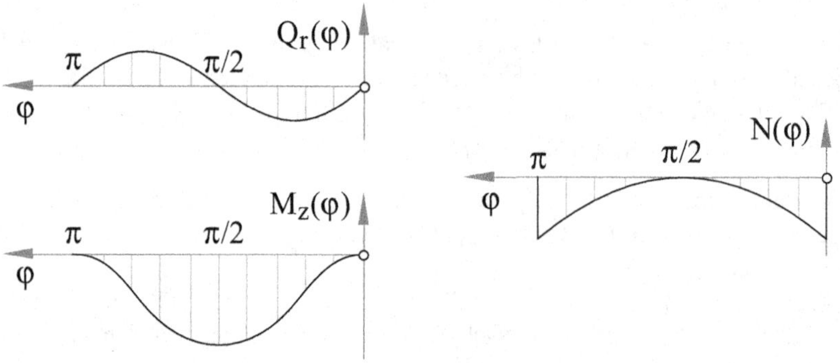

Fig. 14.18: Diagramme für die Beanspruchungskomponenten am Halbkreisbogen von Fig. 14.17

Aufgaben

Man löse folgende Aufgaben sowohl nach der Schnittmethode als auch mit Hilfe der Differentialbeziehungen für die Beanspruchung:

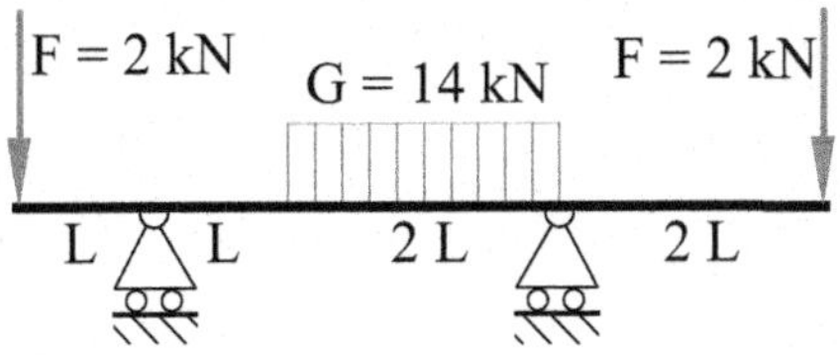

Fig. 14.19

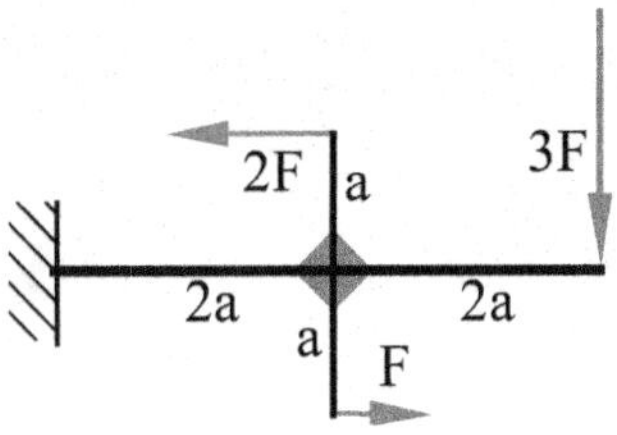

Fig. 14.20

1. Der Balken von Fig. 14.19 besteht aus sechs Feldern der Länge L = 1 m und ist in der angegebenen Weise gelagert und belastet. Man ermittle die Lagerkräfte sowie sein Querkrafts- und Momentendiagramm. Sodann bestimme man die Nullstellen und die Extrema des Biegemomentes sowie Ort und Betrag des absolut größten Biegemomentes.
2. Man ermittle die Lagerkräfte sowie die Querkrafts- und Momentendiagramme für den nach Fig. 14.20 gelagerten und belasteten Stabträger.
3. Ein gekrümmter Stabträger (Eigengewicht vernachlässigbar), dessen Achse ein Halbkreisbogen vom Radius R ist, trägt gemäß Fig. 14.21 in seiner Mitte eine Einzelkraft vom Betrag F und wird an den beiden Lagern A und B (verschiebbar) durch je ein Kräftepaar vom Betrag M belastet. Man ermittle die Beanspruchung in Funktion des Winkels φ und stelle die verschiedenen Komponenten in Diagrammen dar.
4. Der gekrümmte Stabträger mit viertelkreisförmiger Achse von Fig. 14.22 liegt in einer horizontalen Ebene und wird durch sein gleichmäßig verteiltes Eigengewicht vom Gesamtbetrag G belastet. Man ermittle seine Beanspruchung.

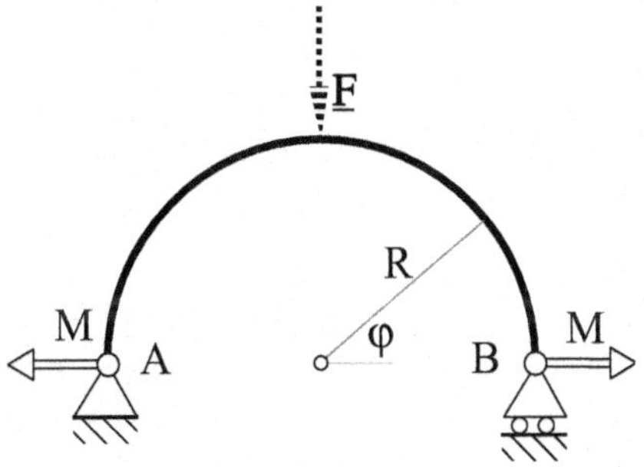

Fig. 14.21

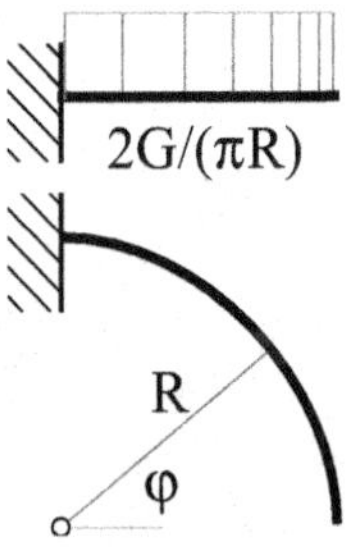

Fig. 14.22

Literaturauswahl

J. Berger: *Technische Mechanik für Ingenieure, Band 1: Statik*. Vieweg, Braunschweig, 1991.

D. Gross, W. Hauger, J. Schröder, W. A. Wall: *Technische Mechanik 1: Statik*. Springer, Berlin, 2011.

D. Gross, W. Ehlers, P. Wriggers, J. Schröder, R. Müller: *Formeln und Aufgaben zur Technischen Mechanik 1: Statik*. Springer, Berlin, 2011.

P. Hagedorn: *Technische Mechanik, Band 1: Statik*. Deutsch, Frankfurt am Main, 2008.

H. G. Hahn: *Technische Mechanik fester Körper*. Hanser, München, 1992.

H. G. Hahn, F. J. Barth, C.-P. Fritzen: *Aufgaben zur Technischen Mechanik*. Hanser, München, 1995.

H.-J. Dreyer, C. Eller, G. Holzmann, H. Meyer, G. Schumpich: *Technische Mechanik, Statik*. Springer Vieweg, Stuttgart, 2012.

K. Magnus, H. H. Müller-Slany: *Grundlagen der Technischen Mechanik*. Vieweg+Teubner, Stuttgart, 2005.

M. Sayir, H. Ziegler: *Mechanik 1: Grundlagen und Statik*. Birkhäuser, Basel, 1982.

I. Szabó: *Einführung in die technische Mechanik. Nach Vorlesungen von István Szabó*. Springer, Berlin, 2003.

I. Szabó: *Höhere technische Mechanik nach Vorlesungen von István Szabó*. Springer, Berlin, 2003.

F. Ziegler: *Technische Mechanik der festen und flüssigen Körper*. Springer, Wien, 2013.

H. Ziegler: *Vorlesungen über Mechanik*. Birkhäuser, Basel, 1977.

Sachwortverzeichnis

D

E

F

G

H

I

K

S

T

U

Printed in the United States
By Bookmasters